网络空间全球治理大事长编

— 2021 —

中国网络空间研究院　编

商务印书馆
The Commercial Press

图书在版编目（CIP）数据

网络空间全球治理大事长编. 2021 / 中国网络空间
研究院编. — 北京：商务印书馆，2023
ISBN 978－7－100－21929－7

Ⅰ.①网… Ⅱ.①中… Ⅲ.①互联网络—治理—研究
—世界—2021　Ⅳ.①TP393.4

中国版本图书馆 CIP 数据核字（2022）第253981号

封面设计：薛平　昊楠

网络空间全球治理大事长编（2021）
中国网络空间研究院编

商　务　印　书　馆　出　版
（北京王府井大街36号　邮政编码 100710）
商　务　印　书　馆　发　行
山东临沂新华印刷物流
集团有限责任公司印刷
ISBN　978－7－100－21929－7

2023年6月第1版　　开本 710×1000　1/16
2023年6月第1次印刷　印张 23¾
定价：148.00元

序

当前，世界百年未有之大变局正在加速演进，网上网下深度融合，让世界越来越成为"你中有我、我中有你"的命运共同体。信息化潮流带来了历史发展机遇，数字化、网络化、智能化正在重塑经济社会生活各领域各方面，深刻改变了人们的生产和生活方式。同时，互联网领域发展不平衡、规则不健全、秩序不合理等问题日益凸显，解决网络空间治理难题亟须各方加强经验互鉴与交流合作。2021年，后疫情时代网络空间的复杂性、不稳定性和不确定性与日俱增，世界各国在数字经济、内容治理、网络安全、新兴技术等领域积极布局。中国积极参与网络空间国际治理进程，坚持多边参与、多方参与，致力于与国际社会各方建立广泛的合作伙伴关系，中国理念、中国主张、中国方案赢得越来越多的认同和支持。

习近平总书记强调，网络空间关乎人类命运，网络空间未来应由世界各国共同开创。破解网络空间治理难题，国际社会呼唤新智慧、新思想、新路径。世界各国政府和民间组织在网络空间治理议题的参与程度不断提升，持续推进网络空间规则制定，积累了许多有效办法和宝贵经验。客观记录和认真总结网络空间全球治理重要事件和发展进程，有助于更好把握全球网络空间和技术发展的态势；通过综合比较分析，研判治理规则的发展规律和未来走向，有助于切实找准互联网治理的难点、盲点、痛点，实现更加精准的政策把脉。

中国网络空间研究院牵头组织业内专家，组织撰写《网络空间全球治理大事长编（2021）》一书，打造网络空间治理研究的品牌工具书。本书立足年度网络空间全球治理重大事件，梳理国际组织、各国政府、企业、技术社群、行业组织等最新动向，介绍相关政策法规、治理理念、实践经验、技术标准等；对网络空间大国关系、数字税、数字货币、网络平台治理、互联网基础资源、供应链安全、元宇宙等前沿热点议题进行了研究分析，以月份为索引，全景式展现年度网络空间全球治理发展情况。本书旨在以中国视角展现世界互联网发展治理态势，准确客观描述网络空间全球治理的新情况新特点，体现构建网络空间命运共同体的具体实践。希望本书对我们开展网络空间治理与国际交流合作具有参考价值，对增进世界各国在网络空间治理上的经验借鉴和交流合作具有积极意义，共同寻求网络空间治理难题的破解之道，推动构建更加公平合理、开放包容、安全稳定、富有生机活力的网络空间。

中国网络空间研究院

简要目录

详细目录

————————————

第一部分　2021年网络空间全球治理要事概览

第二部分　2021年网络空间全球治理大事记汇编

第三部分　2021年网络空间全球治理重要文件选编

第一部分

2021 年网络空间

全球治理要事概览

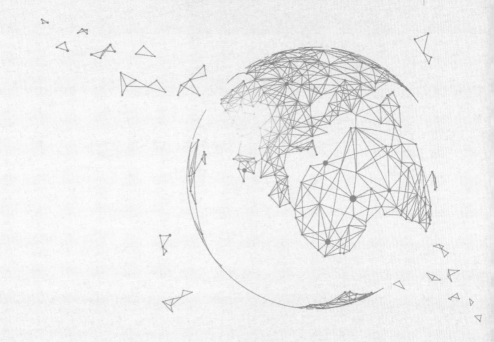

第一章 网络空间全球治理重要进展

一、联合国制定网络空间国际规则取得进展

联合国是制定网络空间国际规则的主平台。2021年，联合国信息安全政府专家组和开放式工作小组达成共识报告，为国际社会提出网络空间国际规则建议；联合国不限成员名额的政府间特设专家委员会正式主持开启《联合国打击网络犯罪全球公约》谈判，确定谈判计划；联合国积极参与数字规则制定，联合国教科文组织成员签署《人工智能伦理问题建议书》，联合国秘书长提出制定《全球数字契约》。

（一）推进网络空间国际行为规范讨论

1. 联合国信息安全政府专家组细化网络空间负责任国家行为规范

2018年12月，联合国大会（UN General Assembly）通过第73/266号决议[1]，授权联合国秘书长在2019年成立新一届信息安全政府专家组。专家组任务如下：在以往报告建议基础上，研究应对国际信息安全领域威胁的有效合作措施，包括研究负责任国家行为准则、规则和原则，建立信任措施，能力建设以及国际法在网络空间的适用问题。本届专家组成员为25人，分别来自澳大利亚、巴西、中国、爱沙尼亚、法国、德国、印度、印度尼西亚、日本、约旦、哈萨克斯坦、肯尼亚、毛里求斯、墨西哥、摩洛哥、荷兰、挪威、罗马尼亚、俄罗斯、新加坡、南非、瑞士、英国、美国和乌拉圭，大多为从事网络外交的高级官员，来自巴西的吉列尔梅·德阿吉亚尔·帕特里奥塔担任专家组主席。

---

[1] "联合国大会第73/266号决议：从国际安全角度促进网络空间国家负责任行为"，https://documents-dds-ny.un.org/doc/UNDOC/GEN/N18/465/00/PDF/N1846500.pdf?OpenElement，访问时间：2022年8月10日。

2021年5月，联合国信息安全政府专家组达成最终报告[1]，进一步阐释网络空间负责任国家行为规范。主要进展如下：

一是重申各国应遵守联合国宗旨及国际法原则。各国对其境内信息通信技术基础设施具有管辖权，不应利用信息通信技术干涉他国内政。各国应和平使用信息通信技术，不应蓄意允许他人在本国领土使用信息通信技术实施国际不法行为，并应在能力范围之内采取合理措施，以相称、适当和有效的手段以及符合国际法和国内法的方式制止本国领土上的不法活动。国际人道法只适用于武装冲突。

二是各国应当遵循《联合国宪章》和其他国际法规定的义务，通过和平手段解决争端。受恶意事件影响的受害国在评估事件时，需要考虑事件的技术属性、范围、规模和影响、宏观背景及对国际和平与安全的影响，同时也应考虑有关国家之间协商的结果等。

三是各国应在打击网络犯罪和恐怖主义方面开展国际合作，减少其活动空间。

四是能源、电力、水和环境卫生、教育、商业金融服务、交通、电信、选举、公共卫生相关系统应列入关键基础设施。各国应采取适当措施保护关键基础设施，不得从事或者支持蓄意破坏以上关键基础设施的活动。各国还应就保护关键基础设施安全开展国际合作。

五是各国应采取合理步骤促进供应链开放，确保供应链的完整、稳定和安全，在符合国际义务的前提下，建立全面、透明、客观、公正的供应链风险管理框架与机制；各国在制定政策时应平衡发展与安全，更加关注如何确保所有国家能平等开展竞争和创新；各国应探索制定具有互操作性的供应链安全规则和标准。

该报告吸收了中国发起的《全球数据安全倡议》中的一些重要主张，包括促进全球信息技术产品供应链的开放、完整、安全与稳定，倡导各国制定全面、透明、客观、公正的供应链安全风险评估机制并建立全球统一规则和标准等。

---

[1] "联合国大会第A/76/135号报告从国际安全角度促进网络空间负责任国家行为政府专家组的报告"，https://documents-dds-ny.un.org/doc/UNDOC/GEN/N21/075/85/PDF/N2107585.pdf?OpenElement，访问时间：2022年8月19日。

· 延伸阅读

联合国信息安全政府专家组的成立及发展

联合国信息安全政府专家组是将制定网络空间国际规则引入全球治理议程的重要组织，也是联合国讨论网络空间国际规则的主平台。1998年，俄罗斯代表团向联合国大会第一委员会提交草案，建议讨论信息和电信领域发展成果对国际安全的影响。随后，联合国大会通过第53/70号决议，正式同意将题为"从国际安全的角度来看信息和电信领域的发展"的项目列入1999年召开的第五十四届联合国大会临时议程。自此以后，联合国每年都有决议要求联合国成员国就该问题发表意见。

随着网络安全形势愈加严峻，2003年12月，联合国大会通过第58/32号决议[1]，要求依据公平地域分配原则，在2004年成立政府专家组，讨论信息安全有关事宜。联合国第一届信息安全政府专家组工作始于2004年6月，结束于2005年7月，共召开3次会议。专家组主席由时任俄罗斯外交部裁军和安全事务司副司长的安德烈·克鲁茨基赫担任。然而，由于各方对信息安全的概念争执不下，第一届信息安全政府专家组并未形成共识成果。

随后，联合国于2009、2012、2014、2016、2019年先后五次成立信息安全政府专家组。专家组重点关注信息通信技术发展对国家安全和军事的影响，讨论信息通信技术领域的威胁，负责任国家行为规范、规则和原则，研究建立信任措施，加强能力建设以及国际法如何适用于网络空间等问题。

每届信息安全政府专家组工作结束后，需向联合国大会提交总结报告，以表明各方在信息安全领域的行为规范共识。然而，报告中所提的国际规则仅为成员国提供指南，不具备强制力。

1　"联合国大会第58/32号决议：从国际安全的角度来看信息和电信领域的发展"，https://documents-dds-ny.un.org/doc/UNDOC/GEN/N03/454/82/PDF/N0345482.pdf?OpenElement，访问时间：2022年8月10日。

表1 联合国信息安全政府专家组讨论概况

时间	讨论内容	主要共识	参与国家
2004—2005年	审查信息通信技术对国家安全和军事的影响。讨论信息安全应集中在信息内容还是仅集中在信息基础设施	未形成共识报告[1]	白俄罗斯、巴西、中国、法国、德国、印度、约旦、马来西亚、马里、墨西哥、韩国、俄罗斯、南非、英国和美国
2009—2010年	研究信息安全领域的威胁及可能采取的合作措施；研究有助于加强全球信息通信系统安全的有关国际概念[2]	1.各国应通过对话，讨论网络空间国家行为准则，共同减少安全风险，保护各国及国际关键基础设施； 2.各国讨论建设信任和风险缓解措施，包括交流在冲突中使用信息通信技术的看法； 3.各国交流立法及信息通信技术安全战略、技术和最佳实践； 4.确定支持欠发达国家能力建设的措施[3]	白俄罗斯、巴西、中国、爱沙尼亚、法国、德国、印度、以色列、意大利、卡塔尔、韩国、俄罗斯、南非、英国和美国
2012—2013年	研究信息安全威胁及合作应对措施，包括负责任国家行为规范、规则或原则和建立信任措施等；	1.国际法，特别是《联合国宪章》适用于网络领域，对营造开放、安全、和平、可及的信息通信技术环境至关重要； 2.国家主权和源自主权的国际规范和原则适用于国家进行的信息通信技术活动，国家对其领土内的信息通信技术基础设施具有管辖权；	阿根廷、澳大利亚、白俄罗斯、加拿大、中国、埃及、爱沙尼亚、

---

1 "联合国大会第A/60/20号报告：关于从国际安全的角度来看信息和电信领域的发展的政府专家组的报告"，https://documents-dds-ny.un.org/doc/UNDOC/GEN/N05/453/62/PDF/N0545362.pdf?OpenElement，访问时间：2022年8月10日。

2 "联合国大会第60/45号决议：从国际安全的角度来看信息和电信领域的发展"，https://documents-dds-ny.un.org/doc/UNDOC/GEN/N05/490/29/PDF/N0549029.pdf?OpenElement，访问时间：2022年8月10日。

3 "联合国大会第A/65/201号报告：从国际安全的角度来看信息和电信领域发展的政府专家组的报告"，https://documents-dds-ny.un.org/doc/UNDOC/GEN/N10/469/56/PDF/N1046956.pdf?OpenElement，访问时间：2022年8月11日。

续表一

时间	讨论内容	主要共识	参与国家
2012—2013年	研究有助于加强全球信息通信系统安全的有关国际概念[1]	3.各国不得利用代理人从事国际不法行为，并应设法确保本国领土不被非国家行为体非法利用。各国应鼓励私营部门和民间社会发挥作用，保障信息通信技术产品和服务供应链等安全； 4.提出各国通过国际合作加强信息通信技术安全能力建设，特别是增强发展中国家能力方面的建议； 5.各国采取自愿措施增强信任和透明度[2]	法国、德国、印度、印度尼西亚、日本、俄罗斯、英国和美国
2014—2015年	研究信息安全领域的威胁及合作应对措施，包括负责任国家行为规范、规则或原则；建立信任措施；在冲突中使用信息通信技术问题；国际法如何适用于国家使用信息通信技术问题；有助于加强全球信息通信系统安全的有关国际概念等[3]	1.提出11项负责任国家行为规范； 2.认为私营部门、学术界和民间社会适当参与信息安全有关议题讨论，将有助于保障信息安全； 3.各国有权采取符合国际法和《联合国宪章》的做法以保障信息安全，但需深入研究人道原则、必要性原则、相称原则、区分原则如何适用于网络空间； 4.提出各国通过提高透明度等方式建立信任，并加强合作[4]	白俄罗斯、巴西、中国、哥伦比亚、埃及、爱沙尼亚、法国、德国、加纳、以色列、日本、肯尼亚、马来西亚、墨西哥、巴基斯坦、韩国、俄罗斯、西班牙、英国和美国

1　"联合国大会第66/24号决议：从国际安全的角度来看信息和电信领域的发展"，https://documents-dds-ny.un.org/doc/UNDOC/GEN/N11/460/25/PDF/N1146025.pdf?OpenElement，访问时间：2022年8月10日。

2　"联合国大会第A/68/98号报告：从国际安全的角度来看信息和电信领域发展的政府专家组的报告"，https://documents-dds-ny.un.org/doc/UNDOC/GEN/N13/371/65/PDF/N1337165.pdf?OpenElement，访问时间：2022年8月10日。

3　"联合国大会第68/243号决议：从国际安全角度看信息和电信领域的发展"，https://documents-dds-ny.un.org/doc/UNDOC/GEN/N13/454/02/PDF/N1345402.pdf?OpenElement，访问时间：2022年8月14日。

4　"联合国大会第A70/174号报告：关于从国际安全的角度看信息和电信领域的发展政府专家组的报告"，https://documents-dds-ny.un.org/doc/UNDOC/GEN/N15/228/34/PDF/N1522834.pdf?OpenElement，访问时间：2022年8月15日。

续表二

时间	讨论内容	主要共识	参与国家
2015—2017年	继续研究信息安全领域威胁及合作应对措施，国际法如何适用于国家使用信息通信技术问题，负责任国家行为规范、规则和原则，建立信任措施，能力建设以及有助于加强全球信息通信系统安全的有关国际概念[1]	未形成共识报告[2]	澳大利亚、博茨瓦纳、巴西、加拿大、中国、古巴、埃及、爱沙尼亚、芬兰、法国、德国、印度、印度尼西亚、日本、哈萨克斯坦、肯尼亚、墨西哥、荷兰、韩国、俄罗斯、塞内加尔、塞尔维亚、瑞士、英国和美国

· 延伸阅读 ————————————

联合国信息安全政府专家组提出负责任国家行为规范建议

2015年，联合国第四届信息安全政府专家组向联合国大会提交最终报告，提出11项负责任国家行为规范建议，奠定联合国制定网络空间国际规则的基础。联合国呼吁各国将2015年的报告作为安全使用信息通信技术的指南。11项规范建议如下：

1. 各国应遵循联合国宗旨，包括维持国际和平与安全的宗旨，合作制定和采用各项措施，加强使用信息通信技术的稳定性与安全性，并防止发生被公认有害于或可能威胁到国际和平与安全的信息通信技术行为；

1　"联合国大会第70/237号决议：从国际安全角度看信息和电信领域的发展"，https://documents-dds-ny.un.org/doc/UNDOC/GEN/N15/457/56/PDF/N1545756.pdf?OpenElement，访问时间：2022年8月15日。

2　"联合国大会第A/72/327号报告：关于从国际安全的角度看信息和电信领域的发展政府专家组秘书长的报告"，https://documents-dds-ny.un.org/doc/UNDOC/GEN/N17/257/45/PDF/N1725745.pdf?OpenElement，访问时间：2022年8月15日。

2. 一旦发生信息通信技术事件，各国应考虑其所有相关信息，包括事件发生背景、信息通信技术环境中的溯源困难，以及后果的性质和范围；

3. 各国不应蓄意允许他人利用其领土使用信息通信技术实施国际不法行为；

4. 各国应考虑如何以最佳方式开展合作，交流信息，互相帮助，起诉利用信息通信技术的恐怖分子和犯罪分子，并采取其他合作措施应对此类威胁；各国需要考虑是否有必要在这方面制定新的措施；

5. 各国在确保安全使用信息通信技术方面，应遵守关于促进、保护和享有互联网人权的人权理事会第20/8和第26/13号决议，以及关于数字时代的隐私权的大会第68/167和第69/166号决议，保证充分尊重人权，包括表达自由；

6. 各国不应违反国际法规定的义务，利用信息通信技术，从事或故意支持蓄意破坏关键基础设施或以其他方式损害公共关键基础设施的利用和运行；

7. 各国应考虑到关于创建全球网络安全文化及保护重要信息基础设施的大会第58/199号决议和其他相关决议，采取措施，保护本国关键基础设施免受信息通信技术威胁；

8. 一国应适当回应另一国因其关键基础设施受到恶意信息通信技术行为攻击而提出的援助请求；一国还应回应另一国的适当请求，减少从其领土发动的针对该国关键基础设施的恶意信息通信技术活动，同时考虑到适当尊重主权；

9. 各国应采取合理步骤，确保供应链的完整性，使终端用户可以对信息通信技术产品的安全性有信心；各国应设法防止恶意信息通信技术工具和技术的扩散，防止使用其有害的隐蔽功能；

10. 各国应鼓励负责任地报告信息通信技术的脆弱性，分享补救办法，以限制及消除信息通信技术和依赖信息通信技术的基础设施的潜在威胁；

11. 一国不应开展或故意支持危害另一国授权的应急小组信息系统活动；各国不应利用经授权的应急小组从事恶意的国际活动。

2. 联合国信息安全开放式工作小组鼓励各方践行网络空间行为准则

2021年3月，联合国第一届信息安全开放式工作小组形成总结报告。[1] 在现有威胁和潜在威胁方面，报告指出，新冠疫情凸显了各国对网络的依赖不断上升，一些国家发展军事信息通信技术给网络空间和平、安全与稳定带来严峻挑战，针对关键基础设施的恶意网络活动可能带来严重的安全、经济、社会和人道主义后果。[2] 各国认为，迫切需要落实并进一步制定合作措施，以应对威胁。在负责任国家行为规范方面，报告鼓励各国落实现有规范，各国不应开展或支持破坏关键基础设施的恶意信息通信技术活动，而应交流保护信息通信技术及关键基础设施安全的最佳实践。在国际法适用方面，报告再次确认国际法，特别是《联合国宪章》适用于网络空间，各国应寻求以和平方式解决争端，继续在联合国框架下讨论现有国际法如何适用网络空间，深化共识。在建立信任措施方面，各国应在自愿基础上，开展信息共享，完善交流机制，增强透明度。在能力建设方面，鼓励有能力国家向欠发达国家提供经济及技术援助。与此同时，报告还提出各国应当支持联合国在信息安全领域发挥作用，积极参与联合国举办的定期机制对话（Regular Institution Dialogue）。

· 延伸阅读

联合国信息安全开放式工作小组的产生及发展

因成员之间分歧过大，联合国第五届信息安全政府专家组未能在2017年形成共识报告。为持续推动联合国开展网络空间行为规范讨论

---

1 "Open-ended working group on developments in the field of information and telecommunications in the context of international security Final Substantive Report", https://front.un-arm.org/wp-content/uploads/2021/03/Final-report-A-AC.290-2021-CRP.2.pdf，访问时间：2022年8月15日。

2 晓安：《联合国网络安全进程取得重要进展》，载《中国信息安全》，2021年第9期，第72—73页。

与谈判，加强谈判进程的民主、包容和透明，2018年10月，中国与俄罗斯等国家[1]向第七十三届联合国大会提交了《从国际安全角度看信息和电信领域的发展》的决议草案，提议设立开放式的工作组，讨论网络空间行为规范有关问题。相较于联合国信息安全政府专家组，该工作组将参与成员范围扩展至所有联合国成员国，并提出与商界、非政府组织和学术界就信息安全有关问题开展交流。该提案一经提出，就遭到以美国为首的西方国家反对。美国联合一些国家提出恢复联合国信息安全政府专家组，将专家组20个名额增加到25个名额。2018年12月，联合国大会通过第73/266号和第73/27号决议，同意设立联合国信息安全专家组和信息安全开放式工作组，正式开启"双轨制"磋商方式。

根据联合国大会第73/27号决议，联合国第一届信息安全开放式工作小组于2019年6月开始工作。工作组任务如下：一是制定负责任国家行为的规则、规范和原则及其实施方式；二是研究在联合国主持下建立定期机制对话的可能性；三是研究信息安全领域威胁及各方可采取的合作措施，国际法如何适用于国家使用信息通信技术问题，建立信任措施和能力建设等问题；四是研究信息安全有关概念。[2]

2020年12月，联合国大会通过第75/240号决议，联合国将在2021—2025年召集第二届信息安全开放式工作小组。工作组的任务包括：一是继续制定负责任国家行为规范、规则和原则及其实施方式，如有必要，对其进行修改或制定额外的行为规则；二是审议各国确保信息和通信技术使用安全的举措；三是在联合国主持下举行各国广泛参与的定期机制对话；四是继续研究有关数据安全威胁以及合作应对措施、国际法如何适用于国家使用信息通信技术以及建立信任措施和能力建设问题。该小组将向第八十届联合国大会提交工作组最终报告。

1　其他国家还包括：阿尔及利亚、安哥拉、阿塞拜疆、白俄罗斯、玻利维亚、布隆迪、柬埔寨、古巴、朝鲜、刚果民主共和国、厄立特里亚、伊朗、哈萨克斯坦、老挝、马达加斯加、马拉维、纳米比亚、尼泊尔、尼加拉瓜、巴基斯坦、萨摩亚、塞拉利昂、苏里南、叙利亚、塔吉克斯坦、土库曼斯坦、乌兹别克斯坦、委内瑞拉玻利瓦尔共和国、津巴布韦。

2　"联合国大会第73/27号决议：从国际安全角度看信息和电信领域的发展"，https://documents-dds-ny.un.org/doc/UNDOC/GEN/N18/418/03/PDF/N1841803.pdf?OpenElement，访问时间：2022年8月10日。

3. 联合国安理会讨论应对网络安全威胁

2021年6月29日，联合国安理会就网络安全问题开展首次公开辩论会议。该会议由联合国安理会轮值主席国爱沙尼亚提议。会上，多国代表在发言中指出，网络安全给国家安全带来风险和挑战，支持联合国两个小组确认的负责任国家行为规范和框架。中国代表提出，应以维护和平促安全，防止网络空间成为新的战场；应以交流合作促安全，营造网络空间良好环境；应以加强治理促安全，推进网络空间公平正义；应以普惠发展促安全，实现网络空间共同繁荣。中国支持在联合国框架下建立各方平等参与、开放包容、可持续的网络安全治理进程，制定各国普遍接受的网络空间国际规则。越南、尼日尔等发展中国家认为要在公平基础上建立全球机制，形成国际法适用于网络空间的具体原则。爱尔兰认为，须以和平方式解决网络空间国际争端。一些发展中国家关注自身网络安全的脆弱性，如印度、尼日尔、肯尼亚等发展中国家提出，各国在关注网络攻击的同时，也应关注网络恐怖主义、虚假信息攻击等话题，希望能够建立多边监管机制。非洲国家代表则关注数字鸿沟解决问题。会上，一些国家就联合国安理会和联合国大会在网络安全领域的地位和作用产生了分歧。英国、法国、爱尔兰等认为安理会应在管控网络安全冲突、维护网络空间和平与安全上发挥更大作用。俄罗斯则主张联合国大会是审议网络安全问题的主平台，安理会应该支持联合国大会推进网络空间规范的制定进程，反对安理会单方面解释两个小组达成的规则以及审查联合国大会已达成的协议，反对某些国家对两个小组通过的原则进行单方面解释。[1]

（二）正式开启全球网络犯罪公约谈判进程

1. 联合国确定打击网络犯罪全球公约谈判计划

2019年12月，联合国正式决定设立一个不限成员名额的政府间特设专家委员会（以下简称特委会），负责拟定《联合国打击网络犯罪全球公约》。为推

---

[1] "'Explosive' Growth of Digital Technologies Creating New Potential for Conflict, Disarmament Chief Tells Security Council in First-Ever Debate on Cyberthreats", https://www.un.org/press/en/2021/sc14563.doc.htm，访问时间：2022年9月20日。

进谈判进程，2021年5月10—12日，特委会在美国纽约召开了为期三天的组织会议，以商定谈判议程和方式，并提交大会第七十五届会议审议和批准。5月27日，联合国大会通过了题为"打击为犯罪目的使用信息和通信技术行为"的第75/282号决议。根据决议，自2022年1月起，特委会应召开至少六届会议[1]就公约进行谈判，并在第七十八届联合国大会提交公约草案。联合国毒品和犯罪问题办公室（UNODC）继续履行秘书处职能。所有联合国会员国代表担任谈判正式成员，观察员则来自对此议题感兴趣的政府间组织、非政府组织、民间社会组织、学术机构和在网络犯罪领域具有专长的私营部门。谈判采用联合国大会议事规则，若在实质问题上无法协商一致，须以三分之二以上多数投票决策。特设委员会将由阿尔及利亚常驻维也纳代表法乌齐亚·布迈扎·迈贝基女士担任主席，中国、澳大利亚、多米尼加、埃及、爱沙尼亚、日本、尼加拉瓜、尼日利亚、波兰、葡萄牙、俄罗斯、苏里南、美国等国人员担任副主席，报告员由印度尼西亚人担任。[2]

2. 参与网络犯罪全球公约的谈判各方提交会议材料

截至2021年底，共有29个[3]国家和地区及国际刑警组织围绕第一届会议向特委会提交材料。其中，中国在2021年11月5日就《联合国打击网络犯罪全球公约》的范围、目标和框架（要素）向会议提交建议材料。在公约目标方面，中国建议公约应秉持网络空间命运共同体理念，促进和加强各项措施，以便更加高效而有力地预防和打击为犯罪目的使用信息通信技术。公约应基于信息通信技术的特殊性和打击相关犯罪行为的需要，促进、便利与支持预防和打击为犯罪目的使用信息通信技术方面的国际合作，包括协调各国定罪标准，为解

1　特委会将在美国纽约举行第一次、第三次和第六次谈判会议，并在奥地利维也纳举行第二次、第四次和第五次谈判。

2　"联合国大会第75/282号决议：打击为犯罪目的使用信息和通信技术行为"，https://documents-dds-ny.un.org/doc/UNDOC/GEN/N21/133/50/PDF/N2113350.pdf?OpenElement，访问时间：2022年6月7日。

3　澳大利亚、巴西、加拿大、智利、中国、古巴、哥伦比亚、多米尼加、埃及、欧盟及其成员国、印度、印度尼西亚、牙买加、日本、约旦、科威特、列支敦士登、墨西哥、新西兰、尼日利亚、挪威、阿曼、巴拿马、俄罗斯、南非、瑞士、土耳其、英国、美国。

决管辖权冲突提供指导，在执法合作、司法协助、引渡、资产返还等方面制定更有针对性的制度安排等；公约应着眼最广泛国际合作的需要及发展中国家的利益和需求，强化在人员培训及提供技术援助方面的合作，并促进该领域的信息交流，以更好预防和打击为犯罪目的使用信息通信技术。在公约适用范围方面，中国建议公约应当适用于预防、侦查和起诉由个人或犯罪集团实施的为犯罪目的使用信息通信技术，以及查封、冻结、扣押、没收和归还相关犯罪所得。为犯罪目的使用信息通信技术，至少应当包括针对信息通信技术设施、系统和数据的犯罪以及利用信息通信技术实施的犯罪。在公约框架（要素）方面，中国建议公约可分为七个章节，分别是：总则、预防、定罪和执法、国际合作、技术援助和信息交流、执行机制和最后条款。[1]

· 延伸阅读 ——————————————————

联合国参与打击网络犯罪国际规则的历程

21世纪以来，中国、俄罗斯、南非等国积极推进制定打击网络犯罪国际规则，并在联合国大会、联合国预防犯罪和刑事司法大会、联合国预防犯罪和刑事司法委员会（CCPCJ）等场合呼吁尽快谈判制定联合国框架下的网络犯罪公约。联合国关于网络犯罪的讨论可分为三个阶段：联合国初步认识阶段、联合国网络犯罪政府专家组深入讨论阶段以及联合国主持打击网络犯罪全球公约谈判阶段。

1.联合国初步认识网络犯罪阶段

在联合国网络犯罪政府专家组成立前，联合国毒品和犯罪问题办公室、预防犯罪和刑事司法委员会是联合国框架下讨论网络犯罪议题的主要平台。联合国大会多次通过决议，明确在联合国框架下讨论非法滥用信息技术问题的必要性及路径。经过各方不懈努力，2010年，

---

1 "中国对联合国打击为犯罪目的使用信通技术公约范围、目标和框架（要素）的建议"，https://www.unodc.org/documents/Cybercrime/AdHocCommittee/First_session/Comments/Chinas_Suggestions_on_the_Scope_Objectives_and_Structure_AHC.pdf，访问时间：2022年8月5日。

第六十五届联合国大会通过第65/230号决议，正式要求成立联合国网络犯罪政府专家组，讨论网络犯罪有关问题。

表2 联合国关于网络犯罪治理早期讨论情况

时间	名称	涉及内容
2000年	第五十五届联合国大会通过第55/59号决议《关于犯罪与司法迎接二十一世纪的挑战的维也纳宣言》	建议就预防和控制计算机犯罪制定政策建议，并要求预防犯罪和刑事司法委员会开展该领域的工作。宣言承诺努力提高各国预防、调查和监测高技术犯罪及网络犯罪的能力[1]
	第五十五届联合国大会通过第55/63号决议《打击非法滥用信息技术》	决定继续将非法滥用信息技术的问题列入第五十六届联合国大会议程，作为"预防犯罪和刑事司法"项目的一部分[2]
2001年	第五十六届联合国大会通过第56/121号决议《打击非法滥用信息技术》	1.联合国注意到必须防止非法滥用信息技术，强调有必要加强各国协调和合作打击非法滥用信息技术，发挥联合国和其他国际及区域组织的作用； 2.联合国注意到国际和区域组织为打击高技术犯罪而开展的工作，包括欧委会拟定《网络犯罪问题公约》的工作； 3.会议决定推迟"打击非法滥用信息技术"问题的审议，以待进行预防犯罪和刑事司法委员会打击与高技术和计算机相关犯罪的行动计划中所设想的工作[3]

---

1 "联合国大会第55/59号决议：关于犯罪与司法迎接二十一世纪的挑战的维也纳宣言"，https://www.un.org/zh/ga/55/res/a55r59.htm，访问时间：2022年9月23日。

2 "联合国大会第55/63号决议：打击非法滥用信息技术"，https://www.un.org/zh/ga/55/res/a55r63.htm，访问时间：2022年9月23日。

3 "联合国大会第56/121决议：打击非法滥用信息技术"，https://documents-dds-ny.un.org/doc/UNDOC/GEN/N01/482/04/PDF/N0148204.pdf?OpenElement，访问时间：2022年9月23日。

续表

时间	名称	涉及内容
2008年	第六十三届联合国大会通过第63/195号决议《加强联合国预防犯罪和刑事司法方案技术合作能力》	提请联合国秘书长关注新出现的网络犯罪等问题，并请联合国毒品和犯罪问题办公室在其职责范围内探讨解决方案[1]
2010年	第十二届联合国预防犯罪和刑事司法大会通过《萨尔瓦多宣言》	联合国预防犯罪和刑事司法委员会召集一个不限成员名额政府间专家组，对网络犯罪问题以及各成员国、国际社会和私营部门打击网络犯罪政策进行全面研究，包括国家立法、最佳做法、技术援助和国际合作交流信息等内容，以审查现有应对方案，提出新的国际公约文本及其他应对措施[2]
2010年12月	第六十五届联合国大会通过第65/230号决议	在肯定《萨尔瓦多宣言》的同时，要求预防犯罪和刑事司法委员会根据宣言成立不限名额政府专家组，在2011年5月预防犯罪和刑事司法委员会第二十届会议之前召开第一次专家组会议[3]

2. 联合国网络犯罪政府专家组工作阶段

联合国网络犯罪政府专家组成立标志着联合国讨论制定打击网络犯罪规则进入新阶段。联合国网络犯罪政府专家组由各国提名专家组成，组织上接受预防犯罪和刑事司法委员会指导，向其报告相关工作进度。专家组分别于2011、2013、2017、2018、2019、2020和2021年召开了七次会议，就打击网络犯罪的立法、定罪、执法和调查、电子

---

1 "联合国大会第63/195号决议：加强联合国预防犯罪和刑事司法方案技术合作能力"，https://documents-dds-ny.un.org/doc/UNDOC/GEN/N08/482/49/PDF/N0848249.pdf?OpenElement，访问时间：2022年9月23日。

2 "Salvador Declaration on Comprehensive Strategies for Global Challenges: Crime Prevention and Criminal Justice Systems and Their Development in a Changing World"，https://www.unodc.org/documents/crime-congress/12th-Crime-Congress/Documents/Salvador_Declaration/Salvador_Declaration_E.pdf，访问时间：2022年9月23日。

3 "联合国大会第65/230号决议：第十二届联合国预防犯罪和刑事司法大会"，https://documents-dds-ny.un.org/doc/UNDOC/GEN/N10/526/33/PDF/N1052633.pdf?OpenElement，访问时间：2022年9月23日。

证据和刑事司法、国际合作、预防等问题提出多项建议。随着2019年联合国正式开启打击全球网络犯罪公约的谈判进程，联合国网络犯罪政府专家组在2021年开完第七次专家组会后正式完成其历史使命。

表3　联合国网络犯罪专家组讨论情况

时间	内容
2011年1月17—21日	100多个国家和相关国际组织专家与会，就网络犯罪问题、各自应对措施以及强化打击网络犯罪交换了意见。专家组重点讨论如何就网络犯罪问题进行综合研究。经过激烈讨论，专家组通过了《工作方法》（Methodology）和《议题范围》（Draft Collection of Topics），并授权联合国毒品和犯罪问题办公室根据上述《工作方法》和《议题范围》编撰《网络犯罪问题综合研究报告（草案）》（Draft Comprehensive Study on Cybercrime，以下简称《研究报告（稿）》）[1]
2013年2月25—28日	专家组第二次会议主要对《研究报告（稿）》进行审议。由于各方对《研究报告（稿）》的内容，特别是"关键结论和备选方案"部分存在较大争议，会议未达成共识[2]
2017年4月10—13日	专家组第三次会议继续审议《研究报告（稿）》，就网络犯罪问题以及如何加强应对开展交流，对后续工作提出建议。会议同意专家组继续作为各方讨论网络犯罪有关实质问题的平台，定期召开会议，确定将《研究报告（稿）》中的核心章节标题（即"立法和框架""定罪""执法与侦查""电子证据与刑事司法""国际合作"以及"预防"）作为后续讨论的主要议题。但是由于各方分歧依旧，《研究报告（稿）》仍未获得通过[3]

1　"2011年1月17日至21日在维也纳举行的不限成员名额政府间专家组综合研究网上犯罪问题会议的报告"，https://www.unodc.org/documents/treaties/organized_crime/EGM_cybercrime_2011/UNODC_CCPCJ_EG4_2011_3/UNODC_CCPCJ_EG4_2011_3_C.pdf，访问时间：2022年9月23日。

2　"2013年2月25日至28日在维也纳举行的全面研究网络犯罪问题专家组会议的报告"，https://www.unodc.org/documents/organized-crime/UNODC_CCPCJ_EG.4_2013/UNODC_CCPCJ_EG4_2013_3_C.pdf，访问时间：2022年9月23日。

3　"全面研究网络犯罪问题专家组2017年4月10日至13日在维也纳举行的会议的报告"，https://www.unodc.org/documents/organized-crime/cybercrime/Cybercrime-April-2017/Cybercrime_report_2017/Report_Cyber_C.pdf，访问时间：2022年9月23日。

续表一

时间	内容
2018年4月3—5日	专家组第四次会议通过专家组2018—2021年的工作计划[1]，开启讨论网络犯罪实质问题。根据工作计划，专家组每年召开一次年度会议，讨论有关网络犯罪的立法、定罪以及电子证据和国际合作等问题，并决定2021年前出台工作建议提交联合国预防犯罪和刑事司法委员会审议。会议还重点就"立法和政策框架"和"定罪"两项议题进行了讨论，并汇集各国提出的初步建议供后续会议审议
2019年4月27—29日	专家组第五次会议主要讨论"网络犯罪执法调查"和"电子证据与刑事司法"两个议题。会上，专家组再次讨论了是否需要一项关于网络犯罪的综合性全球法律文书。一些发言者认为，需要在联合国框架下制定一项关于网络犯罪的全球法律文书，以应对互联网技术的快速发展所带来的挑战，弥补现有应对机制不足[2]
2020年7月27—29日	专家组第六次会议重点讨论了有关预防及打击网络犯罪的国际合作问题。各参会国代表发言介绍了有关打击网络犯罪国际合作的本国经验、相关实践以及立场主张，并提出建议。会上，代表们认为当前刑事定罪条款缺乏统一性，执法和刑事司法机关的程序权力存在空白以及在获取电子证据方面存在管辖权冲突等对打击网络犯罪构成挑战。在联合国框架内拟订一项打击网络犯罪的公约，将有助于提高打击网络犯罪国际合作效率，填补当前法律空白，是国际社会应对网络犯罪的适当对策。发言者们着重指出，新的打击网络犯罪全球文书将考虑到所有成员国，特别是发展中国家的关切和利益。不过，会上也有代表支持用原有国际文书或框架和机制[3]

---

1 "全面研究网络犯罪问题专家组2018年4月3日至5日在维也纳举行的会议的报告"，https://www.unodc.org/documents/organized-crime/cybercrime/cybercrime-april-2018/V1802314.pdf，访问时间：2022年9月23日。

2 "2019年4月27日至29日在维也纳举行的全面研究网络犯罪问题专家组会议的报告"，https://www.unodc.org/documents/organized-crime/cybercrime/Cybercrime-March-2019/Report/UNODC_CCPCJ_EG.4_2019_2_C.pdf，访问时间：2022年9月23日。

3 "2020年7月27日至29日在维也纳举行的全面研究网络犯罪问题专家组会议的报告"，https://www.unodc.org/documents/Cybercrime/IEG_Cyber_website/UNODC_CCPCJ_EG.4_2020_2/UNODC_CCPCJ_EG.4_2020_2_ZH.pdf，访问时间：2022年9月23日。

时间	内容
2021年4月6—8日	会议审议了各国在专家组第四至六次会议上就打击网络犯罪的立法、定罪、执法和调查、电子证据和刑事司法、国际合作、预防等议题提出的工作建议[1]

3. 联合国主持打击网络犯罪全球公约谈判阶段

2019年12月，第七十四届联合国大会以79票赞成、60票反对、33票弃权，通过中国、俄罗斯等47国共提的第74/247号决议《打击为犯罪目的使用信息和通信技术》，决定设立一个特委会，负责拟订一项打击为犯罪目的使用信息和通信技术的全面国际公约，即《联合国打击网络犯罪全球公约》，同时充分考虑到关于打击为犯罪目的使用信息和通信技术的现有国际文书以及国家、区域和国际各方的努力，特别是全面研究网络犯罪政府专家组的工作和成果。这标志着中国、俄罗斯等国的主张受到国际社会的普遍认同，联合国将首次主持网络领域国际公约谈判。

（三）参与数字领域国际规则制定

1. 联合国教科文组织通过《人工智能伦理问题建议书》

2021年11月24日，联合国教科文组织193个成员签署通过首份人工智能全球性规范《人工智能伦理问题建议书》（以下简称建议书）。建议书提出发展和应用人工智能首先要体现出四大价值，即尊重、保护和提升人权及人类尊严，促进环境与生态系统发展，保证多样性和包容性，构建和平、公正与相互依存的人类社会。建议书明确了规范人工智能技术的十大原则，包含相称

---

1 "2021年4月6日至8日在维也纳举行的全面研究网络犯罪问题专家组会议的报告"，https://www.unodc.org/documents/organized-crime/cybercrime/Cybercrime-April-2021/Report/V2102594.pdf，访问时间：2022年9月23日。

性和不损害、安全和安保、公平和非歧视、可持续性、隐私权和数据保护、人类的监督和决定、透明度和可解释性、责任和问责、认识和素养、多利益相关方与适应性治理和协作。同时，建议书还提出伦理影响评估、伦理治理和管理、数据政策、发展与国际合作、环境和生态系统、性别、文化、教育和研究、传播和信息、经济和劳动、健康和社会福祉等11个行动领域。[1]建议书于2018年春季立项，在全球遴选24名专家参与撰写，经过多轮修订，最终在联合国教科文组织第四十一届大会上获得通过。联合国教科文组织总干事阿祖莱在举行建议书的发布会上称，世界需要为人工智能制定规则以造福人类。教科文组织通过该领域首个规范性全球框架协议，是多边主义取得的重要胜利。联合国教科文组织将支持各成员落实建议书内容，并要求成员定期报告相关进展和做法。

2. 联合国提出加强数字合作及数字治理

2021年9月10日，联合国秘书长安东尼奥·古特雷斯在第七十五届联合国大会发布了《我们的共同议程》报告。报告提出，"数字公域"作为一种全球公共产品，需要更好地规范和管理。当前，"数字公域"正面临较大的伦理和监管问题，如网络空间缺乏问责、大型科技公司逐渐成为地缘政治行为体和社会问题的仲裁者、科技公司社会责任缺失、数字领域性别歧视等。联合国希望敦促互联网治理论坛调整、创新和改革，以便支持"数字公域"的有效治理。报告还提出，联合国、各国政府、私营部门和民间社会可共同商定全球数字契约，形成开放、自由、安全的数字未来共同原则，促进人工智能监管符合全球共同价值观。《全球数字契约》可包含以下内容：数字互联互通、避免互联网碎片化、个人数据保护、制定内容问责标准等。[2]《我们的共同议程》是联合国秘书长依据《联合国七十五周年宣言》提出的行动议程，描绘全球合作的愿景和联合国改革方向。

---

1 《人工智能伦理问题建议书》，https://unesdoc.unesco.org/ark:/48223/pf0000380455_chi，访问时间：2022年9月5日。

2 "United Nations Secretary-General's Report 'Our Common Agenda'"，https://www.un.org/en/common-agenda，访问时间：2022年9月5日。

二、全球数字货币监管提速

（一）主要国家和地区的数字货币监管

2021年，世界主要国家和地区陆续将数字货币纳入国家监管体系，通过发行法定数字货币的方式对冲私人数字货币带来的负面影响。目前，各国应对数字货币安全风险的能力不断提升，国际组织通过制度设计和政策引导不断加强数字货币领域的国际合作，但不同国家和地区之间依然存在监管政策不一致、监管信息和技术不对称、监管法律和手段不平衡、监管理念和措施不协调等诸多隔阂与不利因素，上述问题严重制约数字货币市场健康有序发展，亟待国际社会共同解决。

· 延伸阅读 ————————————————————————

数字货币定义及分类

自诞生以来，数字货币（Digital Currency）已发展为类型多样的庞大组合，它可被定义为利用分布式账本技术存储的、用于表示一定价值量的特定格式的数据。

从研发主体来看，数字货币可分为法定数字货币和私人数字货币。其中，法定数字货币体现为主权性，由各国央行研发；私人数字货币以比特币、以太币等为代表，具有去中心化与投机性等属性。从风险角度来看，私人数字货币价格波动大、不受中央银行监管，同时容易滋生偷税漏税、洗钱、诈骗、赌博以及资助恐怖主义行动等违法犯罪行为，给国家安全、社会稳定和公众权益带来巨大的风险隐患。与此同时，随着数字货币所覆盖的消费场景日渐丰富，特别是在新冠疫情的影响下，多国央行在探索法定数字货币的道路上明显提速，以适应数字时代人们对法定货币提出的变革需求。

1.法定数字货币的研究发行

目前，世界主要国家和地区研发法定数字货币包括央行自行研发和私人数字货币法定化等方式。

国家中央银行自行研发数字货币。这是目前世界大部分国家和地区选择的模式。根据国际清算银行的最新调查结果，全球80%的央行表示正在研究数字货币技术，约20%的央行表示很可能在未来六年内发行数字货币。[1]美国对自行研发央行数字货币一直较为谨慎，但2021年以来其态度出现了微妙转折。2021年3月，美联储主席杰罗姆·鲍威尔（Jerome Powell）表示，精心计划数字美元远比快速推出更重要。与美国的态度相比，其他国家和地区对于央行数字货币表现出了更积极的态度，法国、瑞典、日本、南非、韩国、印度、俄罗斯、泰国、牙买加、印度尼西亚、智利、加纳、英国、巴西、哈萨克斯坦等国家都在2021年前成立了央行数字货币项目组或进行了央行数字货币的测试工作。以中国为代表的部分国家和地区探索开发双层运营模式，即由国家政府部门对数字货币发行事项进行统一管理，同时最大程度地吸收私人数字货币机构在产品设计和运营维护等方面的技术优势，在不干扰或妨碍中央银行维护货币和金融稳定的前提下，为公私合作安排创造了很大空间。[2]2021年7月，中国人民银行发布《中国数字人民币的研发进展白皮书》，宣告数字人民币已进入实测阶段，下一步将推动数字人民币与现有电子支付工具间的交互。2021年10月25日，尼日利亚正式发行央行数字货币"e奈拉"（e-Naira），成为首个正式启用央行数字货币的非洲国家。[3]

私人数字货币法定化。政府直接承认私人数字货币在本国具有法定数字货币的地位。2021年6月9日，萨尔瓦多在国会中以绝对多数赞成的投票结果通过《比特币法》，成为全世界第一个将比特币作为法定货币的国家。该法提出"将比特币作为不受限制的法定货币进行监管，赋予其自由的权利，在任何交

1　"Results of the 2021 BIS survey on central bank digital currencies"，https://www.bis.org/publ/bppdf/bispap125.pdf，访问时间：2022年6月15日。

2　周泽伽、王银旭：《私人数字货币国际监管与协调》，载《银行家杂志》，2022年第4期，第29页。

3　"尼日利亚启用非洲首个数字货币"，http://world.people.com.cn/n1/2021/1104/c1002-32272918.html，访问时间：2022年9月5日。

易中都可以使用"。该法生效后，产品价格可以用比特币标注，税收可以用比特币支付，交易比特币获得的收益需要支付资本利得税。然而，大多数国家和地区认为这种将私人数字货币法定化的方式风险较高，目前选择这种方式的国家和地区并不多见。

表4 2021年央行数字货币发展图景

时间	法定数字货币动态
2月18日	巴哈马央行与万事达卡（MasterCard）合作，推出支持央行数字货币的银行卡"沙元预付卡"
4月1日	东加勒比中央银行正式启用数字货币DCash
4月2日	泰国中央银行公布数字货币推进时间表，并向社会征求对零售型数字货币的意见
4月5日	日本央行宣布启动中央银行数字货币实验的第一阶段
4月9日	俄罗斯央行表示将在2021年底前创建"数字卢布"
4月19日	英国宣布成立央行数字货币工作组，协调央行数字货币研发相关工作
5月4日	美国埃森哲公司与数字美元基金会央行数字货币试验达成合作
5月24日	韩国央行表示将于2021年下半年进行数字货币试验
6月8日	墨西哥联邦政府参议员表示将推动比特币等数字货币作为合法货币；中国香港金管局将港元数字货币（e-HKD）列为发展范畴之一
6月9日	萨尔瓦多将比特币作为法定货币
6月26日	巴西央行行长宣布将出台更具体的数字货币时间表
7月14日	欧洲央行启动"数字欧元项目"并开展相关调查研究
7月16日	中国人民银行发布《中国数字人民币的研发进展白皮书》
7月22日	印度央行分阶段引入由中央支持的数字货币
10月25日	尼日利亚推出零售型央行数字货币"e奈拉"
11月9日	新加坡金融管理局（MAS）推出零售中央银行数字货币计划——"兰花项目"
11月18日	欧洲央行宣布将于2023年发行数字欧元[1]

1　"Fabio Panetta: Designing a digital euro for the retail payments landscape of tomorrow"，https://www.ecb.europa.eu/press/key/date/2021/html/ecb.sp211118~b36013b7c5.en.html，访问时间：2022年7月21日。

· 延伸阅读 ————————————————————

《数字美元项目》白皮书

2020年5月28日，数字美元基金会与全球咨询公司埃森哲联合发布了《数字美元项目》的白皮书，介绍了美国央行数字货币的基本架构和发行目的等。

该白皮书声称数字美元的发行目的是：（一）维持美元作为国际交易和主要储备货币的地位；（二）提高市场透明度和交易效率；（三）建设新的金融基础设施。数字美元是一种数字货币，将与纸币具有同等的法律地位。数字美元将由联邦储备系统发行，享有美国政府的信用背书，是央行货币的第三种形式，与联邦储备券（银行券或纸币）可以完全互换。数字美元的设计要考虑平衡隐私和监管，一方面，如果它设计为完全匿名、无法追踪，会助长非法行为；另一方面，如果它设计为完全透明、全面监控，可以实现政府执法和维护国家安全目标，但是过度透明可能会降低其吸引力。[1]

2. 私人数字货币的监管

当前，数字货币在金融体系中的占比不断增大，除带来一定的经济回报外，随之而来的还有频繁的市场波动、非法交易、黑客攻击，甚至资助恐怖主义等社会安全风险，因此全球主要国家和地区纷纷加强对私人数字货币的监管审查，但监管力度和环节不尽相同。从总体监管力度看，可分为严格监管、适度监管和宽松监管；从具体监管环节看，可从对私人数字货币的发行融资和交易流通的监管进行区分。但需要说明的是，这种分类并非唯一，且每个国家和地区对待私人数字货币的态度及举措也处于经常变化的态势之中。

严格监管模式。中国、土耳其、墨西哥等国家对私人数字货币采取严格监管模式。为了避免引发系统性金融风险，中国对私人数字货币采取了较为严厉

1　安娜：《数字美元：发行目的、基本架构、应用场景及对我国央行数字货币 DC/EP 的挑战》，载《新金融》，2020年第11期，第21—26页。

的监管措施，禁止私人数字货币的投资、交易，并且严格制约为数字货币相关业务活动提供经营场所、商业展示、营销宣传、付费导流等行为。2021年5月18日，中国发布《关于防范虚拟货币交易炒作风险的公告》，明确规定金融机构、支付机构不得开展与虚拟货币相关的业务。随后，中国内蒙古自治区印发《关于设立虚拟货币"挖矿"企业举报平台的公告》，全面受理关于虚拟货币"挖矿"企业问题信访举报。9月24日，中国发布《关于进一步防范和处置虚拟货币交易炒作风险的通知》，要求主要网站平台切实落实主体责任，持续保持对虚拟货币交易炒作高压打击态势，加大对诱导虚拟货币投资等信息内容和账号自查自纠力度。2021年4月18日，土耳其央行宣布禁止使用数字货币和数字资产来购买商品和服务，并表示"支付服务提供商不能以将数字资产直接或间接用于提供支付服务和电子货币发行的方式来开发商业模式，也不得提供与此类商业模式相关的任何服务"。6月28日，墨西哥央行、财政部及国家银行和证券委员会发表联合声明称[1]，虚拟货币不是法定货币，禁止在墨西哥的金融体系中使用虚拟货币，否则将受到制裁，墨西哥的金融机构无权进行比特币等虚拟资产的交易，违者将被追究责任。

适度监管模式。考虑到私人数字货币的技术优势和巨大的规模体量，部分国家尝试将私人数字货币的发行和交易视作商品、证券或货币进行监管。比如，有美国国会议员提出，私人数字货币在发行上要求发行方取得银行牌照，在交易过程中对数字货币按照加密货币、加密商品以及加密证券进行监管，由美国金融犯罪执法局、商品期货交易委员会以及证监会负责。但是美国各部门对数字货币的定义并不相同，导致监管主体和标准并不一致，如美国金融犯罪执法局将加密货币交易所归类为货币发送者，将私人加密数字资产定义为货币，受货币相关法律的约束；美国国税局将加密数字货币归类为具有价值的财产，属于应税商品；美国证券交易委员会则认为数字资产是证券，应受其监管。2020年9月，欧盟起草《加密货币市场监管》。[2]该法案是

1　"Mexico says cryptocurrencies are not money, warns of risks"，https://www.reuters.com/world/americas/mexico-says-cryptocurrencies-are-not-money-warns-risks-2021-06-28/，访问时间：2022年6月28日。

2　"Markets in Crypto-assets, and amending Directive (EU) 2019/1937"，https://eur-lex.europa.eu/legal-content/EN/TXT/?uri=CELEX%3A52020PC0593，访问时间：2022年11月18日。

对加密货币全面监管的首次尝试，监管范围涵盖数字货币发行商和交易平台。该法案将加密货币分为四类：加密资产、功能代币、资产参考代币和电子货币代币，根据其分类受到相应监管。

宽松监管模式。出于促进经济发展的考虑，东南亚国家大多鼓励数字货币发展，对待数字货币交易的监管相对宽松。部分东南亚国家尚处于区块链技术发展初期，对数字货币交易监管框架仍处于空白阶段或初步探索阶段。新加坡经济发展程度较高，总体上对区块链和数字资产监管持开放态度。菲律宾正在考虑将数字货币看作证券，并用本国的《证券法》对其进行监管。德国认可比特币的法律和税收地位，视其为合法记账单位，是全球第一个正式认可比特币合法身份的国家，但不允许其对国家法定货币构成竞争。[1]

• 延伸阅读 ————————————————————

数字货币的发展及其风险概述

2021年，私人数字货币的种类和应用场景不断丰富，新平台、新组织和新业态层出不穷，新风险跨国界渗透扩散的可能性不断增加，给全球金融体系带来深刻的变化和影响。

1.技术性能迭代升级，跟踪及监管难度剧增

2021年8月初，作为一个重要的智能合约公共区块链开源平台，以太坊进行了一次重大的技术升级。不同于以往的简单维护和调整，此次升级旨在提升以太坊网络性能，大幅降低成本费（即在以太坊区块链上执行特定操作所需的成本），减少链上拥堵，进一步改善用户体验。11月，比特币进行了一次技术层面的升级换代。可以预见，类似的重大技术升级远未结束，由此产生的风险和影响对现有监管技术和模式提出挑战，有待更加及时的技术跟踪与监管回应。

2.应用场景层出不穷，安全风险应接不暇

非同质化代币（NFT）、去中心化金融（DeFi）、元宇宙（Metaverse）

---

1 "德国政府：不允许加密货币与法定货币竞争"，http://www.xinhuanet.com/world/2019-11/21/c_1125259726. htm，访问时间：2022年11月18日。

等新兴概念均与数字货币及相关行业密切相关。2021年3月11日，数字艺术家马克·罗斯科（Mike Winkelmann，又名Beeple）以6930万美元高价出售非同质化代币作品《每一天：最初的5000天》（Everydays: The First 5000 Days）。该事件不仅推动加密艺术藏品市场和非同质化代币市场的升温，还暴露出私人数字货币非法经营、资助犯罪、违法交易等风险，引起监管部门广泛关注。此外，去中心化金融利用密码学、去中心化和区块链来构建新型金融体系，具有简单快捷的特性，为市场带来更多投资机会，但同时也伴随着巨大的网络和金融风险。元宇宙已从理论概念逐步渗透到企业和消费者的日常工作生活中，利用该概念进行新型金融网络诈骗的违法活动不断增多。总的来说，通过新兴概念"包装""美化"传统犯罪的方式与日俱增，导致持续监管、犯罪发现、跟踪研判、侦查破案的难度大幅度提升。

3. 商业巨头推波助澜，市场不稳定性和波动性愈加激烈

2021年2月8日，美国特斯拉公司宣布购买了15亿美元的比特币，并表示接受比特币付款，一举将比特币价格推高至创纪录的水平。但是5月13日，该公司首席执行官埃隆·马斯克却突然宣布特斯拉停止使用比特币购买汽车产品，这立即导致比特币价格下跌。此外，在马斯克的影响下，加密货币——"狗狗币"价格经历了"过山车式"波动。5月9日，马斯克公开宣称"狗狗币是一场骗局"，引发"狗狗币"市值大跌。随后，马斯克又表示，旗下SpaceX公司将发射"狗狗币"资助的卫星，引起"狗狗币"市值飙升。这也充分表明：私人数字货币容易受到人为的影响和操纵，并非一种稳健的资产类别。

4. 交易平台不停进行"合法性冲关"，监管套利的风险依然存在

2021年4月14日，全球最大数字货币交易平台之一——比特币公司在纳斯达克正式上市，股票代码为COIN.US。"币安"是全世界最大的数字货币交易所，为超过100种数字货币提供交易，为了寻求官方认可，其不断对全球的运营架构进行调整。FTX是2021年发展最快的数字货币交易所，与全球十几个司法管辖区的监管机构开展对话合作，以期获得这些司法管辖区的营业许可。一旦这类交易平台在某些国家

和地区获得合法身份，私人数字货币及其交易所便会涌向该地，并在技术上实现"全球经营"。此举极可能使某一国家和地区的监管政策被轻易规避，甚至可能引发全球性的监管政策"逐底竞赛"[1]。

对私人数字货币发行融资和交易流通的态度进行划分，可分为三个等级：禁止（严格禁止私人数字货币的发行融资和交易流通），监管（允许私人数字货币在监管下发行融资和交易流通），宽松（对私人数字货币的发行融资和交易流通的态度模糊）。全球主要国家和地区的态度如下表所示。

表5 主要国家和地区对私人数字货币发行融资和交易流通监管立场

	禁止	监管	宽松
对发行融资的态度	中国、尼泊尔、印度、孟加拉国、伊朗、巴勒斯坦、墨西哥、玻利维亚	日本、韩国、马来西亚、新加坡、乌兹别克斯坦、澳大利亚、英国、白俄罗斯、瑞士、美国、委内瑞拉	蒙古、朝鲜、越南、缅甸、印度尼西亚、菲律宾、巴基斯坦、吉尔吉斯斯坦、哈萨克斯坦、阿联酋、科威特、亚美尼亚、以色列、新西兰、帕劳、法国、俄罗斯、德国、意大利、西班牙、百慕大、马耳他、南非、津巴布韦、肯尼亚、尼日利亚、埃及、加拿大、巴西、厄瓜多尔、智利
对交易流通的态度	中国、印度尼西亚、尼泊尔、印度、孟加拉国、科威特、巴勒斯坦、尼日利亚、厄瓜多尔、玻利维亚	日本、萨尔瓦多、马来西亚、新加坡、菲律宾、巴基斯坦、吉尔吉斯斯坦、乌兹别克斯坦、哈萨克斯坦、伊朗、英国、俄罗斯、白俄罗斯、瑞士、西班牙、委内瑞拉	蒙古、朝鲜、越南、缅甸、阿联酋、亚美尼亚、以色列、澳大利亚、新西兰、帕劳、法国、德国、意大利、百慕大、马耳他、南非、津巴布韦、肯尼亚、埃及、美国、加拿大、墨西哥、巴西、智利

---

1 逐底竞赛（race to the bottom）是国际政治经济学的一个著名概念，意指在全球化过程中，政府放松对商业环境的管制以及降低税率，目的是增加国家或地区的经济活力和投资吸引力。

（二）数字货币领域的国际合作

根据英国发布的《金融稳定报告》，2021年数字金融市场约占全球金融资产的1%。[1]因其规模性、结构性、脆弱性以及与传统金融体系日益增强的互联性，数字货币带来的风险影响不再限于单一或部分国家和地区，需要着重考虑跨国别、跨部门的合作。2021年，全球主要国家和地区的政策制定者致力于探讨如何加强数字货币领域的国际合作，共同应对系统性金融风险。

1. 重要国际组织机构呼吁建立监管共识

国际货币基金组织（IMF）呼吁制定一套全面的国际标准，解决数字货币生态及金融风险。2021年7月29日，为加强数字货币的风险识别、监测和管理，国际货币基金组织发布《公共和私人数字货币的兴起——继续履行国际货币基金组织使命的战略》文件。[2]该文件明确表明：第一，新形式的货币必须可信。必须立足于健全的法律框架，保护消费者合法权益和确保安全，支持财务数据完整性。第二，必须通过精心设计的公私合作伙伴关系、银行角色的平稳过渡和公平竞争来保护国内经济和金融稳定。数字货币的设计应该支持气候可持续性和有效的财政政策。第三，国际货币体系（IMS）应保持稳定和高效。设计、监管和提供数字货币，应有利于各国保持对货币政策、金融状况、资本账户开放和外汇制度的控制。支付系统必须坚持一体化，为所有国家服务，避免产生数字鸿沟。

2021年12月10日，国际货币基金组织发表文章《我们应对加密资产实施全面、一致和协调的全球监管》。[3]该文指出：第一，发挥金融稳定理事会的协

1　"Financial Stability Report"，https://www.federalreserve.gov/publications/files/financial-stability- report-20211108.pdf，访问时间：2022年6月15日。

2　"IMF Executive Board Discusses the Rise of Public and Private Digital Money—A Strategy to Continue Delivering on the IMF's Mandate"，https://www.imf.org/en/News/Articles/2021/07/28/pr21230-imf-executive-board-discusses-rise-public-private-digital-money-strategy-imf-mandate，访问时间：2022年6月15日。

3　"Global Crypto Regulation Should be Comprehensive, Consistent, and Coordinated"，https://www.imf.org/zh/News/Articles/2021/12/09/blog120921-global-crypto-regulation-should-be-comprehensive-consistent-coordinated，访问时间：2022年6月15日。

调作用，制定管理金融稳定风险的全球性框架，减少利用监管套利的可能，避免活动转移到监管更宽松的辖区。第二，对数字货币相关产品进行分类分级指导。例如，反洗钱金融行动特别工作组（FATF）发布基于风险的方法指南，以降低虚拟资产及其服务提供商的金融诚信风险。第三，建立全球安全监管框架，包括但不限于设立数字货币及其相关产品牌照授权制度、施加类似于证券经纪商和交易商的相关要求，并且由证券机构负责监管，为数字货币敞口[1]提出明确要求等。

反洗钱金融行动特别工作组[2]发布《虚拟资产和虚拟资产服务提供商基于风险方法的更新指南（2021）》（以下简称指南）[3]。2019年，为打击加密资产市场中的非法金融活动，反洗钱金融行动特别工作组首次发布有关虚拟资产的指南，将加密资产交易所和钱包服务商定义为虚拟资产服务提供商，这些服务商应满足适用于传统金融公司的标准，收集参与交易的发起人和受益人的详细身份信息，以尽反洗钱的义务。2021年10月，该工作组对指南的六项内容进行了更新，要求各国评估和减轻与虚拟资产金融活动和提供者相关的风险；为服务提供者制定许可或注册提供制度，并使其接受国家监督和管理。

· 延伸阅读 ─────────────────────

虚拟资产和虚拟资产服务提供商基于风险方法的更新指南（2021）

指南包括针对以下六个内容进行更新：

1. 澄清虚拟资产和虚拟资产服务提供商的定义。虚拟资产包括关于稳定币、非同质化代币、去中心化金融和去中心化或分布式应用程序（DAPP）等，央行数字货币本身不被视为虚拟资产，而是类似于

1　敞口指金融活动中存在金融风险的部位以及受金融风险影响的程度。

2　反洗钱金融行动特别工作组是全球反洗钱和反恐怖融资国际标准制定机构，负责持续监测在反洗钱和反恐怖融资体系中存在显著缺陷的国家和地区，督促其改进缺陷。

3　"Updated Guidance for a Risk-Based Approach to Virtual Assets and Virtual Asset Service Providers"，https://www.fatf-gafi.org/publications/fatfrecommendations/documents/guidance-rba-virtual-assets-2021.html，访问时间：2022年6月15日。

任何其他形式的法定货币。虚拟资产服务提供商（VASP）指作为企业为他人或代表他人进行以下一项或多项活动或业务的自然人或法人：（1）虚拟资产与法定货币之间的兑换；（2）虚拟资产之间交换；（3）转移虚拟资产；（4）虚拟资产或能够控制虚拟资产的工具的保管和/或管理；（5）参与、提供与发行人要约和/或出售虚拟资产相关的金融服务。所有种类的虚拟资产服务商都应该受到平等对待。

2.关于反洗钱金融行动特别工作组标准如何适用于稳定币的指导。稳定币并不是一个明确的法律或技术类别，但有洗钱和恐怖主义融资风险。鉴于它们可能导致"大规模适用"的现实风险，各国政府、虚拟资产服务提供商和其他实体在稳定币推出之前就应识别和评估与稳定币相关的风险，并采取相应措施。

3.关于各国可用于解决"点对点"交易风险的工具附加指南。第一，向虚拟资产服务提供商和点对点交易机构等私营部门进行拓展；第二，加强情报收集监督培训；第三，鼓励开发区块链分析等方法和工具。

4.关于虚拟资产服务提供商许可或注册的更新指南。各国应指定负责许可或注册虚拟资产服务提供商的机构，专门建立新的许可或注册制度，更多地关注提升反洗钱和反恐怖主义犯罪分析技术能力以及风险缓解措施。

5.对公共和私营部门实施"旅行规则"的额外指导。"旅行规则"是指所有虚拟资产转移的发起方和受益方必须交换识别信息。双方必须能够保证信息的准确性。2021年后，反洗钱金融行动特别工作组正式将"旅行规则"适用于所有虚拟资产服务提供商、金融机构和义务实体的服务。

6.虚拟资产服务提供商主管部门之间的信息共享与合作的原则。虚拟资产服务提供商的监管者应加强国际信息共享，就合作打击洗钱、有关上游罪行[1]及资助恐怖主义活动等违法行为奠定法律基础，

---

1 洗钱罪的上游罪行指具有洗钱性质的基础犯罪，是洗钱罪的前置犯罪、先行犯罪。

及时交换监管信息。在必要时，由多边虚拟资产服务提供商的主管组织共享非敏感监管信息。各国主管部门应该通过签署合作协议、签署谅解备忘录（MOU）、设立信息交换查询专员等方式加强双多边合作。

巴塞尔银行监管委员会（BCBS）倡导围绕最低资本要求、监管审查和市场纪律处理数字资产敞口问题。2021年6月10日，巴塞尔委员会发布咨询文件《对加密资产敞口的审慎处理》[1]，将银行类金融机构对加密资产的敞口纳入《巴塞尔协议》[2]的监管框架。此咨询文件扩大了加密资产的定义范围，建立了加密资产的分类标准，并系统处理了加密资产敞口问题。值得注意的是，该组织定义的加密资产不局限于比特币、以太币等常见虚拟资产，还包括令牌化证券[3]、稳定币等。鉴于《巴塞尔协议》在金融监管中的关键地位，该文件对加密资产监管具有重要意义。

2. 重大国际会议聚焦数字货币治理

二十国集团（G20）鼓励发行央行数字货币。2021年10月30—31日，二十国集团领导人第十六次峰会在意大利首都罗马举行，会上通过《二十国集团领导人罗马峰会宣言》。[4]宣言指出，各国欢迎金融稳定理事会从金融稳定角度总结新冠疫情教训和研提建议，并鼓励各国继续深入分析央行数字货币在促进跨境支付方面的潜在作用及其对国际货币体系的广泛影响。[5]

七国集团（G7）发布央行数字货币公共政策原则。2021年10月13日，七国集团财长和央行行长在美国华盛顿举行会议，讨论央行数字货币，并发布声

1　"Prudential treatment of cryptoasset exposures"，https://www.bis.org/bcbs/publ/d519.pdf，访问时间：2022年11月18日。

2　《巴塞尔协议》是巴塞尔委员会制定的在全球范围内主要的银行资本和风险监管标准。

3　令牌化证券指在区块链上确认权利并通过碎片化交易的一系列链上证券类资产。

4　"G20 Rome Leaders' Declaration"，http://www.g20.utoronto.ca/2021/211031-declaration.html，访问时间：2023年3月16日。

5　同上。

明[1]批准了有关金融系统、金融普惠、促进数字化及反洗钱措施等公共政策原则。[2]G7在声明中表示，为了稳定国际货币秩序，中央银行在发行数字货币时，必须符合严格的隐私、透明度和用户数据保护责任标准。同时，央行数字货币虽然可以加强跨境支付，但各国在尽量减少对国际货币和金融体系的有害溢出方面有共同的责任。目前G7暂未决定发行央行数字货币，各成员国仍在评估推行央行数字货币的影响。

世界经济论坛发布数字货币治理联盟白皮书。2021年11月19日，世界经济论坛发布《数字货币治理联盟系列白皮书》。[3]该白皮书共包含了八篇报告，主要集中讨论公共部门和公私合作在数字货币增长时代的作用、数字货币监管政策的缺口和差异、数字货币消费者保护风险、稳定币对普惠金融的价值定位、基于区块链的数字货币和跨境援助支付工具、央行数字货币的隐私与保密选项、定义互操作性和央行数字货币技术考量因素等八个问题。

博鳌亚洲论坛专门讨论数字货币跨境支付治理方案。2021年4月，博鳌亚洲论坛在中国海南举办。该论坛专门设置"数字货币与跨境支付"分论坛，各国政要就跨境使用数字货币可能带来货币替代的压力、加剧货币错配的脆弱性、削弱政府管理货币政策的能力及影响跨境支付等问题，共同研讨治理方案。

3. 央行数字货币互认合作

中港泰阿数字货币桥项目。2021年2月24日，中国人民银行数字货币研究所连同香港金融管理局、泰国中央银行、阿拉伯联合酋长国中央银行，宣布联合发起"多边央行数字货币桥研究项目"，探索央行数字货币在跨境支付领域的应用。该项目主要是在基于区块链和分布式账本技术的"走廊网络"上，以

---

1 "G7 Finance Ministers and Central Bank Governors' Statement on Central Bank Digital Currencies (CBDCs) and Digital Payments", https://assets.publishing.service.gov.uk/government/uploads/system/uploads/attachment_data/file/1025234/FINAL_G7_Statement_on_Digital_Payments_13.10.21.pdf，访问时间：2023年3月16日。

2 "Public Policy Principles for Retail Central Bank Digital Currencies", https://assets.publishing.service.gov.uk/government/uploads/system/uploads/attachment_data/file/1025235/G7_Public_Policy_Principles_for_Retail_CBDC_FINAL.pdf，访问时间：2023年3月16日。

3 "Digital Currency Governance Consortium White Paper Series", https://www3.weforum.org/docs/WEF_Digital_Currency_Governance_Consortium_White_Paper_Series_2021.pdf，访问时间：2023年3月16日。

央行数字货币为基础代币化各类货币资产，以点对点的方式在不同货币和司法管辖区之间提供代币化同步支付[1]转账，实现低成本、易操作、无汇兑风险、高透明、低申报负担的跨境支付服务。其中，每个参与方都发行自己的央行数字货币，并在共享系统中运行一个验证节点。同时，数字港元研究和粤澳跨境数据验证平台启动运行。

法国与瑞士开启数字货币跨境支付实验。2021年6月10日，瑞士国家银行和法国银行宣布试行欧洲首个跨境央行数字货币支付服务，此次合作项目被命名为"汝罗"（Jura，又译侏罗，原指分隔瑞士和法国的山脉）。此次实验旨在探索如何提高央行数字货币跨境用例的速度、效率和透明度，进一步提高跨境支付能力。该项目有众多私营部门联合参与，包括瑞银集团、瑞士信贷、瑞士证券交易所运营商、法国外贸银行、金融科技公司R3以及国际清算银行创新中心等。2021年11月初，该项目初步试验成功。

澳马新南"邓巴计划"。澳大利亚、马来西亚、新加坡和南非的中央银行合作开展了"邓巴计划"，旨在建立多国央行数字货币互通平台，在不同的分布式账本技术平台上开发技术原型，并对比技术原型和验证机制的优缺点，实现更加廉价、快速和安全的跨境支付。该项目计划在2022年初发布完整的试验成果。

三、数字税达成部分共识

数字经济为全球经济增长提供新动能的同时，也对传统税收体系带来冲击和挑战。为此，欧洲国家率先提出对互联网企业征缴数字税，但各方对征收方式和标准存在分歧和矛盾。2021年，经济合作组织提出应对经济数字化税收挑战"双支柱"方案，并得到二十国集团核准，全球137个司法辖区加入同意"双支柱"方案，全球数字税争端暂告一段落。然而，部分国家目前未加入"双支柱"方案，且"双支柱"方案制定中发展中国家话语权不足，未涉及加密货币征收数字税标准，国际社会仍需共同推动形成稳定、包容、普惠的多边协调税收治理机制。

1　同步支付指两种不同货币的外汇交易得以实时挂钩同步进行。

（一）征缴数字税的提出

为避免遭受税基侵蚀，重塑全球数字经济税收利益分配规则，争夺全球数字经济话语权，一些国家和地区开始对大型数字经济企业所提供的数字服务和数字产品征收数字税。[1]

1. 欧洲率先展开数字税改革尝试

欧盟数字经济发展基础雄厚，但成员国缺少全球领先的互联网企业，欧洲数字市场长期被境外科技巨头占据。境外科技巨头在欧洲获取数据，经过算法加工，形成数字服务，再销售到欧洲市场，并没有给欧盟国家带来财政收入的增加。为摆脱困境，欧盟积极进行数字税改革。欧盟委员会主席冯德莱恩曾表示，在欧洲范围内考虑开征数字税，可以为欧盟提供7500亿欧元复苏基金。因此，虽然欧盟提出的统一数字税改受挫，但欧洲国家在"临时税"提案的号召下仍探索出台单边数字税。2019年4月8日，法国国民议会表决通过数字税提案，成为世界上第一个征收数字税的国家。2020年4月1日，英国政府也宣布开征数字税以弥补国内税收损失。

2. 一些国家积极效仿征收数字税

截至2020年12月31日，全球数字税征收方式主要有三种：一是拓展税基范围，即在已有税种（以增值税、营业税、消费税、广告税、货劳税等为主）的基础上将数字服务或产品纳入征收范围，代表性国家和地区包括韩国、日本、新加坡、澳大利亚、新西兰、冰岛、塞尔维亚、墨西哥、印度尼西亚、南非、安哥拉、阿尔及利亚、喀麦隆、尼日利亚、津巴布韦、赞比亚等；二是开设数字服务税、平衡税等新税种，代表性国家和地区包括意大利、奥地利、土耳其、匈牙利、法国等欧盟主要成员国以及英国、印度等；三是寻求多边国际税收规则调整。2021年初，由于多边税收方案未落地，越来越多的国家和地区加快实施单边税收措施。

---

1 戴慧：《数字税对跨境数字贸易的影响及政策建议》，载《中国发展观察》，2021年第14期，第27—30页。

表6 部分国家数字税征缴方案

国别	征税范围	税率	立法时间	生效时间
肯尼亚	在肯尼亚通过数字市场提供服务的收入。肯尼亚居民及常驻肯尼亚的企业：可与相应年度的所得税相抵消。非肯尼亚居民和在肯尼亚没有常设机构的企业：该税不能抵扣	1.50%	2020年8月	2021年1月1日
西班牙	针对在线广告服务、在线中介服务、用户信息的数字服务，适用于在全球范围内营收超过7.5亿欧元，或者在西班牙境内营收超过300万欧元的科技企业	3%	2021年1月16日	2021年1月16日
法国	每年全球营收超过7.5亿欧元或在法国的营业额达到2500万欧元的数字企业	3%	2019年7月11日	2019年1月1日开始后又于2020年初暂停；2020年12月重启
意大利	全球营收7.5亿欧元及以上，且在意大利的销售额达550万欧元及以上的数字企业	3%	2020年1月1日	2020年1月1日
波兰	提供视频点播服务的企业	1.50%	2020年7月	2020年7月
俄罗斯	对加密交易的利润征税。将加密货币承认为税收财产，要求申报每年超过60万卢布的加密货币收入。若未申报，按未申报金额的10%处以罚款或注销该货币，以金额较大者为准	对俄罗斯境内注册公司征缴13%所得税；对俄罗斯境外注册公司征缴15%所得税	2021年2月7日	2022年7月
新加坡	每年全球营业额超过100万新元或数字服务价值超过10万新元的外国数字服务供应商和电子平台运营商	7%	2018年	2019年1月生效；2021年2月，新加坡提出分两步提高商品及服务税，2023年提高到8%，2024年提高到9%

国别	征税范围	税率	立法时间	生效时间
英国	全球销售额超过5亿英镑且至少有2500万英镑来自英国用户的互联网企业	2%	2020年3月11日	2020年4月1日
印度	在印度年数字服务销售额超过2000万卢比的外国公司	2%	2018年8月	2020年4月
印度尼西亚	在印度尼西亚销售数字产品和服务达6亿卢比及以上，或者每年用户数量达1.2万的非居民企业	10%	2020年5月	2020年7月1日
泰国	在泰国提供数字服务、年收入超过180万泰铢的外国数字服务公司或平台	7%	2020年6月9日	2021年9月1日
菲律宾	在线广告、订阅服务以及移动应用和在线商城提供的服务等	12%	2021年9月	众议院已通过，待参议院审议通过后征收

（二）主要国家和国际组织协调数字税解决方案

1. 美欧开展数字税政策博弈

美国贸易代表办公室公布多国数字税"301条款"调查结果。2021年1月，美国贸易代表办公室公布了其对印度、意大利、土耳其、英国、西班牙和奥地利数字税的"301条款"调查的结果，声称这几国的数字服务税"歧视"美国企业、不符合国际税收普遍原则，但未宣布关税惩罚措施，将继续评估所有可用选项。[1]美国贸易代表莱特希泽在声明中表示，对参与国际商品和服务贸易的企业征税是一项重要议题，最好由各国共同寻找解决方案。美国贸易代表办公室表示，欧盟、捷克、巴西和印度尼西亚提议的数字服务税仍在考虑当中尚未生效，美方相关调查也还在进行中。

法美两国拟在经济合作与发展组织框架内寻求数字税多边解决方案。2021

1　戴慧：《数字税对跨境数字贸易的影响及政策建议》，第27—30页。

年1月28日，法国经济与财政部部长布鲁诺·勒梅尔与美国财政部部长珍妮特·耶伦进行电话会谈，双方同意有必要对跨国公司公平公正征税，拟在经济合作与发展组织（OECD）内部寻求数字税解决方案。

美国提议全球数字服务税聚焦年收入超200亿美元的企业。4月8日，美国向经济合作与发展组织/二十国集团税基侵蚀与利润转移包容性框架指导小组提议，将数字服务税聚焦于年营业收入超过200亿美元的企业，无论其在何处销售商品或服务，无论是否为数字服务类企业，都需缴纳新的公司税。该门槛将包含大众、谷歌、脸书等约100家全球大型企业。美国此举意在扭转当前数字服务税主要针对美国大型科技巨头企业的不公平局面，试图取代经济合作与发展组织数字服务税草案中提出的，按照跨国公司的数字活动及消费者参与度来分割剩余利润的两类征税建议。然而部分观点认为，美国的提议未从根本上解决税基侵蚀和利润转移问题，并将干扰经济合作与发展组织已初见雏形的全球数字服务税框架。

七国集团推动数字服务税达成一致。5月24日，七国集团高层官员就全球数字服务税提案开展讨论并取得进展。6月4—5日，在伦敦举行的七国集团财长和央行行长会议达成一项协议，同意对全球税收体系进行改革，以确保税收公平，适应数字化时代。根据协议，七国集团确定了改革税收规则的两大支柱。第一，大型跨国公司需要在其经营活动所在国纳税。第二，各国承诺设定至少15%的全球最低企业税率，打击避税行为。另外，协议对征税权的分配提出了解决方案，当公司在经营地区利润率高于10%时，超出部分将被征收20%的税金。

美国对澳英等六国采取数字税反制措施。[1]6月2日，美国政府宣布对澳大利亚、英国、印度、意大利、西班牙和土耳其六国总价值约为21亿美元的商品收取25%的报复性关税，以回应这些国家向亚马逊、谷歌、脸书等美国公司收取数字服务税。美国政府同时宣布该关税政策将在180天后执行，以便留出时间与六国分别进行协商谈判，寻求在多边框架下达成数字服务税协议。

---

1 "'数字税'或成贸易战引爆器，美国贸易代表办公室再对六国发威胁"，http://news.cctv.com/2021/03/27/ARTIHAB30aqmfIBHxYecpEd1210327.shtml，访问时间：2022年8月18日。

欧盟决定暂缓推进数字税征收计划。2021年7月12日，欧盟决定暂缓推出原定于7月底出台的数字税征收计划，并于2021年秋季重新评估该计划。在此之前，欧盟将优先专注达成全球最低企业税率的谈判。欧盟委员会新闻发言人丹尼尔·费里埃在新闻发布会上表示，完成上述进程仍需各方的努力。[1]

美国与欧洲五国就数字税争端达成妥协。2021年10月21日，美国与奥地利、法国、意大利、西班牙、英国宣布就数字服务税争端达成妥协，在经济合作与发展组织推动的国际税改协议生效后，欧洲五国将取消征收数字服务税，美国将放弃对这五国的报复性关税措施。根据经合组织的"支柱一"方案要求，大型跨国公司在其经营活动所在国也需纳税，以确保大型跨国企业利润和征税权在各国之间更公平地分配。从2022年1月到"支柱一"方案生效前的过渡期内，如果企业在这五国缴纳的数字税金额超过"支柱一"方案新规则生效后应缴的税金，其未来在这五国的税收可用超出部分抵扣。

2. 经济合作与发展组织寻求主导数字税国际谈判

经济合作与发展组织在二十国集团委托下开展数字税研究。2013年，二十国集团圣彼得堡峰会正式委托经济合作与发展组织启动税基侵蚀与利润转移（BEPS）行动，推动全球范围的国际税制改革。税基侵蚀与利润转移第一项行动计划即为应对数字经济带来的税收挑战。2017年，二十国集团委托经济合作与发展组织在税基侵蚀与利润转移包容性框架下研究数字税解决方案。2019年，经济合作与发展组织首次提出"双支柱"方案设计框架，各国围绕"双支柱"进行多轮谈判。[2]

2021年7月10日，二十国集团财长和央行行长在意大利威尼斯结束为期两天的会议。会议核准《关于应对经济数字化税收挑战的双支柱解决方案的声明》和《详细实施计划》中提出的最终政治共识，各国代表同意继续推进全球税制改革，以便为跨国企业设定全球最低税率，建立更加稳定、公平的国际税

---

1 "欧盟宣布暂缓推出数字税征收计划"，http://www.xinhuanet.com/fortune/2021-07/13/c_1127650880.htm，访问时间：2022年10月16日。

2 "二十国集团峰会支持全球企业税改"，http://chinawto.mofcom.gov.cn/article/e/r/202111/20211103214463.shtml，访问时间：2022年8月18日。

收制度。[1]参会的中方代表提出，中方一直本着开放态度和合作意愿加强多边合作，支持就应对经济数字化税收挑战多边方案关键要素的声明达成共识，支持达成更加稳定、平衡的包含两个支柱的最终共识方案。二十国集团各方在后续具体方案的设计中，要兼顾不同发展阶段经济体发展需求，妥善处理各国重大关切，限制对实体经济活动的影响，争取如期达成全面共识。德国财政部部长奥拉夫·朔尔茨称赞这个协议为"重大历史时刻"。

10月8日，经济合作与发展组织发布《关于应对经济数字化税收挑战的双支柱方案的声明》。美国、加拿大、澳大利亚、新西兰、印度、日本、韩国、新加坡、泰国、越南、英国、法国、西班牙、阿根廷、比利时、奥地利、芬兰、挪威、希腊等137个司法辖区同意该声明，相关国家和地区占全球国内生产总值超过90%。声明内容大致可以分为以下两部分。一是对逃避纳税的跨国企业征收新税。从2023年开始，年销售额达200亿欧元以上、营业利润率达10%以上的跨国企业必须向企业所在地国家支付超过通常利润率（10%）的25%的超额利润。二是实施全球法人税最低税率（15%）。销售额超过7.5亿欧元的跨国企业必须缴纳15%的税率。

10月31日，二十国集团领导人第十六次峰会核准通过了10月8日由二十国集团/经济合作与发展组织税基侵蚀和利润转移包容性框架发布的《关于应对经济数字化税收挑战的双支柱方案的声明》，为此次国际税制体系改革做出政治背书，标志着自1923年至今已运行近百年的国际税制体系迈出实质性改革步伐。12月20日，经济合作与发展组织在其官网公开发布《应对经济数字化税收挑战——支柱二全球反税基侵蚀规则立法模板》（以下简称《支柱二立法模板》），标志着支柱二方案设计基本完成。《支柱二立法模板》由包容性框架所有成员辖区的代表共同制定，并以协商一致的方式获得通过，是细化和落实经济合作与发展组织/二十国集团税基侵蚀和利润转移包容性框架《关于应对经济数字化税收挑战的双支柱方案的声明》的重要成果，也是各国立法实施全球反税基侵蚀规则的重要基础。

---

1 "刘昆出席二十国集团财长和央行行长会议"，http://www.gov.cn/xinwen/2021-10/21/content_5644030.htm，访问时间：2022年9月1日。

• 延伸阅读

经济合作与发展组织和全球数字治理

经济合作与发展组织是由38个国家组成的政府间国际经济组织。从作用上看，经济合作与发展组织是一个提供政策研究和协调讨论的平台，以及为国家或其他国际组织服务的咨询机构。

经济合作与发展组织有一套成熟完备的"软性机制"，形成了与二十国集团、七国集团、亚太经合组织等主要多边机制及国际组织的复合工作网络，对各国数字政策以及国际组织/多边机制数字治理影响日渐加大。"软性机制"主要包括：一是建立了包含12个行业，共900多项数据的主要经济指标数据库，其中涉及数字治理的有10余项，在全球具有较大影响力；二是定期公布多项监测结果与评价指标，如领先指数（CLI）、服务贸易限制指数（STRI）等，涵盖经济运行、监管、教育、科技等多个领域，是引用率较高的经济社会发展评价指标；三是为国际组织或国家制定政策提供蓝本，如出台全球第一份政府间人工智能治理框架《经济合作与发展组织人工智能原则》，目前，已有42个国家采纳该原则；四是开展评估与同行评议，如竞争政策评估、国际税收透明度同行评议等，形成类似"黑—白—灰名单"的深度监测和政策执行机制。

中国是经合组织关键伙伴国（Key Partner）。2015年7月1日，中国加入经合组织发展中心。经合组织发展中心是经合组织框架内专门研究发展中国家和新兴经济体的独立研究机构，由经合组织成员与非成员组成，主要向决策者建言献策，协助寻求发展中国家和新兴经济体刺激增长、改善民生的政策解决方案。

（三）部分国家出台加密货币征税计划

英国对加密货币交易所开征数字服务税。2021年11月28日，英国税务海关总署（HMRC）将加密货币交易所纳入英国财政部的科技税征收范围，对在英国运营的加密货币交易所征收2%的数字服务税。由于英国税务海关总署不承认加密货币为金融工具，因此，它们没有资格获得金融市场的豁免。

阿根廷计划对提供加密货币交易服务的企业征税。2021年11月，阿根廷宣布，根据信贷和债务税法，拟对提供加密货币交易服务的公司征收0.6%的税。

奥地利计划对加密货币征税。2021年11月10日，奥地利联邦财政部计划从2022年3月开始，对包括比特币和以太坊在内的数字货币征收27.5%的资本利得税。

四、互联网平台治理全面展开

2021年，如何构建互联网平台治理体系，有效监管数字平台行为，已经成为国际社会面临的极具挑战性的议题。世界主要国家和地区不断强化共性规则建设，加强平台行为监管，聚焦对于大型平台的规制和针对性治理，监管体制机制不断创新，协同治理效能持续提升，网络平台治理体系建设全面推进并取得积极进展。具体来看主要呈现为三个方面：一是为了有效治理网络暴恐和虚假信息，主要国家和地区持续开展网络暴恐及虚假信息治理工作；二是聚焦互联网科技巨头的平台数据垄断问题对于市场竞争造成的损害，各国积极打击科技巨头垄断和扰乱市场的行为；三是为保障数字信息时代的个人数据安全，各国继续加大监管力度保护数据隐私。

（一）主要国家和地区打击网络暴恐和虚假信息

1. 中国出台行政法规打击虚假有害信息

2021年1月8日，中国国家互联网信息办公室发布《互联网信息服务管理办法（修订草案征求意见稿）》（以下简称《草案》）。草案明令禁止有偿删帖、虚假交易、倒卖账号与侵害他人名誉、隐私、知识产权，以及编造、传播新冠疫情等虚假信息的行为，拒不改正或者情节严重者，将被处以10万元以上100万元以下罚款。《草案》将成为新形势下中国开展互联网信息服务治理的监管框架。

2. 印度发布社交平台管理规定

2021年2月25日，印度发布《2021年信息技术（中介指南和数字媒体道德规范）规则》，以规范社交媒体平台、流媒体服务和数字新闻平台等社交媒体中介机构[1]。新规则根据用户数量将以上机构划分为社交媒体中介和重要社交媒体中介。规则要求，社交媒体中介要建立申诉纠正机制，接收和解决用户或受害者的投诉；在收到投诉后24小时内删除内容，确保用户（特别是女性用户）的网络安全和尊严。用户数量超过500万的重要社交媒体中介还必须遵守额外的尽职调查义务，例如每月发布合规报告，任命一名首席合规官（确保平台遵守法案和规则）以及一名申诉调节官。印度电子和信息技术部表示，新规要求推特、脸书等社交媒体平台快速删除当局认为不合法的内容，并对发布者展开调查。该管理规定于2021年5月26日正式生效。

· 延伸阅读 ————————————

《2021年信息技术（中介指南和数字媒体道德规范）规则》概要

《2021年信息技术（中介指南和数字媒体道德规范）规则》由印度电子和信息化部、信息和广播部协商制定，旨在对社交媒体平台、数字媒体和流媒体服务平台等进行有序监管。

一、制定背景

"数字印度"计划使手机、互联网在印度广泛普及，社交媒体影响范围扩大，一方面赋予公民权利，另一方面带来假新闻持续传播、网络色情暴力内容泛滥、企业不正当竞争、网络恐怖活动增多等问题，引发社会广泛担忧。考虑到现有投诉机制不足，印度制定本规则，以增强普通用户申诉和问责的权利。

二、电子信息技术部关于社交媒体的管理指南

1. 尽职调查：中介机构（包括社交媒体中介机构）必须遵循尽职

---

1 中介机构是代表他人存储或传输数据的实体，包括电信和互联网服务提供商、在线市场、搜索引擎和社交媒体网站等。社交媒体中介为主要或仅实现两个或多个用户之间在线互动的中介。

调查，方可适用安全港条款。

2. 申诉补救机制：规则要求中介机构建立申诉补救机制，以接收用户申诉。申诉专员应在24小时内确认，并于15天内解决申诉问题。

3. 确保用户（特别是女性用户）的网络安全和尊严：中介机构应在收到网络低俗、色情相关内容投诉后的24小时内删除或禁用访问。这种投诉可由本人或其他代表提出。

4. 界定两类社交媒体中介机构：为了鼓励社交媒体中介机构创新发展，规则根据平台用户数量，划分社交媒体中介机构和重要社交媒体中介机构。

5. 重要社交媒体中介机构需要跟进的额外尽职调查：第一，任命一名印度公民为首席合规官，负责确保平台遵守法案和规则；第二，指定一名印度公民担任节点联系人，与执法机构保持密切联系；第三，任命一名印度公民为常驻申诉调节官，履行申诉补救机制所述职能；第四，每月发布一份合规报告，列出收到的投诉细节和针对投诉采取的行动，重要社交媒体中介还需报告主动删除的内容细节；第五，重要社交媒体中介机构需识别信息的第一发布人，以协助预防、发现、调查、起诉或惩罚和印度主权完整、国家安全、与外国友好关系或公共秩序有关的罪行；第六，重要社交媒体中介应在网站或移动应用程序上公布其在印度的实际联系地址。

6. 用户自愿验证机制：应建立用户自愿验证机制，并为通过验证的账户打上明显标识，确保用户知悉信息是否由经过验证的账户发布。

7. 尊重用户知情权、表达权：重要社交媒体中介机构删除或禁用任何信息的访问时，应事先告知共享该信息的用户理由和原因。

8. 删除非法信息：中介应严格遵守司法及行政部门要求，避免发布涉及破坏印度的主权和完整、公共秩序、与外国的友好关系等法律禁止的信息。

三、信息和广播部关于数字媒体和流媒体服务平台的数字媒体道德规范

1. 内容分级：流媒体服务平台需制定内容分级标准，分别为全年

龄可看、7岁以上可看、13岁以上可看、16岁以上可看、成年人可看五类。平台需为13岁以上可看或更高级别的内容设置父母锁，并为成人可看级别内容设置可靠的年龄验证机制。同时，应明确告知用户有关内容的分级情况。

2. 公平竞争：数字媒体上的新闻出版商应遵守印度新闻委员会发布的《新闻行为规范》和《有线电视网络管理法案》，与线下传统媒体公平竞争。

3. 三级申诉补偿机制：第一级为新闻出版商的自我监管。任命一名派驻印度的申诉补偿专员，在15天内对收到的申诉做出裁决。第二级为新闻出版商的行业监管。新闻出版商需建立一个或多个在信息和广播部登记的自律监管机构，机构领导由最高法院、高等法院的退休法官或知名人士担任。该机构负责督促出版商遵守道德规范，并处理其在15天内未能解决的问题。第三级为信息和广播部制定的监督机制。信息和广播部须公布自律监管机构的章程、行为守则，并设立跨部门委员会处理申诉。[1]

3. 法国正式执行未成年"网红"视频管理法案

2021年4月，法国《在线平台儿童影像商业开发管理法案》正式进入执行阶段。该法案为16岁以下未成年人在互联网视频领域设立管理框架。法案的主要内容包括：一是加强行政管理。父母必须事先得到行政部门许可，才能为未成年子女制作网络视频，并通过社交媒体平台传播。家长应当密切关注视频的传播是否会对未成年子女造成不利影响。法国高级视听委员会有权指导社交媒体行业协会按照法案要求，制定保护未成年人权益的细则。二是规范权益保护。如果未成年人拍摄网络视频或者担任社交媒体平台主播的行为符合法律对"劳动"的定义，其有权获得《劳动法》保护。未成年人收入应由其父母妥善

1　"Government notifies Information Technology (IntermediaryGuidelines and Digital Media Ethics Code) Rules 2021"，https://pib.gov.in/PressReleasePage.aspx?PRID=1700749，访问时间：2022年11月18日。

保管，家长必须将收入的一部分存入法国指定银行。如果父母擅自使用未成年人的财产，应承担相应法律责任。三是规定被遗忘权。未成年人有权单独要求社交媒体平台删除与自己有关的视频，无须事先征得父母同意。网络平台收到未成年人要求后，应当及时删除视频。

4. 美国打击网络暴恐信息

2021年5月7日，美国宣布加入《基督城倡议》，支持消除网络恐怖主义和暴力极端主义内容，防止互联网成为恐怖主义和极端分子的工具。美国国务院发表声明[1]称，美国将与其他国家政府以及在线服务平台在自愿基础上共同打击网络恐怖主义言论；鼓励科技公司制定和执行服务条款和社区标准，禁止将其平台用于恐怖主义和暴力极端主义；采取可信的、替代性叙事打击恐怖主义和暴力极端主义言论。此前，美国以尊重"言论自由和新闻自由"为由，未签署该倡议。

·延伸阅读 ————————

《基督城倡议》概况

2019年5月15日，为呼吁各方采取行动，打击网络恐怖主义和暴力极端主义，法国和新西兰牵头提出《基督城倡议》。[2]新西兰总理表示，各国应共同应对网络恐怖主义。

《基督城倡议》要求政府和线上平台承诺共同打击网络虚假信息。各国政府应当打击恐怖主义和暴力极端主义的驱动因素；有效执行禁止制作或传播恐怖主义和暴力极端主义内容的法律；鼓励媒体在网上

---

1 "United States Joins Christchurch Call to Action to Eliminate Terrorist and Violent Extremist Content Online", https://www.state.gov/united-states-joins-christchurch-call-to-action-to-eliminate-terrorist-and-violent-extremist-content-online, 访问时间：2022年9月6日。

2 "Zoom and Roblox join the Christchurch Call", https://www.diplomatie.gouv.fr/en/french-foreign-policy/digital-diplomacy/news/article/zoom-and-roblox-join-the-christchurch-call-06-23-22, 访问时间：2022年9月7日。

描述恐怖主义事件时遵守道德标准，支持制定行业标准或自愿性标准构架，以确保对恐怖主义袭击的报道不会放大恐怖主义和暴力极端主义内容；通过制定适当监管政策等方式，防止在线服务平台传播恐怖主义和暴力极端主义内容。

在线平台应当采取适当措施（如立即、永久删除等），防止用户上传或传播恐怖主义和暴力极端主义内容。在制定社区标准或服务条款时，应告知用户分享恐怖主义和暴力极端内容需承担的后果，包括关闭账户、暂缓发布信息等。通过实时审查等方式，降低通过直播传播恐怖主义和暴力极端主义内容的风险，重点审查可能放大恐怖主义和暴力极端主义内容影响的算法及其他操作流程。

倡议还提出，政府及平台应当与民间社会共同努力，打击暴力极端主义；通过优化算法等方式制定有效干预措施；提供防止上传，检测、删除暴恐内容的技术解决方案，加强国际经验分享等。

《基督城倡议》是对2019年3月15日新西兰基督城（克赖斯特彻奇）发生恐怖袭击的回应。在线平台对该事件的直播造成了较大负面影响。截至2021年底，约120个政府、机构、民间团体等加入该倡议。

2021年6月15日，美国白宫发布打击国内恐怖主义国家战略，认定在线平台在"将暴力思想带入主流社会"方面发挥了关键作用，甚至将社交媒体网站称为美国国内反击恐怖主义战争的"前线"。美国联邦政府将分配各部门任务、划拨资金以应对反恐问题，并将与社交媒体和科技公司合作，通过"数字扫盲计划"打击恐怖分子滥用互联网通信平台招募他人参与暴力的行为。

5. 欧盟提出强化遵守反虚假信息行为守则的指南

2021年5月26日，欧盟委员会发布关于强化《欧盟反虚假信息行为准则》（以下简称《行为准则》）的政策指南，呼吁各签署方做出更有力的承诺，尤其是减少对虚假信息的财务激励。

准则指南呼吁通过以下方面加强准则[1]：一是鼓励更多在线平台签署准则，并根据自身提供的服务规模和性质制定相应承诺。二是要求在线广告生态系统中的平台和参与者努力消除虚假信息，实现信息共享，提升广告投放的透明度并完善问责制度。三是确保服务完整，平台应针对当前所有的虚假信息传播形式（如机器人、虚假账户、有组织的操纵活动、账户接管等），制定相应规范，做出相应承诺。四是为用户理解与标记虚假信息提供服务，提升推荐系统的透明度，用户可以利用工具标记危害性虚假信息，并针对自身所受影响，向平台提出合理诉求。五是扩大事实核查力度，增强与事实核查人员的合作，扩充语言与国家覆盖面，并为研究人员提供更多数据访问权限。六是建立完善的监控框架，依托明确的关键绩效指标（KPI），衡量平台采取行动的结果和影响；同时，平台应定期向委员会汇报采取的措施及关键绩效指标。七是签署者应建立一个透明度中心，展示根据《行为准则》所采取的相关措施与关键绩效指标数据。最后，指南建立由委员会主持，签署方代表组成的常设工作组，以根据技术、社会、市场与立法等的发展调整准则内容。

6. 英国推进《在线安全法》立法

2021年5月，英国政府发布《在线安全法（草案）》（以下简称《草案》）。该《草案》为在线平台公司（即允许用户在线发布内容或互动的公司）和搜索引擎引入新规则，搜索引擎的主要职责为最大限度减少有害搜索结果。《草案》要求网络服务平台机构加强对恐怖主义、仇恨犯罪、网络欺凌、虚假或误导性信息等内容的管控，违者将被处以高达1800万英镑或相当于全球年营业额10%的罚款（以较高者为准）。《草案》还明确英国通信管理办公室将成为英国在线安全制度的法定监管机构。[2]

1　"Commission presents guidance to strengthen the Code of Practice on Disinformation", https://ec.europa.eu/commission/presscorner/detail/en/ip_21_2585，访问时间：2022年7月21日。

2　"Online Safety Bill: factsheet", https://www.gov.uk/government/publications/online-safety-bill-supporting-documents/online-safety-bill-factsheet，访问时间：2022年11月18日。

（二）主要国家和地区打击科技巨头垄断及扰乱市场的行为

1.中国发布数字市场公平竞争政策法规

2021年2月7日，中国国家市场监管总局结合平台经济的发展状况、经营特点和运行规律，制定发布了《关于平台经济领域的反垄断指南》（以下简称《指南》）[1]，以进一步明确平台经济领域反垄断执法原则，为平台经济领域经营者依法合规经营提供更加明确的指引。

《指南》以《反垄断法》为依据，强调平台经济领域的垄断行为应当适用《反垄断法》及有关配套法规、规章、指南等。《指南》由总则、垄断协议、滥用市场支配地位、经营者集中、滥用行政权力排除限制竞争和附则六章组成，共24条，对涉及平台经济领域的《反垄断法》适用问题做出了较为细化的规定。具体来看，一是明确了"平台"概念，厘清监管范围；二是明确了"相关市场"的概念；三是明确了滥用市场地位的六种情况及对应的"正当理由"；四是明确了经营者集中[2]达到国务院规定的申报标准的，应当事先向国务院反垄断执法机构申报，未申报的不得实施集中，涉及协议控制架构的经营者集中，属于经营者集中反垄断审查范围；五是明确了垄断协议的定义、形式，以及四种类型的垄断协议（横向垄断协议、纵向垄断协议、轴辐协议、协同行为），对以上垄断行为做出了说明，并细化了宽大制度规定；六是明确了滥用行政权力排除、限制竞争的六种行为，并指出行政主体与相关平台经济领域经营者都要承担法律责任。

2021年8月召开的中央全面深化改革委员会第二十一次会议审议通过了《关于强化反垄断深入推进公平竞争政策实施的意见》，强调"坚持监管规范和促进发展两手并重、两手都要硬"，以监管规范保障发展和促进发展。中共中央总书记习近平在主持会议时强调，强化反垄断、深入推进公平竞争政策实施，是完善社会主义市场经济体制的内在要求。要从构建新发展格局、推动高

---

[1]　"国务院反垄断委员会关于平台经济领域的反垄断指南"，http://www.gov.cn/xinwen/2021-02/07/content_5585758.htm，访问时间：2022年9月6日。

[2]　经营者集中是指两个或者两个以上的企业相互合并，或者一个或多个个人或企业对其他企业全部或部分获得控制，从而导致相互关系上的持久变迁的行为。

质量发展、促进共同富裕的战略高度出发，促进形成公平竞争的市场环境，为各类市场主体特别是中小企业创造广阔的发展空间，更好保护消费者权益。

· 延伸阅读 ————————————————————————————

《关于平台经济领域的反垄断指南》诞生背景

近年来，伴随着中国平台经济迅速发展，平台经济领域经营者要求商家"二选一"、大数据杀熟等涉嫌垄断问题日益增加。这些行为损害了市场公平竞争和消费者合法权益，不利于平台经济持续健康发展。2020年12月11日召开的中央政治局会议要求强化反垄断和防止资本无序扩张。2020年12月16日召开的中央经济工作会议更将强化反垄断和防止资本无序扩张作为2021年经济工作中的八项重点任务之一，要求健全数字规则，完善平台企业垄断认定等方面的法律规范，加强规制，提升监管能力，坚决反对垄断行为。

中国《反垄断法》的基本制度、规制原则和分析框架适用于平台经济领域经营者。但基于平台经济商业模式和竞争生态的复杂性，因此有必要在与现行法律、法规、规章和指南之间做好衔接的基础上，结合平台经济的发展状况、经营特点和运行规律，制定《指南》，进一步明确平台经济领域反垄断执法原则。

2. 澳大利亚通过媒体议价法案

2021年2月25日，澳大利亚联邦议会通过《新闻媒体和数字化平台强制议价准则》（以下简称《准则》）[1]，对谷歌、脸书等数字平台使用新闻内容做出多项规范，规定澳大利亚新闻机构有权要求数字平台为使用其新闻内容付费，并就此开展单独或集体谈判。《准则》覆盖包括广播电视在内的大中小型各类新

1　"News media bargaining code"，https://www.acma.gov.au/news-media-bargaining-code，访问时间：2022年11月18日。

闻媒体，鼓励媒体与互联网平台进行商业价格谈判；鼓励互联网平台出台标准化的付费方案；为媒体和平台谈判设立一套架构，以保证互信并促进协议达成。在难以达成协议的情况下，可要求平台在14天内修改有关新闻内容的算法。在无法达成协议的情况下，可通过仲裁解决重大争端，每起违规处罚可能高达1000万澳元，或相当于科技公司在当地营业额的10%。《准则》旨在确保澳洲新闻媒体在数字平台使用其原创新闻内容时获得合理报酬。澳大利亚国库部将在《准则》实施一年内开展评估，以确保实施效果与政府意图一致。

具体而言，《准则》内容涉及界定议价主体、规定数字平台义务及设计议价程序三方面。一是厘清相关议价主体的内涵与范围，进一步划定了享受议价制度保护的新闻媒体机构范畴。《准则》对新闻来源做出规定，新闻来源包括报纸、杂志、电视、广播节目或频道、网站或网站的一部分，以及旨在通过互联网分发的音频或视频节目。二是明确新闻媒体议价资质，同时规定数字平台义务。《准则》规定，不是所有新闻媒体机构都享有议价权，新闻媒体机构若想获得《准则》的保护与扶持，需要申请获取相应资质。数字平台在提供服务过程中，需要向注册新闻业务的媒体公司履行一些基本义务，如提供用户数据等信息。当数字平台更改算法和内容分配时，需在规定时间内向注册新闻业务公司发出变更通知。另外，数字平台在提供服务时，须确保其所提供和分发的原始新闻内容具有可识别性，避免误导受众。除前述义务外，数字平台最重要的义务是为使用新闻内容付费。三是设置自愿优先，以国家强制为保障的付费议价程序。付费议价程序分为两个阶段，在第一阶段充分尊重新闻媒体与数字平台之间的自愿协商，双方若能通过自主协商达成协议，即按照协议内容履行；若无法自愿达成协议，则进入调解程序。

· 延伸阅读 ————————————————————————

澳大利亚媒体议价法案出台背景及有关评价

一、出台背景

随着数字平台不断发展壮大，其在内容传播领域的主导地位备受关注。以谷歌、苹果、脸书为代表的数字平台巨头攫取本土媒体收入来源，进一步压缩了传媒产业及媒体人生存空间，导致新闻内容专业性、可靠性、独立性下降，影响传媒产业的持续健康发展，并对社会整体利益造成伤害。为此，各国政府机构密切关注内容生产者与内容分发平台之间的利益纠葛问题。2016年9月，欧盟委员会首次提出修改版权法，引发激烈讨论。2019年3月，欧洲议会通过《单一数字市场版权指令》，试图在欧洲数字化单一市场体系中协调版权问题，要求新闻聚合等在线平台为使用新闻出版物（包括其中的片段）的行为而向新闻出版商付费。

澳大利亚于2020年4月即着手起草《准则》，试图解决本国媒体与谷歌、脸书等数字平台巨头之间议价能力失衡的问题。《准则》的制定引发澳大利亚各界高度关注，推出过程中，数字平台和内容生产者的纷争持续上演。2020年12月，《准则》草案提交澳大利亚议会审议。2021年2月4—5日，100多家新闻网站显示空白页，以抗议谷歌和脸书不愿与澳大利亚传媒机构分享流量收入。2021年2月17日，随着议案进入议会审议，脸书宣布禁止澳大利亚媒体和民众在脸书上分享、阅读澳媒版权的新闻内容，以阻止《准则》推出。僵持近一周后，双方经过多轮协商达成妥协，澳政府表示将对议案做出一定修改，脸书将恢复澳大利亚媒体的页面分享与访问权限。

二、有关评价

在互联网超级平台遭受反垄断及舆论抨击之际，澳大利亚众议院通过的这项《准则》力图实现新闻媒体和科技巨头之间利益关系的再平衡，迅速引发全球关注。

学界、业界及政界对《准则》的保护范围、公共利益目的及强制支付的正当性等提出不同看法。

美国消费者新闻与商业频道（CNBC）认为，不同数字平台会对同一地区的新闻收费规制政策采取不同行动，进而加剧平台间流量与广告收益竞争。美国有线电视新闻网评论称，"多米诺骨牌效应已经开始显现，出版商正在向欧盟施压，要求他们效仿澳大利亚的做法"。也有业界专家指出，强制付费会破坏互联网所建立的自由开放的信息共享模式，若全世界都效仿澳大利亚的做法，将会使网络的自由运行受到限制。[1]虽然《准则》已经正式通过，但反对者仍认为，需警惕强制议价制度可能带来的负面影响。

3. 日本正式实施《有关提高特定数字平台透明性及公正性的法律》

长期以来，日本境内数字市场主要被以谷歌、苹果、脸书、亚马逊（简称GAFA）为代表的大型境外平台公司，以及雅虎日本、乐天等本土互联网平台企业主导。2020年5月27日，为了确保数字平台交易的透明性和公正性，增加特定数字平台的公开义务，日本参议院正式通过《有关提高特定数字平台透明性及公正性的法律》。2021年2月1日《有关提高特定数字平台透明性及公正性的法律》正式实施。作为《反垄断法》的补充法案，该法的作用是规范平台交易过程中各主体相关责任和义务，防止违反《反垄断法》行为的发生。当特定数字平台未履行信息公开等义务，建立的自治措施机制不完善，或向日本经济产业省递交的报告内容记载有遗漏等情况发生时，日本经济产业省可依照本法案规定对平台企业实施劝告、命令等行政处罚措施，督促其改善运营状况。对平台可能违反《反垄断法》的行为，日本经济产业省可向公正交易委员会递交申请，要求依照《反垄断法》采取相应的制裁措施。

2021年4月起，日本政府对国内流通总额3000亿日元以上的网上商城、2000亿日元以上的应用商店运用新法。4月1日，日本经济产业省将亚马逊、谷歌、苹果三家美资公司以及乐天集团、雅虎日本两家日本公司指定为《有关提高特定数字平台透明性及公正性的法律》的适用对象。

日本政府认为，从保护用户角度出发，有必要强化对脸书、推特和谷歌等社交网络服务平台的监管，并要求其在日本实施法人登记，违者将面临处罚。海外社交网络服务平台在日本完成法人登记后，日本的司法机构可以依法要求平台公司及时处理发生在平台上的网络暴力、故意造谣等行为。同时，可处罚利用这些平台销售假冒伪劣商品的网店与个人，保护消费者权益。

---

[1] "Explainer-The arguments against the news media bargaining code and what happens next", https://www.adnews.com.au/news/explainer-the-arguments-against-the-news-media-bargaining-code-and-what-happens-next，访问时间：2022年11月18日。

4. 美国国会提出反垄断法案

2021年6月，美国众议院司法委员会投票批准了一揽子旨在加强反垄断执法和恢复在线竞争的反垄断法案，剑指谷歌、苹果、脸书和亚马逊四大科技巨头。这一揽子立法计划包括《并购申请费的现代化法案》《通过启用服务交换增强兼容性和竞争性法案》《平台竞争与机会法案》《美国选择与创新在线法案》《终止平台垄断法案》。

其中关注度较高的有四部。一是《通过启用服务交换增强兼容性和竞争性法案》[1]，要求美国大型互联网平台赋予消费者数据迁移权利。二是《平台竞争与机会法案》[2]，关注"扼杀式"并购问题，禁止大型科技公司对构成竞争威胁的公司进行收购，或为扩大、巩固其市场势力进行收购。三是《美国选择与创新在线法案》[3]，禁止大型平台滥用市场支配地位使其自有产品和服务优于平台上的竞争对手，同时禁止其他类型歧视行为。四是《终止平台垄断法案》[4]，根据该法案，主导平台的运营者借助自身平台来为其自营业务创造优势，或利用自身平台来排挤、打压自营业务竞争对手的行为都会被视为非法行为。

上述法案公布后引发激烈讨论。谷歌政府事务和公共政策副总裁马克·伊萨科维茨表示，该公司不反对新法规，但法案可能破坏主流的消费者服务，削弱美国的技术领先优势，破坏小企业与消费者的连接，并引发严重的隐私和安全问题。亚马逊公共政策副总裁布赖恩·休斯曼谈及法案可能带来的"重大负面影响"，建议委员会放慢速度，彻底审查法案中的措辞。脸书发言人指出，反垄断法案应该促进竞争和保护消费者，而不是惩罚成功的美国公司。这些法案低估了科技行业面临的激烈竞争，无法解决互联网领域不断变化的挑战。

---

1 "Augmenting Compatibility and Competition by Enabling Service Switching Act"，https://www.congress.gov/bill/117th-congress/house-bill/3849，访问时间：2022年9月6日。

2 "Platform Competition and Opportunity Act"，https://www.congress.gov/bill/117th-congress/house-bill/3826/text，访问时间：2022年9月6日。

3 "American Choice and Innovation Online Act"，https://www.congress.gov/bill/117th-congress/house-bill/3816/text，访问时间：2022年9月6日。

4 "Ending Platform Monopolies Act"，https://www.congress.gov/bill/117th-congress/house-bill/3825/text，访问时间：2022年9月6日。

5.欧盟推动制定《数字市场法》

2020年12月15日，欧盟委员会公布了两项针对数字服务提供者（覆盖社交媒体、在线市场和其他在欧盟运营的数字平台）的法案——《数字市场法》和《数字服务法》。作为欧盟近20年来在数字领域的首次重大立法，两部法案意在明确数字服务提供者的责任并遏制大型网络平台的恶性竞争行为。2021年11月23日，欧洲议会的内部市场暨消费者保护委员会通过了《数字市场法》建议案，进一步明确"看门人"（gatekeeper）的概念和义务。同此前草案相比，建议案对"看门人"公司提出了更高、更具体的条件。首先，公司需要在至少三个欧盟国家提供核心平台服务，每月至少有4500万终端用户，以及超过10000个商业用户。其次，在欧洲经济区（EEA）内的年营业额达到80亿欧元、市值达到800亿欧元。

6.多国对大型科技企业开展反垄断执法及调查

意大利反垄断机构对谷歌罚款1亿欧元。2021年5月13日，意大利竞争与市场管理局（AGCM）发布公告，决定对谷歌处以1.02亿欧元罚款，原因在于谷歌滥用在安卓操作系统和应用商店（Google Play）的支配地位，拒绝意大利电力公司的电动车充电软件（JuicePass）在其汽车应用（Android Auto）上提供服务，违反了《欧盟运作条约》（TFEU）第102条规定。[1] 2019年起，意大利竞争与市场管理局针对该问题对谷歌发起调查，要求谷歌立即同意在安卓汽车版上线该软件，并停止滥用市场地位的行为，消除负面影响。谷歌公司发布公告称其对安卓汽车版软件有着严格的审核标准，拒绝服从管理局的此项裁决。[2]

美国华盛顿特区检察长对亚马逊发起反垄断诉讼。2021年5月25日，美国华盛顿哥伦比亚特区检察长卡尔·A.拉辛，宣布对网络零售巨头亚马逊发起

1　"Italy fines Google €100 million for shutting out rival's smartphone app"，https://www.france24.com/en/europe/20210513-italy-fines-google-%E2%82%AC100-million-for-shutting-out-rival-s-smartphone-app，访问时间：2022年11月18日。

2　"Maria Pia Quaglia. Italy fines Google for excluding Enel e-car app from Android Auto"，https://www.reuters.com/technology/italys-antitrust-fines-google-102-million-euros-abuse-dominant-position-2021-05-13/，访问时间：2022年11月18日。

反垄断诉讼。[1]起诉书称，亚马逊通过合同条款和政策，禁止第三方卖家在其他在线平台以更低价格或更优惠条件提供商品。亚马逊平台上的商品价格除商品本身外还包含其他费用，附加费用可能高达商品总价的40%，所以亚马逊反竞争的定价政策，是为了实现自身利益最大化，会损害第三方卖家利益、抬高商品价格、扼制整个在线零售市场的竞争与创新。亚马逊发言人在一份声明中回应称，与其他平台相比，亚马逊为消费者提供了更低的价格，亚马逊有权像其他平台一样降低缺乏价格竞争力的商品的权重。

美国36个州及华盛顿特区起诉谷歌违反反垄断法。2021年7月7日，美国犹他州、北卡罗来纳州、田纳西州等36个州和华盛顿特区在加州联邦法院提起诉讼，起诉谷歌在运营其安卓应用商店时违反了反垄断法。起诉书称，谷歌在提供应用购买和订阅服务时，向程序开发者收取了30%费用；禁止带有异议内容的应用在其应用商店上架；通过排他性合同、技术壁垒和"误导性"安全警告为潜在竞争者设置障碍。谷歌回应称此次诉讼"毫无根据"，诉讼狭隘地认为应用市场只有安卓设备，忽视了苹果等其他应用商店的竞争，且谷歌没有对使用者施加过度限制，使用者可以从第三方应用商店或者开发者网站下载应用。此外，谷歌认为原告的诉讼还可能增加小型开发者的成本，阻碍创新和竞争，使消费者无法安全地使用整个安卓生态系统中的应用程序。[2]

日本对苹果系统和谷歌安卓系统展开反垄断调查。2021年10月7日，日本公平贸易委员会宣布将调查苹果和谷歌公司是否利用其在智能机操作系统市场的支配地位排除市场竞争，限制消费者选择。在日本，苹果系统在智能手机操作系统中占据近70%的份额，而安卓的份额为30%。任何应用程序的开发商，需确保软件与操作系统规格相匹配，方能出现在智能手机上。此次，谷歌被指控强迫设备制造商装置其搜索应用，否则用户将无法安装安卓程序。日本公平贸易委员会事务总长菅久修一表示，此次涉及对操作系统运营商、应用开发者以及智能机用户的约谈和调查，将全面探究智能机、智能手表和其他可穿戴

---

1 "D.C. attorney general brings antitrust lawsuit against Amazon"，https://www.washingtonpost.com/technology/2021/05/25/dc-ag-antitrust/，访问时间：2022年11月18日。

2 "36 states, D.C. sue Google for alleged antitrust violations in its Android app store"，https://www.politico.com/news/2021/07/07/36-states-dc-sue-google-for-alleged-antitrust-violations-in-its-android-app-store-498622，访问时间：2022年9月7日。

设备的市场情况。日本公平贸易委员会将据此编制报告，概述操作系统市场结构、竞争停滞原因，并逐项列出可能违反反垄断法的具体行为。[1]

俄联邦反垄断局对苹果公司发起立案调查。2021年10月27日，俄罗斯联邦反垄断局对苹果公司发起立案调查，原因是苹果应用程序商店中的软件没有向消费者告知其他支付方式，苹果公司因此可能面临经营性罚款。[2]

意大利反垄断监管机构因数据问题对谷歌、苹果公司罚款。2021年11月26日，由于谷歌、苹果公司将用户数据用于商业用途时，没有及时提供透明的收集和使用信息，意大利反垄断监管机构对两家公司分别处以1000万欧元的罚款。意大利反垄断监管机构表示，此类案件的最大适用金额是1000万欧元。谷歌、苹果公司均表示将提起上诉。[3]

英国竞争与市场管理局（CMA）要求脸书出售动图网站Giphy。2021年11月30日，英国竞争与市场管理局要求脸书出售动图网站Giphy，理由是这笔交易妨害公平竞争，有损用户和广告商利益。据了解，脸书于2020年5月收购该动图网站，并将其整合进旗下图片和短视频分享平台照片墙（Instagram）。英国竞争与市场管理局认为，通过这笔收购，脸书可以阻碍其他社交媒体公司使用该平台的动图资源，同时把更多流量引向脸书拥有的平台，从而扩充脸书据有的市场实力。脸书发言人回应称公司正在研究英方这项决定并考虑所有可行的应对措施。2022年10月，在英国竞争与市场管理局维持对脸书剥离资产的裁决后，脸书已同意出售Giphy。

（三）主要国家和地区加强数据隐私保护

1. 欧洲第108号公约咨询委员会发布面部识别技术指南

2021年1月28日，欧洲委员会第108号公约咨询委员会公布了面部识别技术

1　"Apple and Google under antitrust scrutiny in Japan for mobile OS"，https://asia.nikkei.com/Business/Technology/Apple-and-Google-under-antitrust-scrutiny-in-Japan-for-mobile-OS，访问时间：2022年8月16日。

2　"俄联邦反垄断局对苹果公司发起立案调查"，https://finance.ifeng.com/c/8AgT0WxWsTM，访问时间：2022年9月7日。

3　"Italy's antitrust regulator fines Google, Apple over data use"，https://www.reuters.com/technology/italys-antitrust-fines-google-apple-commercial-use-data-2021-11-26/，访问时间：2022年8月4日。

指南。该指南面向政府部门、私营实体以及面部识别开发者、生产者和服务提供者，目前尚不具有法律约束力。如被欧洲议会通过或可能成为新法律。

・延伸阅读

欧洲委员会第108号公约及其发展

1981年，欧洲委员会发布了《关于个人数据自动化处理过程中的个人保护公约》（以下简称《公约》或第108号公约）。由于在欧洲委员会《欧洲条约集》（European Treaty Series）中编号108，因此这一公约通常被习惯性地称为第108号公约。在国际上，第108号公约被公认是第一份关于个人信息保护的国际公约性法律文件，它建立了有关数据保护的基本原则以及各缔约国之间的各项基本义务，对于制定明确的数据治理全球标准以及国内标准都具有重要的借鉴意义。《公约》在经过数次修订后，除向欧洲委员会成员国和欧盟开放外，也面向非欧洲国家以及国际组织开放签署。[1]

第108号公约+（Convention 108+）是2018年5月18日部长委员会第128次会议通过的第108号公约补充议定书。该议定书于2018年10月10日开放签署。2021年7月8日，欧洲委员会宣布意大利交存了批准第108号公约+的修正议定书文书。欧洲委员会指出，意大利成为批准该公约的第12个国家。

第108号公约+创新之处如下：

一是第108号公约+的目的和宗旨。补充协议书明确强调了《公约》的目标、宗旨及适用范围。《公约》保证在缔约方管辖的公共和私人领域范围内，所有个人数据在被处理时均可得到有效保护，充分尊重个体的权利（尤其是隐私权）和基本自由。明确《公约》的适用范围是缔约方管辖范围内的个人数据处理活动，不再局限于此前版本所界定的"自动化的个人数据处理"活动；适用于私营部门和公共部门

---

[1] "第108号公约全文翻译"，https://www.secrss.com/articles/10012，访问时间：2021年9月7日。

的个人数据处理活动,不再适用于自然人在纯粹的个人或家庭活动中进行的数据处理活动。

二是敏感数据。敏感数据目录已扩展到包括遗传和生物识别数据以及与工会资格或民族有关的数据,而原有的敏感数据包括揭示种族、政治观点、宗教或其他信仰、健康或性生活以及与犯罪、刑事诉讼和定罪有关的个人数据。

三是数据安全。在数据安全性方面,引入了及时通报安全漏洞的要求。应及时向监管当局告知可能严重干扰数据主体权利和基本自由的情况。

四是处理的透明度。强调数据控制者保证数据处理透明性的义务。要求数据控制者提供全套数据处理信息,包括数据控制者身份及常住居所、常驻办公点,数据处理的法律依据和处理目的,处理的个人数据类型,个人数据的接收者或者接收者类型,数据主体行使权利的方式等。

五是数据主体的权利。为便于数据主体更好地控制数据,他们被授予新权利。数据主体有权知悉数据处理所依据的算法等。数据主体有权在任何时候反对针对其个人数据的处理,除非数据控制者证明个人数据处理是基于"高于数据主体权益及基本自由"的合法事由。

六是个人数据跨境流动。在保护个人数据的前提下,促进数据不分国界自由流动。针对不受缔约方管辖的接收方的个人数据跨境流通,应保证接收国或接受组织具有适当的个人数据保护能力。鉴于接收方不是缔约方,无法推定其保护能力,《公约》提出可通过法律或具有法律约束力和可执行性的特设或经批准的标准化保障措施(尤其是合同条款或有约束力的公司规则),确保数据保护水平。[1]

---

[1] 吴沈括、崔婷婷:《国际数据与欧洲委员会及其"108号公约"》,载《审计观察》,2019年第2期,第95—96页。

· 延伸阅读 ———————————————————————————

欧洲《面部识别指南》概要

《面部识别指南》分别为立法者和决策者，公共和私营实体，面部识别技术的开发商、制造商和服务提供商，以及使用面部识别技术的实体提供了一套全面的参考措施，以确保面部识别技术不会对任何人的人格尊严、人权和基本自由，以及保护个人数据的权利产生不利影响。

一、立法者和决策者的指南

1. 合法性确认：根据第108号公约第6条规定，处理生物识别数据等特殊类别的数据应符合法律规定，并制定适当的保障措施。立法者和决策者应避免以确定个人肤色、宗教信仰、性别、种族、年龄、健康状况等为目的而使用面部识别技术。禁止通过面部表情进行情绪识别以评估雇员的敬业度。禁止运用面部识别技术确定获得保险和受教育的机会。应谨慎评估使用面部识别技术的必要性及对数据主体权利的影响，并制定适用于此类情况的法律框架。

2. 监察机关必要介入：根据第108号公约第15（3）条，应就通过面部识别技术处理个人数据的任何立法或行政措施的建议案征求监管当局意见。监管部门须系统性地参与制定涉及面部识别技术的立法与行政措施，在开展技术试验和部署之前，各部门有权对项目进行评估，以确保合法使用该技术。

3. 建立认证机制：立法者和决策者应该使用不同的机制确保开发人员、制造商、服务提供者或实体的责任。通过对结构、算法进行分类，建立规范化、独立、合格的面部识别和数据保护认证机制。

4. 提高公众意识：立法者和决策者应开展宣传教育，增进公众对面部识别技术及其对个人基本权利影响的理解。

二、开发者、制造商和服务提供商的指南

1. 高质量数据和算法：面部识别技术的开发者或制造商，必须采取措施确保面部识别数据的代表性、准确性，避免因错误标签（如关于肤色、年龄和性别的人口统计学差异）导致歧视。此外，为了确保数据质量，提升算法效率，必须使用基于多样化样本而产生的合成数据集来开发算法，并定期更新。同时，对于疾病或身体残疾信息等敏感数据，需要提供适当的补充保障。

2. 使用工具的可靠性：开发者、制造商需要尽力确保算法的有效性，减少不同角度、不同光线、不同面部覆盖物可能造成的偏差，确保面部识别技术的准确性。

3. 及时告知：开发和销售面部识别技术的公司应该采取合理的示例语言、清晰且易于理解的标志，表明在特定空间部署了面部识别技术，以增强透明度和对用户隐私的尊重。

4. 承担责任：开发和销售面部识别技术的公司在开发和设计时，应采取整合数据保护、集成专用工具、增加灵活性、加强内部审查、指派专业员工提供隐私培训等具体措施确保符合数据保护原则。

三、使用实体的指南

1. 数据处理的合法性与数据的质量：在部署面部识别技术时，首先必须提供信息去向、收集背景、对数据将如何使用的合理预期，面部识别是否仅仅是产品或服务的一项功能，还是服务本身不可分割的一部分等必要信息。还应告知用户面部识别数据的收集、使用或共享可能如何影响他们，特别是当这些数据涉及弱势群体时。所提供的资料亦须说明资料当事人有权享有哪些权利及法律补救措施。其次，还要对使用目的、数据最小化和存储时间加以限制。最后，实体应确保数字图像和生物特征模板的准确性，防止错误匹配。

2. 数据安全：使用实体应在技术和组织层面采取强有力的保障措施，以在所有处理阶段（包括收集、传输和存储阶段）保护面部识别数据和图像集，防止出现数据丢失、未经授权的人接触或使用、遭遇技术攻击等情况。任何可能严重干扰数据主体权利和基本自由的数据安全问题，都必须通知监管当局，并在适当情况下通知数据主体。应根据不断变化的威胁和已识别的漏洞持续调整安全措施。

3. 问责承担：使用面部识别技术的实体必须实施透明的政策、程序和做法，以确保数据主体在可维护个人权利的情况下使用面部识别技术。此外，还应定期发布关于面部识别技术具体使用情况的报告，制定面部识别数据处理负责人培训方案和审核程序。在管理上，要建立内部审查委员会，评估和批准任何涉及面部识别数据的处理方案。要建立合理有效的数据保护影响评估机制，并在设计中贯彻数据保护理念。

4. 道德框架：设立独立的道德咨询委员会，以便组织机构或个人在部署前进行咨询，避免侵犯人权。此外，也应制定合理的举报激励机制。

四、数据主体的权利

在面部识别技术的应用过程中，数据主体符合第108号公约第9条规定的所有权利均应受到保障，特别是信息权、查阅权、获取推理知识的权利、反对权、纠正权等。

第108号公约第11条中规定的权利可能受到限制，但限制必须符合法律规定，尊重基本权利和自由，且具有必要性等。在限制数据主体权利的情况下，执法部门必须告知数据主体。

此外，数据主体有权向监管部门提出申诉并获得补偿。在匹配错误的情况下，数据主体可以要求整改。[1]

2. 欧盟理事会就《电子隐私条例》修订达成磋商立场

2021年2月10日，欧盟成员国就最新修订的《电子隐私条例》（E-Privacy Regulation）草案商定磋商授权。该项立法于2017年由欧盟委员会提出，本次协商最终达成一致，在经过欧洲议会的审议后正式生效。《通用数据保护条例》（GDPR）和《电子隐私条例》是欧盟两大数据保护立法支柱。《电子隐私条例》将在电子通信领域对《通用数据保护条例》起到细化和补充作用。《电子隐私条例》通过对数据类型的分类保护（例如区分电子通信内容和元数据）和对法人、自然人共同保护的方式加强并扩大了隐私保护的力度和范围。《电

1　"Guidelines on Facial Recognition"，https://rm.coe.int/guidelines-on-facial-recognition/1680a134f3，访问时间：2022年11月18日。

子隐私条例》将适用于使用公共可用服务和网络传输的电子通信内容、与通信有关的元数据以及通过公共网络传输的机器对机器数据。

· 延伸阅读 ————————————————————————

欧洲《电子隐私条例》的制度设计

《电子隐私条例》包括了序言（43条）和正文（29条），正文分为七个章节。从内容上，主要强调以下五部分：

一、扩大规制范围

根据《电子隐私条例》规定，新法的适用范围不仅包括对电子通信数据和电子通信服务的规制，还扩展到终端用户的设备信息、提供电子通信服务的终端用户的公开目录以及向终端用户发送直接营销信息的行为。对于OTT服务[1]、固定和移动电话服务以及通信服务的管理，该条例也增加了规定。此外，《电子隐私条例》沿用了《通用数据保护条例》追求法律域外效力的原则，扩大了规制的地域适用范围，数据处理地在欧盟境内和境外的电子通信服务提供者均适用本条例。

二、加强通信保密性

《电子隐私条例》确立了电子通信数据的受保护地位，列举了被禁止的多种通信数据侵犯形式，并将用于传输、分发或交换电子通信内容的元数据列入范围，对电子通信数据和元数据进行分别保护。电子通信服务者如没有合法理由，则应当删除电子通信元数据或对其匿名化处理。

三、保护终端用户设备

用户的私人活动和个人终端不应当在未经允许的情况下，受到监控或侵犯，除非用户同意或服务需要，条例禁止擅自使用终端设备的处理和存储功能或从用户的终端设备收集信息。

———————————————

1　OTT服务是指"over-the-top"服务，通常是指内容或服务建构在基础电信服务之上从而不需要网络运营商额外的支持。该概念早期特指音频和视频内容的分发，后来逐渐包含了各种基于互联网的内容和服务。典型的例子有Skype、Google Voice、微信、互联网电视等。

四、赋予用户通信控制权

《电子隐私条例》赋予了电子通信用户自由决定是否展示自己通话线路识别的权利，用以保护通话线路识别中包含的个人隐私。例如，通讯录的公开目录，包含了姓名、电话、邮箱以及家庭住址等大量个人隐私信息，在被收集、搜索前，必须征求信息主体同意。而对于营销、骚扰类信息，《电子隐私条例》要求直接营销信息的发送者在电子通信中显示通话线路标识，并鼓励发送者在呼叫时显示特定代码或前缀，便于用户识别。

五、授权监管和执法

新法将在欧洲数据保护委员会的促进下，由各成员国的数据保护机构监督实施。欧盟委员会承担了提供立法修法建议、咨询意见以及相关指南和最佳实践等工作。新法还授权成员国立法对侵犯终端用户通信控制权、隐私权的行为进行处罚。[1]

---

3. 美国国会提出《算法正义和互联网平台透明度法案》

2021年5月，美国国会针对互联网平台的算法问题，提出了《算法正义和互联网平台透明度法案》（以下简称《法案》）[2]，要求互联网平台规范算法过程，保障用户的个人信息和特征不受歧视。《法案》一方面要求互联网平台为非法算法流程承担责任，提出一系列措施确保平台在算法使用过程中履行审核和透明度义务；另一方面要求互联网平台验证其算法是否按照预定方式运行，并为用户提供数据可携带性，保障个人对互联网平台歧视性算法的起诉权。具体包括：

一是规定互联网平台需披露算法处理信息的方式方法以及信息的来源，及时向用户披露平台内容审核的完整说明。

1　吴沈括、邓立山：《欧盟2021年〈电子隐私条例〉草案的制度设计与合规启示》，载《中国信息安全》，2021年第8期，第61—64页。

2　孔凡东：《关于美国〈算法正义和互联网平台透明度法案〉的借鉴与启示》，载《海南金融》，2021年第12期，第17页。

二是规定互联网平台为用户提供访问个人数据信息的权利，推动数据转移结构的规范化和标准化，确保互联网平台用户可将个人数据迁移到其他互联网平台。

三是禁止互联网平台发布不公平、欺骗性广告或应用歧视性算法。

四是要求相关部门针对互联网平台算法处理问题成立机构间特别小组，审查算法运用过程中是否存在对个人信息的歧视性行为。对违反法案或有关条例的行为进行处罚，确保互联网平台在算法使用过程中履行审核和透明度义务。

五是明确互联网平台对算法使用和处理记录的保留义务及保留时间。

•延伸阅读

《算法正义和互联网平台透明度法案》出台背景

2017年12月，美国纽约政府发布《算法问责法案》，要求政府建立算法决策使用问责制。该法案要求成立由算法决策相关领域专家和受众组织代表共同组成的工作组，以研究城市机构如何使用算法来做出影响纽约人生活的决策，以及这些算法是否有年龄、种族、宗教、性别、性取向或国籍方面的歧视。这是美国首次就规范算法应用制定监管政策。

2019年4月10日，美国国会引入《2019年算法问责法案》，从保护用户角度出发，要求大型科技公司评估并消除其"自动决策系统"给个人信息隐私和安全带来的风险，以及因种族、肤色、宗教、政治信仰、性别或其他方面差异带来的歧视性偏见。自该法案发布以来，美国数字平台算法规制逐步升级。

4. 中国出台国内首部个人信息保护专门法

2021年8月20日，十三届全国人大常委会第三十次会议表决通过了《中华人民共和国个人信息保护法》（以下简称个人信息保护法），并于2021年11月1日起施行。该法共计八章七十四条，在有关法律的基础上，进一步细化、完善个人信息保护应遵循的原则和个人信息处理规则，明确个人信息处理活动中的权利义务边界，健全个人信息保护工作体制机制。[1]该法亮点如下：

一是确立了个人信息保护原则。强调处理个人信息应当遵循合法、正当、必要和诚信原则，具有明确、合理的目的并与处理目的直接相关，采取对个人权益影响最小的方式，限于实现处理目的的最小范围，公开处理规则，保证信息质量，采取安全保护措施等。

二是规范处理活动，保障权益。紧紧围绕规范个人信息处理活动、保障个人信息权益，构建了以"告知—同意"为核心的个人信息处理规则。

三是禁止大数据杀熟。明确个人信息处理者利用个人信息进行自动化决策，应当保证决策的透明度和结果公平、公正，不得对个人在交易价格等交易条件上实行不合理的差别待遇。

四是严格保护敏感个人信息。强调只有在具有特定的目的和充分的必要性，并采取严格保护措施的情形下，方可处理敏感个人信息。同时应当事前进行影响评估，并向个人告知处理的必要性以及对个人权益的影响。

五是规范国家机关处理活动。特别强调国家机关处理个人信息的活动适用本法，并且处理个人信息应当依照法律、行政法规规定的权限和程序进行，不得超出履行法定职责所必需的范围和限度。

六是赋予个人充分权利。将个人在个人信息处理活动中的各项权利总结提升为知情权、决定权，明确个人有权限制个人信息的处理。

七是强化个人信息处理者义务。强调个人信息处理者应当对其个人信息处理活动负责，并采取必要措施保障所处理的个人信息的安全。

八是赋予大型网络平台特别义务。包括按照国家规定建立健全个人信息保护合规制度体系，成立主要由外部成员组成的独立机构对个人信息保护情况进行监督等。

九是规范个人信息跨境流动。构建了一套清晰、系统的个人信息跨境流动规则，以满足保障个人信息权益和安全的客观要求，适应国际经贸往来的现实需要。

---

1 "8章74条，个人信息保护法来了！权威解读十大亮点"，http://www.cac.gov.cn/2021-08/21/c_16311416776 55320.htm，访问时间：2022年9月23日。

十是健全个人信息保护工作机制。明确国家网信部门和国务院有关部门在各自职责范围内负责个人信息保护和监督管理工作，同时，对个人信息保护和监管职责做出规定。

个人信息保护法作为中国第一部专门规范个人信息保护的法律，对中国公民的个人信息权益保护以及各组织的数据隐私合规实践都将产生直接和深远的影响。

5. 韩国首次全面修订《个人信息保护法》

2021年9月28日，韩国个人信息保护委员会向国会提交了《个人信息保护法（修正案）》。此次修正案是韩国自2011年颁布《个人信息保护法》以来，首次由政府主导，并结合产业界、市民团体以相关部门等多方意见而撰写的兼具全面性和实质性的修正案。据悉，韩国自2011年9月30日起实施《个人信息保护法》以来不断根据社会变化修改完善法律。该修订草案有如下更新：

一是引入个人信息可携权。数据主体有权获取其提供给数据控制者的个人数据，且能够不受障碍地将这些数据传输给其他数据控制者。

二是规制自动化决策行为。规定了个人对于自动化决策的拒绝权，以防止侵犯个人基本权利。

三是设置弹性化规则。避免将知情同意作为处理个人信息的唯一合法性基础，防止知情同意制度僵化。同时，放宽个人信息收集的事前要求，但引入了评价制度，加强对于个人信息处理活动的事后控制。

四是调整个人信息保护架构。整合信息通信领域的特殊规定，明确《个人信息保护法》适用于所有个人信息处理者，并将法律的适用范围扩大至所有领域。

五是建立移动型影像仪器处理个人信息的相关规则。在公开场所拍摄图像必须"以合理目的"为前提，而且应当通过灯光、声音、指示牌等提示方式让个人清楚了解拍摄事实，且不得对个人产生超出合理限度的不当侵犯。

六是为个人信息跨境流动设置多样化的途径。特别指出违反规定将个人信息转移到国外，或者个人信息没有得到有效保护时，个人信息保护委员会有权中止个人信息继续向境外转移。

七是由"以刑罚为中心"转变为"以处罚为中心"。在放宽对个人刑罚的同时，向强化企业经济责任的方向进行转变。罚款的上限调整为与全球处罚力度比较一致的水平，即上一年度全球营业额的3%以下。

八是强化个人信息保护行业自律。鼓励企业通过行业组织凝聚规则共识，探索建立各行业个人信息保护规范。

九是引入调查机制，推进纠纷调解中的事实认定。修正案将无特殊原因应当参与调解的对象从公共机构扩展到所有的个人信息处理者，并赋予个人信息纠纷调解委员会对案件事实的调查权。

6. 巴西数据保护局加入全球隐私执法网络

2021年11月3日，巴西数据保护局宣布成为全球隐私执法网络的成员。巴西数据保护局是巴西《通用数据保护法》的执法机构，负责监督个人数据保护措施的实施，制定相关规则，促进同其他国家数据保护机构的合作行动。

· 延伸阅读 ————————————

全球隐私执法网络

2007年6月，经合组织成员国通过了一项执行隐私保护法的合作建议，呼吁建立全球隐私执法网络，并规定了具体任务，包括讨论隐私执法合作实际问题，分享应对跨境挑战的最佳实践，制定共同执法优先事项，支持联合执法倡议和宣传活动等。该网络成员包括欧盟、阿尔巴尼亚、阿根廷、亚美尼亚、澳大利亚、比利时、巴西、保加利亚、布基纳法索、加拿大、开曼群岛、中国、哥伦比亚、捷克、爱沙尼亚、法国、格鲁吉亚、德国、加纳、直布罗陀、根西岛、匈牙利、爱尔兰、曼岛、以色列、意大利、日本、泽西岛、韩国、科索沃、拉脱维亚、立陶宛、卢森堡、马其顿、马耳他、毛里求斯、墨西哥、摩尔多瓦、摩纳哥、摩洛哥、荷兰、新西兰、挪威、菲律宾、波兰、卡塔尔、新加坡、斯洛文尼亚、西班牙、瑞士、土耳其、乌克兰、阿联酋、英国、美国共55个国家和地区。

·延伸阅读

巴西《通用数据保护法》内容概要

2018年8月14日，经巴西总统米歇尔·特梅尔签署，《巴西数据保护法》通过，并于2020年2月正式生效。该法律对个人数据处理相关活动进行了详细规定。

一、基本规定。该法律的个人数据保护规则以尊重隐私、信息自主、经济和技术发展与创新为基础，目的是保护个人自由隐私，促进个性发展。

二、个人数据的处理。涉及处理个人数据的要求，个人敏感数据的处理，儿童和青少年个人数据的处理，数据处理的终止。

三、数据主体的权利。保护所有自然人对其个人数据的所有权。当其数据正由控制方处理时，数据主体有权纠正不完整、不准确或过时的数据，匿名化、封闭或删除不必要或过多的数据等。

四、公共机构对个人数据的处理。公共法律实体对个人数据的处理应出于公共目的，符合公共利益。国家机构对公共法律实体的个人数据处理有制约作用。

五、数据的国际传播。信息传播方需提供符合数据主体权利及本法相关规定的证明。

六、个人数据处理代理人。控制人和处理人应当保存个人数据处理操作数据。控制人应当任命数据处理官，并公开其身份和联系信息。控制人和处理人若对他人造成物质、精神等损害，应当给予赔偿。

七、数据安全和有益实践。代理人应采取安全、技术和行政措施，保护个人数据免遭非法处理。代理人可制定操作制度、安全规范、技术标准、内部监督和风险缓解机制等有益做法推进数据的治理。

八、监管。违反规定的代理人将受到警告、罚款等行政处罚。

五、网络空间发展战略规划陆续出台

2021年，美国、中国、欧盟、英国等国家和地区酝酿出台网络空间战略规划，调整国内机构设置，开展国际合作，聚焦发展人工智能、量子计算、下一代通信等前沿技术，参与前沿技术研发和应用、标准规则制定的竞争。然而，一些国家和地区借机开展科技遏制、加速网络空间军事化等态势持续引发各界担忧和质疑。

（一）美国提出科技竞争法案与政策

1. 美国人工智能国家安全委员会提出美国人工智能发展建议

2021年3月1日，美国人工智能国家安全委员会向美国国会提交了2021年度最终建议报告，从科技机构设置、人才培养和引进、提升自主研发能力、知识产权政策、技术保护手段、建立有韧性的国内微电子制造基地、建立有利的技术标准和秩序、突破前沿技术等方面提出建议，以维护美国在人工智能时代的竞争优势，遏制他国技术发展。具体而言，报告建议，美国应建立新的技术竞争力委员会，来制定和监督实施人工智能战略；完善国内教育奖学金激励机制和优化移民政策等，培养和吸引高技能人才；加大对人工智能创新投入，人工智能研发非国防经费应每年翻一番，到2026年达到每年320亿美元，并建立国家技术基金会，加快人工智能技术商业化，推动国家人工智能研究机构数量翻一番；以促进国家安全为目标，构建适宜人工智能技术发展的知识产权政策和制度；美国务院应推动开展新兴领域技术外交，与盟友伙伴合作，领导全球技术标准制定和技术研发；美国防部可将其约3%的总预算用于人工智能研发投资并进行人员培训，以实现2025年"军事人工智能准备就绪"（Military AI Readiness）的目标；美国情报共同体应大规模采用人工智能技术，与美国国防部联合成立人工智能集成部队以共享人工智能方法和数据等。[1]

---

1 "National Security Commission on Artificial Intelligence", https://www.nscai.gov/wp-content/uploads/2021/03/Full-Report-Digital-1.pdf，访问时间：2022年9月7日。

美国人工智能国家安全委员会根据《2019财年国防授权法案》于2019年正式成立，2021年10月1日解散，其主要任务是研究美国人工智能、机器学习和相关技术发展措施，促进美国国家安全和国防发展。该委员会共15名委员，其中12名由国会议员任命，2名由国防部部长任命，1名由商务部部长任命，谷歌前首席执行官埃里克·施密特担任委员会主席。

• 延伸阅读 ————————

美国调整人工智能机构设置

2021年1月12日，美国白宫科学技术政策办公室宣布成立国家人工智能倡议办公室，负责监督和实施美国国家人工智能政策战略，协调私营机构、学术界及其他利益相关者参与人工智能研究和政策制定。美国白宫科技政策办公室副首席技术官琳恩·帕克（Lynn Parker）出任首任总监。

9月8日，美国商务部宣布成立国家人工智能咨询委员会。[1]该委员会根据《2020年国家人工智能倡议法案》成立，与白宫科技政策办公室的国家人工智能倡议办公室合作，分析人工智能发展和治理现状，向美国总统及政府机构提供人工智能相关建议。该委员会由来自学术界、工业界、非营利组织、民间团体以及联邦实验室的人工智能相关学科的专家及负责人组成。成员将与围绕人工智能相关科技的研究、研发、伦理、标准、教育、公平、技术转让、商业应用、安全和经济竞争力等领域提供建议和信息。

12月8日，美国国防部副部长凯瑟琳·希克斯宣布拟在国防部设立首席数据人工智能官和首席数据人工智能官办公室，主要负责领导和

1　"Department of Commerce Establishes National Artificial Intelligence Advisory Committee"，https://www.commerce.gov/news/press-releases/2021/09/department-commerce-establishes-national-artificial-intelligence，访问时间：2022年9月7日。

监督国防部在数据、分析和人工智能等方面的战略发展和政策制定，通过国防部首席信息官向国防部部长、副部长报告。[1]

2. 美国国会提出《2021美国创新与竞争法案》

2021年6月8日，美国参议院以68票赞成、32票反对的结果，通过《2021创新与竞争法案》。法案提出，将分阶段为国家科学基金会、国家航空航天局以及美国商务部、能源部提供1900亿美元拨款，加速人工智能、半导体、量子计算、先进通信、生物技术、网络安全、先进能源、先进材料科学等领域创新发展。法案由美国纽约州民主党参议员查克·舒默和印第安纳州共和党参议员托德·杨等人提出，其前身是查克·舒默等人在2020年5月提出的《无尽前沿法案》。该法案还将经众议院同意后才能最终立法。法案也招致业界质疑，如美国微生物学会认为，法案的一些条款正在扼杀创新和全球合作。[2]

（二）中国进行数字经济和信息化规划布局

2021年是中国"十四五"规划的开局之年。2021年3月，中国发布《中华人民共和国国民经济和社会发展第十四个五年规划和二〇三五年远景目标纲要》，提出要迎接数字时代，激活数据要素潜能，推进网络强国建设，加快建设数字经济、数字社会、数字政府，以数字化转型整体驱动生产方式、生活方式和治理方式变革。《纲要》提出通过加强关键数字技术创新应用、推动数字产业化和产业数字化来打造数字经济新优势；通过提供智慧便捷的公共服务、建设智慧城市和数字乡村、构筑美好数字生活新图景来加快数字社会建设步伐；通过加强公共数据开放共享、推动政务信息化共建共用、提高数字化政务服务效能来提高数字政府建设水平；通过建立健全数据要素市场规则、营造规

---

1 "Initial Operating Capability of the Chief Digital and Artificial Intelligence Officer"，https://media.defense.gov/2022/Feb/02/2002931807/-1/-1/1/MEMORANDUM-ON-THE-INITIAL-OPERATING-CAPABILITY-OF-THE-CHIEF-DIGITAL-AND-ARTIFICIAL-INTELLIGENCE-OFFICER.PDF，访问时间：2022年7月31日。

2 "ASM Statement on the U.S. Innovation and Competition Act"，https://asm.org/Articles/Policy/2021/May-21/ASM-Statement-on-the-U-S-Competition-and-Innovatio，访问时间：2022年7月10日。

范有序的政策环境、加强网络安全保护、推动构建网络空间命运共同体来营造良好数字生态。

《纲要》指出要携手构建网络空间命运共同体。中国将推动以联合国为主渠道、以《联合国宪章》为基本原则制定数字和网络空间国际规则；推动建立多边、民主、透明的全球互联网治理体系，建立更加公平合理的网络基础设施和资源治理机制；积极参与数据安全、数字货币、数字税等国际规则和数字技术标准制定；推动全球网络安全保障合作机制建设，构建保护数据要素、处置网络安全事件、打击网络犯罪的国际协调合作机制；向欠发达国家提供技术、设备、服务等数字援助，使各国共享数字时代红利；积极推进网络文化交流互鉴。

1.《"十四五"数字经济发展规划》提出中国数字经济发展目标

2021年12月12日，中国国务院发布的《"十四五"数字经济发展规划》，提出到2025年，中国数字经济迈向全面扩展期，数字经济核心产业增加值占GDP比重达到10%，数字化创新引领发展能力大幅提升，智能化水平明显增强，数字技术与实体经济融合取得显著成效，数字经济治理体系更加完善，数字经济竞争力和影响力稳步提升。

《规划》指出，中国将从优化升级数字基础设施、充分发挥数据要素作用、大力推进产业数字化转型、加快推动数字产业化、持续提升公共服务数字化水平、健全完善数字经济治理体系、着力强化数字经济安全体系、有效拓展数字经济国际合作开展行动。

2.《"十四五"国家信息化规划》提出中国信息化发展目标

2021年12月27日，中央网络安全和信息化委员会印发《"十四五"国家信息化规划》，提出到2025年，数字中国建设取得决定性进展，信息化发展水平大幅跃升，数字基础设施全面夯实，数字技术创新能力显著增强，数据要素价值充分发挥，数字经济高质量发展，数字治理效能整体提升。其中包括以5G、物联网、云计算、工业互联网等为代表的数字基础设施能力达到国际先进水平，集成电路、基础软件、装备材料、核心元器件等短板取得重大突破，形成具有国际竞争力的数字产业集群等。

《规划》明确未来五年信息化的主攻方向、重大任务和工程以及优先行动。十大重大任务和工程为：建设泛在智联的数字基础设施体系；建立高效利用的数据要素资源体系；构建释放数字生产力的创新发展体系；培育先进安全的数字产业体系；构建产业数字化转型发展体系；构筑共建共治共享的数字社会治理体系；打造协同高效的数字政府服务体系；构建普惠便捷的数字民生保障体系；拓展互利共赢的数字领域国际合作体系；建立健全规范有序的数字化发展治理体系。《规划》明确的十项优先行动为：全民数字素养与技能提升；企业数字能力提升；前沿数字技术突破；数字贸易开放合作；基层智慧治理能力提升；绿色智慧生态文明建设；数字乡村发展；数字普惠金融服务；公共卫生应急数字化建设；智慧养老服务拓展。

（三）欧盟以数字主权为指引发布政策文件

为进一步提升欧洲技术和数字主权，2021年2月23日，欧盟委员会提议在欧盟、成员国与行业间建立"关键数字技术伙伴关系""智能网络和服务伙伴关系"等十项新欧洲伙伴关系，并向其提供约100亿欧元资金，以加快欧洲绿色和数字化转型，并加强欧洲工业韧性和竞争力。其中，"关键数字技术伙伴关系"是欧盟推动半导体和处理器发展的行动之一，欧盟委员会将在2021—2027年间为"关键数字技术伙伴关系"提供18亿欧元的资助，工业界、研究机构、学术界等则通过工业协会投资约25亿欧元，成员国也将提供相应资助；"智能网络和服务伙伴关系"则旨在推动欧盟5G部署及促进6G研发，欧盟委员会将在2021—2027年期间，提供9亿欧元资助。[1]

1. 欧盟提出欧洲未来十年数字发展目标

2021年3月9日，欧盟委员会发布《2030数字指南针：数字十年的欧洲之路》政策文件。文件指出欧洲数字化转型中有诸多不足，如成员国数字化水平

1　"Key Digital Technologies: new partnership to help speed up transition to green and digital Europe"，https://digital-strategy.ec.europa.eu/en/news/key-digital-technologies-new-partnership-help-speed-transition-green-and-digital-europe，访问时间：2022年11月1日。

不一、城乡数字鸿沟大、关键技术对外依赖等。为此，文件提出2030年欧洲数字化转型的目标和方向。具体如下：

一是扩大数字技术人员规模。到2030年，欧洲将拥有2000万信息技术领域的专业人员，且男女比例均衡。

二是构建安全和高性能的数字基础架构。到2030年，欧洲所有家庭实现千兆网络连接，所有人口密集地区实现5G网络覆盖，并在此基础上发展6G；高端、可持续半导体产业产量至少占全球总产值的20%；部署1万个碳中和的互联网节点。到2025年，生产出第一台量子计算机。

三是促进企业全面数字化转型。到2030年，75%的欧洲企业采用云计算服务、大数据和人工智能；90%以上的欧洲中小企业数字化水平达标；通过扩大创新规模、改善融资渠道等方式，推动估值超过10亿美元独角兽公司数量翻倍。

四是推动公共服务数字化升级。到2030年，所有关键公共服务实现数字化，所有公民都能访问自己的电子医疗记录，80%的公民使用数字身份证等。[1]

• 延伸阅读

欧盟"数字十年的国际伙伴关系"计划

《2030数字指南针：数字十年的欧洲之路》称，欧盟经济和社会数字化程度是欧盟构建全球影响力的关键因素，要推动建设国际伙伴关系以支撑欧盟数字战略。欧盟的国际伙伴关系将围绕四大支柱展开，分别是技能、基础设施、商业和公共服务，以增强供应链安全性和韧性。

在构建国际伙伴关系时，欧盟将坚持数字市场的"公平竞争环境"、促进网络安全和维护网络基本权利的总体原则。欧盟倡导"包容性多边主义"，积极推动制定全球贸易和双边贸易规则。欧盟构建国际伙伴关系目标如下：

1. 促进欧盟数字规则标准扩散。促进数据保护、隐私和数据流动、

---

1 "2030 Digital Compass: the European way for the Digital Decade", https://ec.europa.eu/info/sites/default/files/communication-digital-compass-2030_en.pdf，访问时间：2022年8月15日。

人工智能道德规范、网络安全和信任、打击虚假信息和非法网络内容、互联网治理、数字金融和电子政务发展等领域国际标准规范符合欧盟利益。欧盟还将积极为数字治理提供解决方案，如积极参与二十国集团和经济合作与发展组织有关工作，推动达成全球数字税解决方案。

2. 巩固与发展中国家和新兴国家的数字伙伴关系。欧盟委员会将提出数字经济一揽子计划，通过"欧洲团队"倡议（Team Europe Initiatives，TEIs）提供资金，推动发展中国家（特别是非洲）弥合数字鸿沟，推广欧盟的技术和价值观。与此同时，欧盟还将与伙伴国家地区及国际金融机构的合作，探索建立"欧洲团队"倡议的数字连接基金支持有关项目。

3. 开展联合研究。与伙伴国家加强在产业等问题上合作，支持欧盟技术（如6G、量子技术或在应对气候变化和环境挑战中的数字技术使用）的领导地位。

文件还提出，欧盟将以跨大西洋关系为基础，引领建立一个更广泛联盟，共同捍卫互联网的开放和完整，促进数字公平竞争的技术使用，并在多边论坛（如人工智能道德规范）制定标准，通过相互依存和有韧性的供应链促进数字贸易流动，确保网络安全。欧盟委员会、外交和安全政策高级代表将与欧盟成员国合作，设法落实数字外交工作。

3月16日，欧盟理事会宣布，将在2021—2027年为包含人工智能、网络安全等在内前沿尖端技术投资约76亿欧元。该计划将资助五个领域的项目，包括高性能计算22亿欧元、人工智能21亿欧元、网络安全17亿欧元、数字能力和兼容性10亿欧元，以及高级数字技能5.77亿欧元。[1]根据欧盟新的复苏基金条例，成员国的国家复苏计划必须至少拨出20%的预算用于数字转型，才能获得批准，进而能够获得大流行后复苏资金支持。

---

1 "Council approves €7.6B Digital Europe plan for cutting-edge tech", https://www.euractiv.com/section/digital/news/council-approves-e7-6b-digital-europe-plan-for-cutting-edge-tech/，访问时间：2022年8月15日。

2. 欧盟成员国承诺推动绿色和数字化转型

2021年3月19日，在2021年第四届"欧洲数字日"活动上，欧洲国家签署宣言，希望集中力量和资源促进国际互联互通，发展清洁数字技术，改善初创企业监管环境，加快绿色和数字化转型。

27个欧洲国家[1]签署了《欧洲数据网关是欧盟数字十年的关键要素》宣言。宣言指出，欧盟—大西洋数据网关、欧盟—地中海数据网关、欧盟—北海和北极数据网关、欧盟—波罗的海及黑海数据网关具有地缘政治意义，将加强欧盟与非洲、亚洲、欧洲邻国、西巴尔干和拉丁美洲互联互通，重点将放在建设陆地和海底电缆，加强卫星和网络连接，利用欧洲高标准数据保护和高质量的连接水平，将欧洲打造成为全球性的安全敏捷数据中心，向欧盟以外的合作伙伴提供欧盟的数据存储和处理服务。

28个欧洲国家[2]签署了《欧盟绿色和数字化转型》部长宣言，以加速绿色数字技术使用，承诺将加大对绿色数字技术的投资，实现碳中和目标。同时，来自信息通信行业的26位首席执行官加入欧盟绿色数字联盟，承诺采取多种措施减少碳排放，在2040年之前实现碳中和。[3]

• 延伸阅读

部长宣言《欧洲数据网关是欧盟数字十年的关键要素》

1. 在适当情况下，根据欧盟复兴措施基金（Recovery and Resilience Facility，RRF）分配资金，加强与国际入境点的国家联系，或加强私人投资不足的欧盟成员国之间或内部的联系。

1　奥地利、比利时、克罗地亚、塞浦路斯、捷克、丹麦、爱沙尼亚、芬兰、法国、德国、希腊、爱尔兰、意大利、拉脱维亚、立陶宛、卢森堡、马耳他、荷兰、波兰、葡萄牙、罗马尼亚、斯洛伐克、斯洛文尼亚、西班牙、瑞典、冰岛和挪威。

2　奥地利、比利时、塞浦路斯、捷克、丹麦、爱沙尼亚、芬兰、法国、德国、希腊、爱尔兰、意大利、拉脱维亚、立陶宛、卢森堡、马耳他、荷兰、波兰、葡萄牙、罗马尼亚、斯洛伐克、斯洛文尼亚、西班牙、瑞典、挪威和冰岛。克罗地亚和匈牙利在数字日后签署该宣言。

3　"Digital Day 2021: EU countries commit to key digital initiatives for Europe's Digital Decade"，https://ec.europa.eu/commission/presscorner/detail/en/ip_21_1186，访问时间：2022年8月15日。

2. 在数字促进发展中心内开展工作，与欧盟成员国及其开发机构、欧洲私营部门、民间机构和学术界、欧洲投资银行和开发金融机构以及多边开发银行密切协调，确定国际互联互通项目和合作伙伴国家的地方互联互通项目。

3. 提议由"欧洲团队"倡议支持该宣言的目标。

4. 与欧盟委员会一起探讨进一步加强欧洲天基安全连接的可能性。

5. 与欧盟委员会合作，探讨建立海底电缆运营商强制性报告电缆中断情况系统的必要性和设计。

呼吁欧盟委员会：

1. 研究绘制欧盟域外的公共和私人数字连接基础设施（地面、海底和太空）地图。

2. 估算进出世界各地的数据流量。

3. 继续发展泛欧学术网（Géant），包括为海底电缆技术提供研发资金，支持各类互联网接入工具等。

4. 探讨外部合作工具对海底电缆系统和卫星通信网络投资的必要性。

5. 探讨设立数字连接基金的可行性。

6. 确保对第三国的互联互通投资是数字经济合作的组成部分。

7. 指定海底电缆作为欧盟关键基础设施的一部分。

8. 在适当情况下，与国际伙伴开展互联互通合作。[1]

---

3. 欧盟发布人工智能治理新规

2021年4月21日，欧盟委员会发布《关于欧洲议会和欧洲理事会制定人工智能的统一规则（人工智能法）和修改某些联盟立法的提案》（以下简称《人工智能法案》提案），提出将人工智能系统分为四类风险等级，并基于风险制定监管措施，要求成立欧洲人工智能委员会落实新规，加强与成员国的监管合作。该法案也成为欧盟有史以来第一个人工智能的法律框架，但需要获得欧洲

---

[1] "Digital Day 2021: Europe to reinforce internet connectivity with global partners", https://ec.europa.eu/digital-single-market/en/news/digital-day-2021-europe-reinforce-internet-connectivity-global-partners，访问时间：2022年8月15日。

理事会和欧洲议会的批准才能成为正式法律。与此同时，欧盟也计划加强双边人工智能治理合作，如欧盟在其9月发布的《印太合作战略》中提出要同印太地区加强包括人工智能治理在内的数字领域治理合作。美欧在首次技术和贸易委员会联合声明中称，将共同开发和实施符合双方价值观的人工智能系统。

· 延伸阅读 ─────────────

欧盟《人工智能法案》提案关于人工智能系统的风险划分

一是不可接受的风险。即对人们的安全、生计和权利有明显威胁，如将人工智能系统运用于社会评分系统、鼓励威胁行为的语音辅助玩具等。

二是高风险。将人工智能系统用于：可能危害公民生命健康的重要基础设施，如公共运输系统等；教育或职业培训中可决定个人机遇的领域，如考试评分系统；产品的安全零件，如辅助机器人手术；就业及员工管理领域，如招聘简历分类系统；基本的私人及公共服务领域，如信用评分系统可能剥夺公民获得贷款的机会；可能干扰公民基本权利的执法领域，如评估证据的可靠性；移民及边境管理领域，如核验证件真实性；司法及民主程序领域，如将法律条文适用于具体案例。

高风险的人工智能系统在投放市场前，必须遵守严格的风险评估义务：充分的风险评估和缓解措施；提供高质量的数据集，以最大程度地减少风险和歧视；完整记录活动以确保结果可追溯；为政府监管部门提供可评估合规性的详细文件；向用户提供清晰和充分的信息；适当的人为监督措施，以尽量减少风险；高水平的系统稳健性、安全性和准确性。提案还提出，所有远程生物识别系统都属于高风险，必须受到严格监管，原则上禁止以执法为目在公共场所使用。例外情况包括，在得到法院或其他独立机构授权并适当限制使用时间、空间和数据后，人工智能系统可用于搜寻失踪儿童、防范特定或迫在眉睫的恐怖袭击威胁、定位追踪严重刑事犯罪的嫌疑人等。

三是有限风险。此类应遵循特定透明度义务。例如使用聊天机器人系统时，用户需知晓其正在与机器进行交流，并由此做出是否继续进行的相关决定。

四是低风险或无风险。新规允许公民使用对其权利或安全仅构成很小风险的人工智能系统，如使用搭载人工智能技术的视频游戏或垃圾邮件过滤器等应用程序。[1]

（四）英国发布技术战略规划

1. 英国发布《国家人工智能战略》

2021年1月6日，英国人工智能委员会发布了《人工智能路线图》报告，指出英国政府应在具有独特优势的领域推动人工智能的大规模应用，在未来十年乃至更长时期扩大对人工智能投资。该委员会主席由英国人工智能著名企业CogX的联合创始人塔比莎·戈得斯塔布（Tabitha Goldstaub）担任，成员来自产业界、公共部门和学术界。在该路线图基础上，9月22日，英国发布首个《国家人工智能战略》，力争保持英国在未来十年的人工智能和创新强国地位。

· 延伸阅读 —————————————————————————————

英国《国家人工智能战略》简介

2021年9月22日，英国发布《国家人工智能战略》[2]，将长期投资、区域行业均衡、有效治理作为英国人工智能发展三大支柱。

在长期投资方面，英国计划启动"国家人工智能研究和创新计划"加大对人工智能研发和特定应用投资；开展人工智能国际研发合作，与欧洲、美国等开展研发合作，利用海外援助发展与发展中国家伙伴

---

[1] "Regulatory framework proposal on artificial intelligence", https://digital-strategy.ec.europa.eu/en/policies/regulatory-framework-ai，访问时间：2022年9月7日。

[2] "National AI Strategy", https://www.gov.uk/government/publications/national-ai-strategy，访问时间：2022年9月7日。

关系；加大人工智能人才培养和引进力度。出台适当政策确保政府更好获取数据；审查半导体行业，支持人工智能芯片设计，通过《国家安全与投资法》保护英国国家安全，在未来贸易协议中加入新兴技术（人工智能）条款，支持跨境数据流动等。

在区域行业均衡方面，英国将启动鼓励高潜力但低人工智能成熟度部门开发和采用人工智能的计划，通过商业化干预，帮助初创产品和服务获取市场；启动卫生和社会保健领域人工智能国家战略草案；发布《国防部人工智能战略》，建立新的国防人工智能中心等。

在有效治理方面，计划在2022年发布英国关于治理和监管人工智能的白皮书，建立人工智能标准中心，推动英国参与全球人工智能标准制定，参与设立人工智能国际规范；制定政府间算法透明度标准等。

2. 英国调整科技机构设置

2021年3月19日，英国政府宣布投入8亿英镑，成立由世界知名科学家领导的英国高级研究与发明局，旨在筛选并资助高风险、高回报、有快速转化潜力的科学研究，巩固英国的"全球科学大国"地位。英国高级研究与发明局将借鉴美国国防部高级研究计划局等他国成功案例，重点推动互联网、全球定位系统、隐形战斗机等技术的探索和发展。[1]英国高级研究与发明局项目拨款的灵活性和专业性将减少不必要的审批程序，从而加快促进新技术的创新与研发。

6月21日，为实现将英国建设成为一个"科技超级大国"的目标，英国首相鲍里斯·约翰逊宣布将成立国家科学与技术委员会。英国计划在2021—2022年度投资149亿英镑，到2024—2025年度增加到220亿英镑，并承诺到2027年将研发总投资提高到经济产出的2.4%。

1　"Advanced Research and Invention Agency (ARIA): policy statement"，https://www.gov.uk/government/publications/advanced-research-and-invention-agency-aria-statement-of-policy-intent/advanced-research-and-invention-agency-aria-policy-statement，访问时间：2022年9月7日。

· 延伸阅读 ————————————————————————

日本和韩国等提速6G和量子计算等技术研发

2021年1月19日，日本政府在第八次"综合创新战略推进会议"上公开了名为《关于推进量子技术创新》的会议文件，提出将通过量子技术创新协商会和建设量子技术创新基地等方式推动量子技术发展。文件指出，通过由民间团体主导的协商会活动，推动量子技术社会应用领域的开放创新和生态系统；定期召开相关省厅、机构参会的联络会议，以支持各协商会合作，推动量子技术社会应用。通过产学政合作，建设包括基础研究、技术验证、知识产权管理以及人才培育的量子技术创新基地，以强化日本八个不同研发领域基地之间的合作。其中，量子技术创新基地设立于日本理化学研究所（超导量子计算机），其他七个研发基地为东京工业大学（量子传感器）、日本物质材料研究机构（量子材料）、量子科学技术研究开发机构（量子生物技术）、日本情报通信研究机构（量子安全）、大阪大学（量子软件）、日本产业技术综合研究所（量子设备开发）、东京大学—企业联盟（量子计算机的使用与利用）。

4月16日，美国总统拜登与日本首相菅义伟会面。会后双方发表联合声明称，美国投入25亿美元，日本投入20亿美元，投资安全网络和先进信息通信技术，包括5G和6G的研发、开发、测试和部署。

6月18日，韩国政府宣布将在2031年前发射14颗6G通信卫星，希望引领6G卫星通信应用。未来三年，韩国政府将出资支持微型卫星相关研发企业，同时培养专业研究人员，符合条件的公司将获得高达20亿韩元的研发补助。[1]

据媒体8月30日报道，日本信息通信研究机构计划投资200亿日元，建设官民共同研究的设施，以在2030年实现6G商用目标。日本计划在

1　"S. Korea to develop over 100 mini satellites by 2031"，https://www.koreaherald.com/view.php?ud=20210618000626，访问时间：2022年9月6日。

东京都小金井市的日本信息通信研究机构总部内建设研究设施，未来，参与企业可以无偿或只支付电费就能使用该研究设施。[1]

（五）北约及有关国家发布人工智能军事化战略

1. 北约发布《人工智能战略》

2021年，北约加快人工智能军事同盟建设。北约认为，人工智能正在改变全球国防和安全环境，将对北约集体防御、危机管理和合作安全产生深远影响。10月21日，北约国家国防部部长正式同意北约史上首个人工智能战略。该战略的目标有四个：一是鼓励北约和盟国以"负责任的方式"开发和使用人工智能，以实现盟国的国防和安全；二是在盟国能力提升和兵力运输中采用人工智能，增强联盟内互操作性；三是通过"负责任人工智能使用原则"促进国家安全，保护北约的人工智能技术和创新能力；四是识别和防范国家和非国家行为者恶意使用人工智能带来的威胁。战略还概述北约盟国"负责任人工智能使用原则"、合作使用人工智能的方法和减少外部使用人工智能干扰的手段等，提出北约将进一步与国际人工智能标准制定机构合作，帮助促进人工智能军民标准的一致性。[2]10月22日，北约国家签署建立北约创新基金并启动"国防创新加速器"的协议，拟创设10亿欧元的创新资金，投资尖端技术，并在欧洲和北美设立新的总部和测试中心。

2. 北约成员国加快推动人工智能军事化应用

美国等北约成员国加快推动人工智能军事化应用与合作。2021年6月22日，美国国防部正式宣布启动人工智能和数据加速器计划，推动数据共享和人工智

---

1 "日本将投资200亿日元建设6G官民研究设施"，https://cn.nikkei.com/industry/scienceatechnology/45896-2021-08-30-14-35-06.html，访问时间：2022年9月7日。

2 "NATO releases first-ever strategy for Artificial Intelligence"，https://www.nato.int/cps/en/natohq/news_187934.htm，访问时间：2022年9月7日。

能辅助决策。[1]7月14日，美国国防部部长劳埃德·奥斯汀表示，国防部将人工智能投资作为首要任务，并将在未来五年内向国防部高级研究计划局的人工智能项目投资约15亿美元。美国国防部计划借助人工智能等前沿技术建立战略优势，以形成创新和投资相结合的综合威慑模型。美英联合开发应用于军事领域的人工智能技术。10月18日，美国空军研究实验室与英国国防科技实验室，首次展示英美联合开发、选择、培训和部署先进机器学习算法以支持军事行动能力。[2]

　　人工智能军事化速度引发国际社会普遍担忧。2021年底，联合国《特定常规武器公约》第六次审议大会在日内瓦召开，与会各方特别是发展中国家就希望加强自主武器系统的约束和规范。中国首次提交《关于规范人工智能军事应用的立场文件》，呼吁各国通过对话与合作，就如何规范人工智能军事应用寻求共识，构建普遍参与的有效国际治理机制，避免人工智能军事应用给人类带来重大损害。中国认为，"各国在发展人工智能武器系统方面应保持克制，人工智能的军事应用不应成为发动战争和谋求霸权的工具，反对利用人工智能技术谋求绝对军事优势，损害他国主权和领土安全"。[3]

1　"Hicks Announces New Artificial Intelligence Initiative"，https://www.defense.gov/News/News-Stories/Article/Article/2667212/hicks-announces-new-artificial-intelligence-initiative/，访问时间：2022年9月6日。

2　"US and UK research labs collaborate on autonomy and AI"，https://www.gov.uk/government/news/us-and-uk-research-labs-collaborate-on-autonomy-and-ai，访问时间：2022年8月16日。

3　"中国就规范人工智能军事应用发声"，https://world.huanqiu.com/article/45yLR3SlXnX，访问时间：2022年10月1日。

第二章　网络空间大国关系调整

一、美俄网络空间对抗加剧

2021年，美国太阳风公司（SolarWinds）供应链遭网络攻击事件进一步发酵，美国以此为由加大对俄罗斯指责，通过制裁俄企、反对俄方联大提议、限制俄媒发声等手段打出一套组合拳，不断向俄罗斯施压。对此，一方面俄罗斯加大对美国威胁防范，通过加强信息安全战略部署、开展"断网"测试等不断提升网络空间战略防御能力，并对美社交巨头加大监管实施一定回击。另一方面，俄罗斯积极寻求和美国的对话空间，以降低冲突风险。随着美俄首脑通话，两国网络空间对话逐步恢复，双方紧张的网络关系得到一定程度的缓和。但由于信任缺失，双方对话并未取得实质性成果。

（一）美国以俄罗斯发动网络攻击为由实施制裁

1. 美国指责俄罗斯策划太阳风供应链攻击事件

2020年底，美国有关部门发现，黑客利用太阳风公司的网管软件漏洞，攻陷了美国国务院、国防部、国土安全部、商务部、财政部等多个联邦机构。此外，思科、英伟达、英特尔等多家企业也遭到攻击。太阳风公司称，约1.8万名用户遭受网络攻击。2021年1月4日，为美国政府提供网络安全服务的火眼公司（FireEye）称，对太阳风公司的黑客攻击来自美国境内。但美国政府将责任归咎于外国，并剑指俄罗斯。美国国会研究服务处（CRS）当天发布《俄罗斯网军》简报，主要介绍俄罗斯在全球范围内进行虚假信息、宣传、间谍活动和网络攻击的情况。简报称，俄罗斯在其安全和情报机构下建立多个网络部队。其安全机构相互竞争，经常对相同的目标进行类似行动，使网络溯源和动机评估变得困难。[1]

1　"Report on Russian Cyber Units"，https://news.usni.org/2021/01/05/report-on-russian-cyber-units，访问时间：2022年11月30日。

1月5日，美国联邦调查局、国土安全部网络安全与基础设施安全局、国家情报总监办公室和国家安全局发表联合声明，正式指责俄罗斯政府策划针对美国太阳风公司供应链攻击。俄罗斯一直否认参与该攻击，隶属于俄罗斯国家安全局的国家计算机事件协调中心向俄罗斯各组织机构发布警告，要求其提升网络安全，并称"鉴于美国及其盟友一再指控俄罗斯参与组织网络攻击活动，以及威胁将对俄罗斯的关键信息基础设施发动'报复性网络'攻击，建议采取措施提升信息安全"。[1]

2. 俄罗斯释放对话信号

拜登当选美国总统后，俄罗斯开始释放对话信号。2021年1月24日，俄罗斯总统新闻秘书佩斯科夫表示，如美国愿意，俄罗斯准备与拜登政府建立对话，并探讨双方分歧。[2]1月26日，俄罗斯总统普京和美国总统拜登首次通电话，讨论了双边关系发展及全球热点问题。[3]根据俄总统网站公告，普京表示，鉴于俄美在维护世界安全与稳定方面的特殊责任，两国关系正常化符合两国乃至国际社会的利益。[4]美国白宫当天发表声明称，拜登和普京在通话中讨论了两国将《新削减战略武器条约》延长五年的意愿。双方同意就一系列军控和新兴安全议题展开战略稳定讨论。两国领导人同意继续保持"透明且持续"的沟通。[5]2月1日，白宫发言人莎琪在白宫新闻简报会上提到拜登与普京通电话内容。她表示，拜登直接向普京提出美国关注的重要议题，包括俄罗斯黑客攻击美国网络、俄罗斯网军干预美国大选等，拜登政府正在重新评估美国

1　"Russian Government Agency Warns Firms of US Attack", https://www.infosecurity-magazine.com/news/russian-government-agency-warns/，访问时间：2022年11月30日。

2　"俄总统新闻秘书：俄希望与美新政府展开对话"，http://big5.xinhuanet.com/gate/big5/www.xinhuanet.com/world/2021-01/24/c_1127019717.htm，访问时间：2022年11月30日。

3　"普京与美国总统拜登通电话"，http://www.xinhuanet.com/world/2021-01/27/c_1127028863.htm，访问时间：2022年11月30日。

4　"Telephone conversation with US President Joseph Biden", http://en.kremlin.ru/events/president/news/64936，访问时间：2022年11月22日。

5　"Readout of President Joseph R. Biden, Jr. Call with President Vladimir Putin of Russia", https://www.whitehouse.gov/briefing-room/statements-releases/2021/01/26/readout-of-president-joseph-r-biden-jr-call-with-president-vladimir-putin-of-russia/，访问时间：2022年11月30日。

与俄罗斯的关系。[1]

3. 俄罗斯应对美社交巨头封禁贴文账号等限制

在美俄矛盾加剧之际，美国社交巨头着手限制俄罗斯官方媒体发声。2021年3月7日，脸书公司禁止俄新社等多家俄媒发布有关俄安全局逮捕乌克兰激进组织支持者的帖文。3月8日，俄罗斯国家杜马安全和反腐败委员会主席皮斯卡列夫表示，该委员会已起草加强保护俄罗斯信息主权、防止社交媒体平台封禁俄媒发帖的提案。皮斯卡列夫质疑，脸书封禁俄安全局公告的行为，存在支持俄罗斯境内发生的极端新纳粹组织活动的嫌疑，俄罗斯无法接受脸书的相关行为，应依法对此进行评估。俄罗斯国家杜马主席沃洛金认为，脸书等美国互联网公司对俄媒账户进行封锁的做法，侵犯了俄公民基本权利和自由，俄罗斯将采取法律手段对相关公司进行制裁，议会应立法保护俄罗斯新闻机构的权利。[2]3月13日，俄罗斯外交部发言人扎哈罗娃在脸书发文称，"这些平台基本没有统一的管理标准。这是一场语义和技术上的僵局，某些管理员在未经法院或相关主管决定的情况下，就任意和不加区别地审查在线信息内容。美国的目标很明显，其利用提供信息技术服务的机会在所有领域进行不公平竞争"。[3]

· 延伸阅读 ————————————————————

俄罗斯联邦通信、信息技术和大众传媒监督局对推特降速

2021年以来，俄罗斯加大对推特、脸书等社交平台的监管。俄罗

1　"Statement by White House Press Secretary Jen Psaki on President Joe Biden and Vice President Kamala Harris' Meeting with Republican Senators"，https://www.whitehouse.gov/briefing-room/statements-releases/2021/02/01/statement-by-white-house-press-secretary-jen-psaki-on-president-joe-biden-and-vice-president-kamala-harris-meeting-with-republican-senators/，访问时间：2022年11月30日。

2　"Russia's State Duma Has Draft Proposals For Protection Of Cyber Sovereignty-Lawmaker"，https://www.urdupoint.com/en/technology/russias-state-duma-has-draft-proposals-for-p-1187911.html，访问时间：2022年11月30日。

3　"Russia, after Twitter slowdown, accuses U.S. of using IT to engage in unfair competition"，https://www.reuters.com/article/us-russia-usa-technology-idUSKBN2B509B，访问时间：2022年11月30日。

斯政府此前指控上述平台未能删除鼓动未成年民众参加反政府示威的违法贴文。

2021年3月10日，俄罗斯政府宣布，鉴于美国社交媒体平台推特未移除"违法"内容，将开始降低俄国民众连上推特的速度；且若推特仍不配合，将在俄罗斯遭到全面封杀。俄罗斯联邦通信、信息技术和大众传媒监督局表示，根据俄法律，自2017年以来已向推特提出删除涉儿童色情、毒品资讯及诱导未成年人自杀等内容的要求2.8万次，但推特都不予理会。该局还称，推特服务减速将影响俄罗斯所有移动用户，以及50%的台式电脑用户。若推特继续忽视俄罗斯法律，可能面临进一步限制，甚至完全禁用。

11月22日，俄罗斯联邦通信、信息技术和大众传媒监督局要求苹果、谷歌等13家外国科技公司在2022年1月1日起于俄罗斯本土正式设立代表处，否则将面临限制或禁用。该局还表示，俄方将继续放缓本国移动设备上推特的访问速度，直到推特删除所有被视为"违法"的内容。

---

4. 美国对俄罗斯进行制裁并反对俄方联大提议

在对俄"干预选举"和"黑客"事件审查后，拜登着眼于对俄进行报复，打出制裁组合拳。有分析指出，美国国内政治极化倾向严重，但在应对俄罗斯威胁等问题上各方立场相近，拜登团队以网络威胁为由对俄实施制裁，有利于稳定政局。同时，多位美高官公开对俄网络行为表示不满并威胁报复，也为美下一步出台新版网络安全战略政策做铺垫。2021年4月15日，拜登签署行政令，正式就"太阳风"事件、俄干扰美国大选等行为对俄进行制裁。美国政府认定，"太阳风"事件和相关网络间谍活动幕后主使是俄罗斯。根据该行政令，美国财政部禁止美国金融机构在6月14日以后购买俄罗斯央行、国家财富基金或财政部的债券，禁止向这些机构提供贷款。此外，拜登政府驱逐了十名俄罗斯驻美外交使团人员，其中包括"俄罗斯情报部门的代表"，并称他们大多以外交身份为掩护执行情报搜集任务。美国还制裁了六家为俄情报部门提供支持的俄罗斯技术公司，以及32名参与影响2020年美国大选的俄罗斯个人。俄美关系陷入紧张。美国高级官员表示，如果俄罗斯继续对美进行恶意活动，拜登政府将采取进一步措施。此外，美国安全机构仍在就"太阳风"事件对俄罗斯展开调查。[1]

4月23日，俄外交部称，俄方提议围绕防止网络威胁等与美国恢复高层对话。俄外交部称，"我们认为，华盛顿回应俄罗斯总统普京关于在国际信息安全领域恢复俄美对话的提议，可成为双方走向正确道路的第一步"。俄外交部指出，"俄罗斯提议的目的在于采取切实措施重启信息通信技术领域的双边关系，这些措施包括保持高层对话渠道、签署防止信息空间冲突事件的协议、保证互不干涉内政，以及签署各国承担不使用信息通信技术相互发起攻击的全球协议"。[2]

5月27日，联合国大会通过了《打击为犯罪目的使用信息和通信技术行为》决议（第75/282号决议），要求在2023年前起草打击网络犯罪的条约。俄罗斯积极支持在联合国框架下制定打击网络犯罪的全球公约。美国、欧洲和部分非政府人权组织对俄罗斯试图在国际公约中规范网络空间的行为表示强烈反对，认为相关公约可能帮助某些国家封锁互联网访问并加强对用户控制，从而限制言论自由。

• 延伸阅读

俄总统普京呼吁建立国际信息安全的全球性机制

随着美俄等大国在网络空间的战略博弈日益加剧，俄罗斯意识到网络空间国际规则制定权和话语权极为重要。2021年3月26日，普京在审议《俄罗斯联邦国际信息安全领域国家政策原则（草案）》会议上发表讲话，呼吁国际社会团结一致，制定一项管理互联网使用的新协议，

---

1 "Biden administration sanctions Russia for SolarWinds hack, election interference", https://thehill.com/homenews/administration/548367-biden-administration-unveils-sweeping-sanctions-on-russia, 访问时间：2022年11月30日。

2 "俄外交部：俄罗斯提议美国恢复防止网络威胁的专业对话", https://sputniknews.cn/20210423/1033557544.html, 访问时间：2022年11月30日；"Россия предлагает США восстановить диалог по предотвращению киберугроз", https://sputnik.by/20210423/Rossiya-predlagaet-SShA-vosstanovit-dialog-po-predotvrascheniyu-kiberugroz-1047461509.html, 访问时间：2022年11月30日。

为科学研究创造有利条件，使最先进的技术解决方案能够迅速实施，并禁止潜在敌对行动，防范风险，维护网络和平。普京表示，全球数字空间经常成为信息领域激烈对抗的平台，存在着不正当竞争和网络攻击，数字环境被国际恐怖分子和有组织犯罪团体利用。为了各国的可持续发展、预防冲突和在全球信息空间建立互利伙伴关系，有必要共同建立普遍的国际法律条约。俄罗斯应该积极利用科学界、企业界以及俄联邦国际信息安全协会的力量，在俄罗斯境内外搭建新的平台推广俄罗斯做法。[1]

3月26日，俄罗斯联邦安全理事会审议并批准了《俄罗斯联邦国际信息安全领域国家政策原则（草案）》。该原则反映了俄罗斯官方对国际信息安全的看法，指出国际信息安全的主要威胁，明确俄罗斯联邦在国际信息安全领域国家政策的目标、任务及主要实施方向。该原则指出，目前信息通信技术越来越广泛地用于恐怖主义和极端主义。同时，网络技术被运用到军事政治领域，甚至用于干涉主权国家内政。为尽可能地消除网络安全威胁，俄罗斯将加强国际合作，推动建立国际法律制度来规范国家对信息技术的使用以及网络空间中的活动，确保国家网络主权，防止国家间冲突。[2]4月12日，俄总统普京正式签署该原则。

7月27日，据俄罗斯卫星通讯社报道，俄罗斯总检察院新闻处发布消息称，俄罗斯向联合国的特别委员会提交了关于打击网络犯罪和非法使用加密货币的公约草案。俄罗斯总检察院称，俄罗斯成为第一个制定并向联合国提交关于打击信息犯罪的全球公约草案的国家。公告称，该草案新增利用信息通信技术实施犯罪的构成要件，扩大了有关引渡问题和刑事案件法律援助的国际合作范围。[3]

---

[1] "普京呼吁建立全球网络空间新条约"，http://digitalpaper.stdaily.com/http_www.kjrb.com/kjrb/html/2021-03/31/content_465152.htm?div=-1，访问时间：2022年11月30日。

[2] "Russia's Security Council approves draft principles of international cybersecurity policy"，https://tass.com/politics/1270953，访问时间：2022年11月30日。

[3] "俄罗斯向联合国提交全球首份打击网络犯罪公约草案"，https://sputniknews.cn/20210727/1034157792.html，访问时间：2022年11月30日。

（二）美俄重启网络安全对话

1. 美俄首脑会晤谈及网络安全

美俄围绕网络攻击问题开展对话，达成一些共识。2021年5月31日，全球大型肉类加工企业JBS股份有限公司美国分公司遭黑客攻击，导致部分支持北美和澳大利亚信息系统的服务器受到影响。[1]6月1日，白宫发言人卡琳·让-皮埃尔称，JBS公司向美国政府表示，发动此次攻击的黑客组织可能位于俄罗斯，白宫正就这一问题与俄罗斯政府进行沟通，美国联邦调查局也正就此事件展开调查。对此，6月2日，俄罗斯副外长里亚布科夫表示，俄美一直在就JBS网络攻击问题保持接触。[2]6月9日，俄罗斯外长谢尔盖·拉夫罗夫表示，俄美就JBS和科洛尼尔管道运输公司（Colonial Pipeline）遭黑客网络攻击一事已经达成共识，这有助于两国在该领域展开对话。[3]

6月16日，拜登和普京在瑞士日内瓦举行会晤。这是拜登执政之后两国首脑首次见面。会上，两国首脑讨论了网络黑客攻击等问题。普京提出了一个恢复网络安全联系的计划，称俄罗斯和美国需要恢复各个层面的接触，包括通过"2+2"外长和防长会议等形式开展对话。普京对俄罗斯管道潜在的勒索软件攻击风险表达类似担忧，并表示两国可能在未来6—12个月内进一步澄清立场。拜登在日内瓦会晤后暗示，美国在应对关键基础设施遭受勒索软件攻击方面取得了一些进展，美俄可能会在2022年开始"一些网络安全秩序的布局"。拜登称，负责任的国家需要对在其领土上进行的勒索软件犯罪活动采取行动，同意让两国专家就禁止哪些进攻性行为达成具体谅解，并对发生在其他国家的具体案件采取后续行动。[4]

---

1 "世界肉企巨头美国分部遭'黑'"，http://www.xinhuanet.com/world/2021-06/02/c_1211182409.htm，访问时间：2022年11月30日。

2 "黑客来自俄罗斯？全球最大肉食品加工商JBS遭网络攻击，俄副外长：俄美正就此事保持接触"，https://world.huanqiu.com/article/43NG8TiaqoK，访问时间：2022年11月30日。

3 "俄外长：俄美双方就美国两公司遭黑客攻击的事件达成一致"，http://m.news.cctv.com/2021/06/09/ARTIN1PUTQ9JZLGwPzKvre6L210609.shtml，访问时间：2022年11月30日。

4 "Biden tells Putin certain cyberattacks should be 'off-limits'"，https://www.reuters.com/technology/biden-tells-putin-certain-cyber-attacks-should-be-off-limits-2021-06-16/，访问时间：2022年11月30日。

俄罗斯国际事务委员会（RIAC）主任安德烈·库尔图诺夫认为，本次会晤具有重要象征意义，因为它让俄罗斯与美国平起平坐。很显然，普京相信美国是对俄罗斯不怀好意的敌对国家，但作为一个理性的政治家，普京希望减少与美国对抗带来的成本和风险。最新一轮制裁限制了俄罗斯政府筹集资金的能力，而新的制裁措施可能会给俄罗斯经济增加压力。[1] 日内瓦安全政策研究中心主任、前欧洲安全与合作组织秘书长托马斯·格雷明格认为，这次峰会为双方恢复"冷静对话"提供了机会，将给美俄关系提供更具建设性的动力。美国外交学会会长理查德·哈斯指出，对美国而言，此次峰会的目标不在于双方能否实现共同成果，防止局势恶化也是外交层面的目标。俄罗斯政治信息中心主任阿列克谢·穆欣表示，俄美双边政策不会发生急转弯，"华盛顿与莫斯科间的一场长期博弈才刚刚开始"。[2]

6月23日，俄罗斯联邦安全局局长博尔特尼科夫在第九届莫斯科国际安全会议的开幕词中表示，作为两国总统之间协议的一部分，俄罗斯将与美国在勒索软件黑客追踪领域开展合作。[3]6月24日，俄罗斯联邦安全会议秘书尼古拉·帕特鲁舍夫在莫斯科国际安全会议上表示，2020年俄罗斯发生超12万次针对关键基础设施的网络攻击，其中大部分来自美国、德国和荷兰境内，攻击目标主要针对俄罗斯国家机构、军工综合体、卫生、交通、科学和教育等设施。帕特鲁舍夫认为，西方已通过北约正式宣布网络空间为军事行动场所，但仍毫无根据地指控俄罗斯对西方国家进行网络攻击。他敦促各国形成"非政治化合作"，以"建立全球性的国际信息安全体系"。[4]俄政府6月初曾表示，俄方向美国提出的关于询问网络攻击的所有信息，均未获得任何回复。[5]可见，俄美虽恢复接触，但在网络安全问题上仍未取得实质性成果。

---

1 "Biden and Putin: A Quest for Engagement in Geneva"，https://www.institutmontaigne.org/en/analysis/biden-and-putin-quest-engagement-geneva，访问时间：2022年11月30日。

2 "首脑会晤难解美俄深层次矛盾"，http://www.xinhuanet.com/world/2021-06/17/c_1127571510.htm，访问时间：2022年11月30日。

3 "Russia to work with US on identifying hackers as part of an agreement, FSB chief says"，https://tass.com/politics/1306101，访问时间：2022年11月30日。

4 "Many cyber attacks on Russia in 2020 came from US, Germany, Netherlands—security chief"，https://tass.com/politics/1306697，访问时间：2022年11月30日。

5 "俄官员：俄去年基础设施遭12万次网络攻击大部分来自美国等三国"，https://m.yzwb.net/wap/news/1430008.html，访问时间：2022年11月30日。

2. 美国向俄罗斯网络安全行业施压

2021年6月30日，美国联邦调查局、国家安全局、网络安全与基础设施安全局和英国国家网络安全中心发布联合报告，称自2019年以来，俄罗斯联邦总参谋部情报总局（GRU）对全球数百个组织发动持续的网络攻击。报告称，俄罗斯联邦总参谋部情报总局是实施高级可持续威胁（APT）攻击的组织。在过去两年，该机构对目标对象进行"暴力入侵尝试"，遭遇黑客攻击的组织主要位于美国和欧洲，其中包括美国国防部等政府和军事机构，以及政治团体、智库、国防承包商、能源公司、物流公司、媒体、律师事务所和高等教育机构等。黑客能够访问这些组织的电子邮件等账户，并进行初始访问、关闭网络防护等。该报告警告称，黑客在获得远程访问权限后，通过组合利用战术、技术和程序（TTPs）在目标网络中进行横向移动、逃避防御，并收集更多信息。[1]

7月9日，拜登与普京通电话讨论打击网络犯罪等问题。根据白宫公布的谈话纪要，"美总统拜登着重指出，俄罗斯必须采取行动，瓦解在俄罗斯境内运作的勒索软件团伙，并表示他将致力于与俄方就此保持沟通，美方将采取一切必要行动来保护美国民众和关键基础设施的安全"。[2]另据克里姆林宫网站当天发表的声明，两国领导人在通话中就双方上月在瑞士日内瓦会晤期间谈及的信息安全与打击网络犯罪问题继续进行对话。双方强调在网络安全领域进行实质性、建设性合作的必要性。就近期有关一系列针对美方的网络攻击或源自俄罗斯境内的报道，普京表示，近一个月来美方相关部门并没有就这些问题与俄方进行沟通。俄方愿与美方共同开展行动，打击网络犯罪行为。普京表示，俄美双方应在信息安全领域展开长期、专业的协作，不搞政治操弄，相关协作应在双边法律机制框架内进行，并符合国际法相关条款。[3]

为遏制俄罗斯网络攻击行动，美国对俄罗斯网络安全行业进行新一轮打

1　"US, UK agencies warn Russian hackers using 'brute force' to target hundreds of groups"，https://thehill.com/policy/cybersecurity/561138-us-uk-agencies-warn-russian-hackers-using-brute-force-to-target-hundreds，访问时间：2022年11月30日。

2　"Байден и Путин поговорили по телефону"，https://lenta.ru/news/2021/07/09/bipu/，访问时间：2022年11月30日。

3　"俄美总统通电话讨论打击网络犯罪等问题"，http://www.xinhuanet.com/2021-07/10/c_1127640626.htm，访问时间：2022年11月30日。

击。7月16日，美国商务部将六家俄罗斯公司列入实体清单，称其开展数字间谍等"侵略性和有害"活动对美国国家安全和外交利益构成风险。美国商务部称，这六家公司在技术上支持俄罗斯情报服务，已于2021年4月受到美国财政部的制裁。但俄罗斯否认美国指控。此次商务部的最新制裁意味着美国公司向俄出售产品必须获取许可证。[1]

3. 俄罗斯《主权互联网法》生效与Runet"断网"测试

在美方持续施压下，俄罗斯加紧防范美国极端情况下的"断网"威胁。2021年1月1日，俄罗斯《主权互联网法》全面生效。根据该法，俄罗斯有权决定所有俄罗斯服务供应商的互联网流量规则，俄政府的基建设备将控制网络之间数据流动的分布和方向，并限制数据向国外传输。该法要求俄供应商安装由俄罗斯联邦通信、信息技术和大众传媒监督局提供的特殊设备，所有数据传输都需经过该设备。该设备能检测数据源，并阻止不允许的数据源。同时，供应商必须定期参加培训，以识别威胁并制定措施，恢复Runet的运行能力。同时，该法提出开发一个国家域名系统，在Runet被国外封锁的情况下使用。Runet是俄罗斯出于国家网络防御目的而构建的一个脱离全球互联网的内部局域网，此前，俄罗斯相关部门多次进行"断网"测试并取得成功。

2月1日，俄罗斯联邦安全会议副主席梅德韦杰夫在接受俄媒采访时表示，俄罗斯已从技术和立法层面为断开全球互联网做好了准备，不过目前还看不到任何需要断开互联网的迹象。梅德韦杰夫表示，当前互联网主要管理权在美国，因此如果发生某些紧急情况，不排除将断开与全球互联网的连接。[2]2月14日，普京在会见国内媒体时表示，不排除在外国针对俄罗斯采取敌对行动时切断外国互联网服务。普京表示，"如果敌对行动已经存在，那么我不排除（'断网'）这种情况"。他指出，俄罗斯有自己的服务，比如"Yandex和其他工具"，储蓄银行也发展得"很不错"，某些云服务已超越其他国家。他强调

---

1 "Biden battles Russian hacking groups with restrictions on IT firms"，https://www.reuters.com/technology/us-restricts-sales-russian-it-security-firms-other-entities-2021-07-16/，访问时间：2022年11月30日。

2 "俄安全会议副主席：已从技术上为断开互联网做好了准备"，http://www.chinanews.com/gj/2021/02-01/9402004.shtml，访问时间：2022年11月30日。

说，俄罗斯将会对某些来自外部的直接攻击做出反应。[1]

为加强"断网"风险防范，6月15日—7月15日，俄罗斯进行了国家局域网Runet的运行能力测试。本次测试的主要目的是为了检验俄罗斯国家局域网Runet在受到外部封锁、攻击，甚至与全球互联网完全断开情况下的运行能力，俄罗斯四大网络运营商均参加了测试。俄罗斯政府7月21日证实，初步数据显示测试非常成功，且未对普通互联网用户造成干扰。[2]

但俄罗斯政府没有透露2021年"断网"测试的任何技术细节，只是透露政府测试了几种"断网"场景，包括模拟遭到国外敌对网络攻击的场景。俄通信部称，测试是在专门指定的网络上进行，普通网络用户对"断网"没有任何察觉。俄通信部副部长索科洛夫表示，"我们的目标是任何情况下，在俄罗斯领土上提供不间断的互联网服务。此次测试结果表明，政府机构和通信运营商已做好有效应对威胁，同时确保互联网和通信有效运作的准备"。

4. 俄罗斯加强信息安全战略部署

俄罗斯进一步加强顶层设计，完善国家信息安全战略部署。2021年7月3日，俄罗斯公布新版国家安全战略，对俄罗斯面临的安全问题进行总体规划。[3]该战略将信息安全列为保障俄国家安全的九大战略优先方向之一，首次将发展安全的信息空间、保护社会免受破坏性的信息侵害列为国家利益，明确俄罗斯信息安全的目标是确保俄罗斯联邦在信息空间的主权。该战略提出，外部势力试图在信息空间扰乱俄罗斯，俄必须增强自主性和对抗性，确保信息空间主权。主要举措包括防止虚假信息泛滥和恶意行为体的信息操纵、确保关键信息资源和基础设施安全、发展对抗性力量维护信息空间主权、打击网络犯罪、加

1　"Путин не исключил отключения иностранных интернет-сервисов в случае «враждебных действий»"，https://www.kommersant.ru/doc/4691887，访问时间：2022年12月1日。

2　"Russia 'Successfully Disconnected' From World Wide Web in Tests—RBC"，https://www.themoscowtimes.com/2021/07/22/russia-successfully-disconnected-from-world-wide-web-in-tests-rbc-a74581，访问时间：2022年12月1日。

3　"Указ Президента Российской Федерации от 02.07.2021 № 400 'О Стратегии национальной безопасности Российской Федерации'"，http://publication.pravo.gov.ru/Document/View/0001202107030001?index=0&rangeSize=1，访问时间：2022年12月1日。

强多主体合作等。此外，战略明确提出俄将在信息安全领域采取非对称手段遏制对手的攻击和制裁。[1]

5. 美俄举行战略稳定磋商会议

2021年7月27日，美国总统拜登上任以来首次在国家情报总监办公室（ODNI）听取工作简报。会后拜登向国家情报总监海恩斯以及大约120名美国情报界代表发表演讲称，他已经听取了"关于俄罗斯传播2022年中期选举相关虚假信息"的简报，并称"这纯粹是对我们主权的侵犯"。拜登一再提到普京，并在讲话中暗示，俄罗斯疲软的经济使得普京在网络领域"更加危险"。拜登称，已经看到勒索软件攻击等网络威胁对现实世界的影响越来越大，并认为网络入侵将可能把美国拖入一场真正的战争。[2]

7月28日，美国与俄罗斯代表在瑞士日内瓦举行战略稳定磋商会议。美国常务副国务卿舍曼和俄罗斯副外长里亚布科夫分别率团出席对话。此次会晤在两国多方面呈现紧张局势的背景下举行。根据美国国务院在对话结束后发表的声明，这次会议是美俄战略稳定对话的开端，双方进行了"专业性、实质性"的讨论。美方讨论了美国的政策重点和当前的安全环境、对战略稳定威胁的认知、新型核军控的前景，以及未来战略稳定对话的会议形式。俄罗斯外交部发表声明说，根据两国总统指示，双方就维护战略稳定的方针、军控前景和降低风险的措施进行了全面讨论。[3]

9月30日，美国与俄罗斯代表在瑞士日内瓦举行双边战略稳定对话第二次会议，并在会后就对话成果发表联合声明。声明称，美俄同意成立跨部门专家工作组：未来军备控制原则和目标工作组与具有战略影响的能力和行动工作组。双方还同意推动两个工作组会晤，并在之后举行第三次全体会议。俄罗斯副外

---

1 "УказПрезидентаРоссийскойФедерацииот 02.07.2021 г. № 400 'О Стратегии национальной безопасности Российской Федерации'", http://www.kremlin.ru/acts/bank/47046，访问时间：2022年12月1日。

2 "Biden says Russia spreading misinformation ahead of 2022 elections", https://thehill.com/homenews/administration/565121-biden-says-russia-spreading-misinformation-ahead-of-2022-elections，访问时间：2022年12月1日。

3 "Russia, US launch cybersecurity dialogue, three rounds already held, says diplomat", https://tass.com/politics/1320507，访问时间：2022年12月1日。

长里亚布科夫在会谈结束后表示，虽然两国在战略认知、核武器政策甚至对方意图解读等方面仍存在诸多分歧，但双方都希望进一步推进会谈进程。[1]

（三）美俄网络博弈"边打边谈"

1. 俄罗斯就国家杜马选举遭网络攻击向美讨要说法

美俄尽管保持网络安全对话，但矛盾并未平息。战略稳定磋商会议之后，双方持续公开指责对方实施网络攻击。2021年9月14日，美国联邦调查局副局长保罗·阿巴特在情报和国家安全峰会的一个小组会议上表示，尽管拜登政府做出了外交上的努力，但"没有迹象"表明俄罗斯政府已采取措施阻止网络犯罪分子对美国进行勒索攻击。[2]

9月20日，俄罗斯驻美国大使馆在社交媒体上发表声明称，俄方期待美国政府就俄在国家杜马选举期间遭美方网络攻击一事，给出详尽解释。俄驻美大使馆表示："美国国务院毫无根据地指责于9月17—19日举行的俄国家杜马选举'不自由和不透明'。鉴于此，我们强调，俄罗斯民众意志的表达完全符合俄国内法律和国际法规范，任何诽谤诋毁都是不能容许的。"俄方指出，在本届选举期间，俄中央选举委员会遭到前所未有的网络攻击。其中50%的攻击来自美国境内，攻击目的是破坏俄罗斯选举制度。[3]国家杜马是俄常设立法机构，由450名代表组成。此次国家杜马选举从2021年9月17日持续至9月19日，选举过程中，俄多次指责美国干涉俄选举进程。9月20日，俄外交部发言人扎哈罗娃还指控谷歌和苹果公司在选举背景下直接妨碍俄法律实施。[4]

1　"美俄举行战略稳定对话第二次会议"，http://news.cn/world/2021-10/01/c_1127922897.htm，访问时间：2022年11月30日。

2　"Top FBI official says there is 'no indication' Russia has taken action against hackers"，https://thehill.com/policy/cybersecurity/572184-top-fbi-official-says-there-is-no-indication-russia-has-taken-action，访问时间：2022年11月30日。

3　"俄媒：俄就国家杜马选举遭网络攻击向美讨说法"，http://www.cankaoxiaoxi.com/world/20210922/2454567.shtml，访问时间：2022年11月30日。

4　"俄杜马选举期间遭美方网络攻击"，https://m.gmw.cn/baijia/2021-09/22/1302592774.html，访问时间：2022年11月30日。

2. 美俄就网络安全问题在联合国交锋

2021年9月22日，美国总统拜登在联合国大会的首次讲话中重申了美政府在全国范围内对网络安全采取的做法，其中包括"加强美国关键基础设施防护以抵御网络攻击，打击勒索软件犯罪活动，并努力为所有国家建立明确的路线规则"。拜登还重申，美国将对威胁美国人民、盟友或利益的网络攻击做出回应。[1]四天后，俄罗斯外交部部长拉夫罗夫发表声明谈到在联合国层面确保"国际信息安全"，强调制定使用信息通信技术时负责任的国家行为规则，以及制定打击网络犯罪的普遍公约。他指出，联合国制定这些程序"不应基于某人的特殊规则，而应基于普遍协议，允许以基于事实的透明方式审查任何问题"。[2]

3. 俄罗斯要求大型外国互联网公司在俄设立代表处

2021年11月22日，俄罗斯要求苹果、谷歌、推特等13家外国公司于2022年1月1日起在俄罗斯正式设立代表处，在监管机构的网站上开设账户，并设立与俄罗斯用户互动的反馈渠道，否则将可能被限制或禁止开展广告业务、数据收集、资金转移等。[3]此前，6月23日，俄罗斯联邦委员会通过了《关于外国人在俄罗斯联邦境内的信息和电信网络活动法》。根据法案，凡是在俄罗斯拥有50万以上订阅用户的互联网公司，须在俄罗斯设立分支机构、代表处或者子公司。托管服务提供商、广告运营商以及其他网络信息发布商也须遵守该规定。对于不遵守该法案的数字企业将被俄罗斯限制运营甚至完全封锁。7月1日，俄罗斯总统普京正式签署该法。

1　"Remarks by President Biden Before the 76th Session of the United Nations General Assembly"，https://www.whitehouse.gov/briefing-room/speeches-remarks/2021/09/21/remarks-by-president-biden-before-the-76th-session-of-the-united-nations-general-assembly/，访问时间：2022年11月30日。

2　"Russian Federation H.E. Mr. Sergey Lavrov, Minister for Foreign Affairs"，https://gadebate.un.org/en/77/russian-federation，访问时间：2022年11月30日。

3　"Moscow tells 13 mostly U.S. tech firms they must set up in Russia by 2022"，https://www.reuters.com/markets/europe/moscow-says-13-foreign-tech-firms-must-be-represented-russian-soil-by-2022-2021-11-23/，访问时间：2022年11月30日。

4. 美俄保持网络对话并重申网络立场

自2021年6月在日内瓦举行的首脑会晤以来，美俄双方就重启军备控制谈判、开展网络安全双边讨论等议题进行接触。但是，要把对话转化为切实行动并不容易。俄罗斯曾告诫称，使细节具体化并取得切实进展的难度会大得多；美方则称，希望俄方在打击网络犯罪方面采取实质性行动。

11月6日，俄罗斯常驻联合国日内瓦办事处副代表别洛乌索夫参加联合国大会第一委员会会议表示，俄罗斯希望与美国继续开展网络安全合作。他指出："通过关于全球网络安全的决议草案是一项重大成就。俄方希望在筹备会议、讨论全球网络安全问题以及使用信息通信技术方面，与西方伙伴的互动将继续以类似联合国大会第一委员会会议之前使用的方式进行。"别洛乌索夫还欢迎俄罗斯、中国和美国恢复共同起草太空决议的工作。联合国大会第一委员会于11月3日未经投票通过了俄美关于网络空间行为规则的决议草案。[1]早在10月，俄罗斯和美国就向联合国大会提交了该联合决议草案[2]，该草案由50多个国家共同发起，其主要内容：一是重申和平使用信息通信技术、防止将信息通信技术用于犯罪和恐怖主义目的，以及防止网络空间冲突的原则；二是制定关于负责任国家行为的额外规范，包括额外的约束性义务；三是建议所有联合国成员国在使用信息通信技术时，以2019—2021年联合国信息安全开放性工作组和联合国信息安全政府专家组的两份最终报告为指导，支持联合国信息安全开放性工作组在2021—2025年开展工作。俄罗斯外交部还表示，之所以能够采取这种"不同寻常的操作"，是因为两国能够把政治分歧搁置一边，采取务实的、建设性的方式。

12月7日，美俄首脑举行视频峰会，普京和拜登强调双方进行网络安全对话的重要性，表示愿意继续在刑事诉讼和打击网络犯罪领域开展务实合作。[3]12月

---

1 "Russia looks forward to continuing cybersecurity cooperation with US, diplomat says"，https://tass.com/politics/1358169?utm_source=mailchi.mp&utm_medium=referral&utm_campaign=mailchi.mp&utm_referrer=mailchi.mp，访问时间：2022年12月1日。

2 "Press review: Russian-US cybersecurity bid at UN and Moscow stresses Bosnia's NATO doubts"，https://tass.com/pressreview/1350667，访问时间：2022年12月1日。

3 "Встреча с Президентом США Джозефом Байденом"，http://kremlin.ru/events/president/news/67315，访问时间：2022年11月30日。

10日，俄罗斯副外长里亚布科夫表示，"双边网络谈判正在以工作模式进行"。[1]

12月16日，俄罗斯总统信息安全领域国际合作问题特别代表、外交部特使克鲁茨基赫表示，俄罗斯正积极邀请欧盟开始就网络安全问题举行集体磋商。据悉，俄罗斯已与法国、荷兰、德国就网络安全问题进行了全面磋商。

12月29日，俄罗斯外交部副部长瑟罗莫洛托夫提议制定关于互联网治理的国际协议，他表示，俄罗斯支持各国平等参与互联网国际治理，维护各国管理互联网的国家主权，并就国家间的互联网管理规定展开磋商。目前国际电信联盟（ITU）正在讨论这一议题。此前他表示，俄罗斯将继续维护全球信息安全体系建设，倡导互联网治理国际化，推动在该领域建立公平合作。同时他还强调，在新冠疫情背景下，扩大国际信息安全领域合作变得更加紧迫。

二、美欧数字领域分歧与合作并存

特朗普任期内，跨大西洋关系急剧倒退。拜登上台后着手修复跨大西洋关系，将重振联盟体系视为重要核心战略。2021年2月19日，拜登出席慕尼黑安全会议，称美国与欧洲国家伙伴关系是"应对21世纪全球挑战的基石"，并称美欧应加强联合促进网络空间规则制定。[2] 为重建与欧洲盟友的信任，美国与欧盟及欧洲国家积极开展双多边接触，其中，解决数据跨境流动分歧成为美欧关系修复的重要突破口。与此同时，近年来欧洲数字经济竞争力不足，其数字市场的利润空间长期被以美国企业为主的大型数字平台企业所垄断，对美数字贸易处于逆差。为此，欧盟及欧洲国家通过推进立法、完善监管规则、发起调查诉讼等进一步扎紧欧洲数字领域监管篱笆，对美国科技巨头多年在欧洲的恶性竞争行为做出强硬回应。

---

1 "Russian-US dialogue of information security proceeding in working mode-senior diplomat"，https://tass. com/politics/1374059?utm_source=mailchi.mp&utm_medium=referral&utm_campaign=mailchi.mp&utm_referrer=mailchi.mp，访问时间：2022年12月1日。

2 "Remarks by President Biden at the 2021 Virtual Munich Security Conference"，https://www.whitehouse.gov/briefing-room/speeches-remarks/2021/02/19/remarks-by-president-biden-at-the-2021-virtual-munich-security-conference/，访问时间：2022年10月19日。

（一）美欧就数据跨境流动问题加强对话协调

1. 美欧数据跨境流动分歧的由来

美欧在数字技术和产业发展水平上存在差距，数字经济领域长期存在结构性失衡和监管理念分歧，双方在数据跨境流动规则等问题上的摩擦日益突出。欧洲大量数据流向了美国大型科技企业，引发欧盟对数据主权问题的担忧，促使欧盟加强对境内个人数据向境外传输的严格监管。美国则主张个人数据跨境自由流动，维持美国企业竞争优势。美国主要采取行业自律辅助政府监管的方式保护个人数据隐私。美欧在数字领域的利益冲突和监管理念分歧导致双方谈判复杂化。

欧盟与美国曾于2000年12月签署《安全港协议》（Safe Harbor），该协议旨在确保美企达到欧盟数据保护标准，同时维持美国长期以来采用的行业自律机制。谷歌、脸书等数千家美国科技公司的欧洲运营模式受该协议保护，可将欧洲用户数据传输美国。

2013年美国"棱镜门"事件曝光，《安全港协议》在保护公民数据隐私方面的不足引发质疑。同年，奥地利律师、隐私活动家马克斯·施雷姆斯（Max Schrems）向脸书欧洲总部所在地爱尔兰的数据保护委员会提出申诉，控告脸书非法追踪用户数据并参与美情报机构的监控计划。起初，爱尔兰数据保护委员会以《安全港协议》已认定美国提供了"充分性保护"为由，驳回了施雷姆斯的申诉。随后施雷姆斯上诉至爱尔兰高等法院，美欧关于《安全港协议》的争端进一步发酵。爱尔兰高等法院首次对美国监控事件做出否定评价，进一步提出对《安全港协议》合法性的质疑，并提交欧盟法院预先裁决。2015年10月15日，欧盟法院做出判决支持施雷姆斯的申诉，裁定《安全港协议》无效。

施雷姆斯案推动欧盟司法体系对美国全球监控事件所暴露的数据保护不足问题进行重新审视。之后，该案件进入第二阶段，其核心争议点是数据跨境传输的标准合同条款（Standard Contractual Clause，简称SCC）机制是否具备充分性保护。爱尔兰数据保护机构和高等法院最终认定标准合同条款机制无法为欧盟公民个人数据流转至美国提供充分性保护。

在案件审理过程中，2016年2月，美欧《隐私盾协议》（Privacy Shield）作为替代性机制迅速生效。该协议允许获得"隐私盾"认证的公司可在欧盟与美国之间自由传输个人数据，要求执法人员和国家安全官员使用来自欧洲的个人数据时应遵循的"明确的限制、安全和监督机制"。该协议制定了美欧互联网公司对用户个人数据互相传输的运作框架，进一步收紧了美欧数据跨境转移标准，但依旧未能解决美欧数据流动的结构性不平等问题。2018年3月23日，美国颁布《澄清境外数据合法使用法案》（Clarifying Lawful Overseas Use of Data Act，简称CLOUD法案），对境外数据确立"长臂管辖权"，这令欧盟在全球科技和产业竞争中陷于更加不利的地位。

2018年5月25日，欧盟《通用数据保护条例》正式生效。新条例拓展了有关网络用户数据的定义范围，除了姓名、证件号码、地址和网络IP地址等常规个人信息，还将反映种族、宗教信仰甚至性取向的信息都纳入了保护范围。条例赋予了用户"被遗忘权"、数据"可携带权"等权利，大幅增强了对个人数据的保护。该条例全面加强了欧盟所有网络用户的数据隐私权利，明确提升了企业的数据保护责任，并显著完善了有关监管机制；任何收集、传输、保留或处理涉及欧盟成员国个人数据的机构组织均受该条例的约束。针对违规行为，新条例的处罚力度极大。理论上，违规企业最高可能受到2000万欧元或全球营业额4%（以较高者为准）的罚款。事实上，《通用数据保护条例》出台后，《隐私盾协议》已满足不了欧盟新监管标准的实际需求。

2020年7月16日，欧盟法院颁布了施雷姆斯案第二阶段的判决，并以违反欧盟《通用数据保护条例》且未能充分保护欧洲公民隐私为由，裁定《隐私盾协议》无效，在无法确保美国个人数据隐私保护水平达到欧洲要求之前，欧盟的个人数据保护机构必须暂停或禁止个人数据传输。受此判决影响，在"隐私盾"框架下获得认证的美国公司无法继续通过该协议将欧盟用户的个人数据传输到美国。

2. 美欧围绕数据跨境流动问题开展对话

《隐私盾协议》被判无效一事将美欧数据跨境流动议题的讨论再次推向高潮。2021年拜登上台后，美国和欧盟在技术层面推进谈判，核心议题是在美欧《隐私盾协议》失效后，如何解决美欧数据跨境流动问题。

1月28日，美国务卿布林肯与欧盟外交与安全政策高级代表博雷利通话，双方讨论了修复、重振、提升美欧关系的问题。布林肯强调，美国希望与欧盟及成员国合作共同解决跨大西洋数据流动及经济合作等问题。

综合考虑《通用数据保护条例》的新要求以及欧盟法院对美欧数据跨境流动争议的判决，6月4日，欧盟委员会颁布了两套新版数据跨境传输标准合同条款，一套适用于数据控制者和处理者之间，另一套适用于向第三国传输个人数据。新条款综合考虑了《通用数据保护条例》的新要求以及法院对施雷姆斯案第二阶段的判决过程，在保护公民数据隐私的同时，为企业提供符合数据安全传输要求的标准化模板，通过约定数据传输方和数据接收方的义务，以保护数据主体的权利。新条款主要创新点包括：根据《通用数据保护条例》进行更新，增加了透明度义务和更详细的数据主体权利条款；涵盖更广泛的数据传输场景；使用模块化形式便于多方参与；根据欧盟法院对施雷姆斯案判决，增加"数据传输影响评估"要求等。根据欧盟委员会的执行决定，两套新版条款于2021年6月27日开始生效，2022年12月27日之后则不可再根据旧版标准合同模板将欧盟公民个人数据传输到第三国。

（二）美欧数字市场监管冲突加剧

1. 欧盟强化数字主权加强对美企数据监管

欧盟是数字主权概念的主要倡导者，其将保护欧盟数字隐私和安全，减少对欧盟境外互联网企业的数字依赖，并增强欧盟在数字领域的自主性、竞争力和话语权，维护欧盟单一数字市场等作为重要目标。欧洲议会在2020年7月发布的《欧洲的数字主权》报告中，明确将数字主权界定为"欧洲在数字世界的自主能力"，并从"构建数据框架""促进可信赖的环境""建立适应竞争和监管规则"三个方面提出加强欧洲数字主权的倡议。[1]

2021年3月1日，德国总理默克尔联合爱沙尼亚、丹麦、芬兰政府首脑致信欧

---

1 "Digital Sovereignty for Europe"，https://www.europarl.europa.eu/RegData/etudes/BRIE/2020/651992/EPRS_BRI (2020) 651992_EN.pdf，访问时间：2022年9月25日。

委会主席冯德莱恩，呼吁欧盟必须采取措施加强欧盟的数字主权。[1]四位首脑在信中指出，欧盟需要在人工智能、量子计算、云产品和新网络技术等领域采取行动，同时明确表示支持欧委会更加严格地监管脸书、谷歌、亚马逊等美国互联网企业。信中还提出增强欧盟数字主权的行动计划，包括打造欧盟自主的数字评估体系，促进数字技术发展并确保欧洲主权、安全、竞争力和领导地位等。

为维护欧洲数字主权，欧盟与欧洲国家纷纷瞄准美国科技巨头，出台多项监管举措，旨在破除美国大型数字平台在获得关键竞争数据上的垄断地位，促进市场有效竞争。2021年1月14日，欧盟最高法院总检察长米哈尔·波贝克（Michal Bobek）发布一项建议称，任何欧盟国家都可以就违反跨境数据隐私规则对脸书等互联网公司采取法律行动。这一初步意见主要针对比利时数据保护局就脸书非法收集互联网用户数据提起诉讼而制定。

2月17日，意大利竞争与市场管理局宣布，由于脸书未将个人资料的收集方式、个人资料的商业用途等告知用户，在个人资料保护上存在误导行为，决定向其开出700万欧元的罚单。6月15日，欧盟法院发布公告称，在一定条件下，欧盟27国数据隐私监管机构均可对包括谷歌、推特、脸书和苹果等美国大型互联网公司采取行动，进行监管。多家媒体分析认为，美国大型互联网公司或在欧洲面临更多的诉讼和罚款。按照欧盟规则，由于美国大型互联网公司均将其总部设在税率较低的爱尔兰，故隐私数据监管和执行等机构均为爱尔兰监管部门。此次欧盟法院公告在一定意义上赋予了其他欧盟国家对美国互联网公司的监管权。

7月16日，卢森堡国家数据保护委员会裁定亚马逊对用户数据的处理违反了欧盟《一般数据保护条例》，对亚马逊处以7.46亿欧元的罚款。11月23日，意大利竞争与市场管理局发布声明称，对亚马逊和苹果公司罚款超2亿欧元，理由是这两家公司涉嫌在产品销售中进行反竞争勾结。11月26日，意大利竞争与市场管理局宣布由于谷歌和苹果公司存在数据收集和使用不透明的行为，违反意大利《消费者法》，因此对这两家企业分别处以1000万欧元罚款。

---

1 "The heads of government of Germany, Denmark, Estonia, and Finland: Europe's digital sovereignty gives us the ability to shape our own future", https://www.valitsus.ee/en/news/heads-government-germany-denmark-estonia-and-finland-europes-digital-sovereignty-gives-us，访问时间：2022年9月5日。

2.欧洲加强反垄断和反不正当竞争

欧盟及欧洲国家加大对美国科技巨头的反垄断调查和行动，数字领域博弈进一步加剧。

2021年4月30日，欧盟正式就苹果公司在其应用程序商店设定限制性条款发起反垄断诉讼，这是欧盟首次对苹果公司提起反垄断诉讼。欧盟委员会表示，苹果公司限制条款可能会扭曲苹果设备上的流媒体音乐服务竞争，这可能导致苹果公司被处以相当于其全球营收10%的罚款。

5月25日，德国反垄断机构联邦卡特尔局宣布，已对谷歌德国公司、谷歌爱尔兰公司和谷歌母公司字母表（Alphabet）展开反垄断调查，涉及谷歌在处理数据方面是否利用其市场支配地位。

6月4日，欧盟和英国就脸书使用广告商数据发起新的反垄断调查。欧盟发表声明称，正在调查脸书在使用广告商数据时是否违反了竞争规则。[1]欧盟委员会认为，脸书可能扭曲了在线分类广告服务竞争，尤其是可能利用从竞争对手投放广告时所获取的数据，帮助脸书商城（Facebook Marketplace）服务获得竞争优势。欧盟委员会执行副主席玛格丽特·维斯塔格（Margrethe Vestager）表示："脸书每月被近30亿人使用，总共有近700万家公司在脸书投放广告。脸书收集了大量用户活动数据，使其能够针对特定的客户群体。欧盟竞争委员会将详细研究这些数据是否给脸书带来了不应有的竞争优势，特别是在在线分类广告领域。"英国竞争与市场管理局表示，将通过收集数字广告服务数据的方式，调查脸书是否在在线分类广告和提供在线约会服务方面拥有不公平竞争优势，该机构还表示将与欧盟密切合作以解决反垄断问题。[2]

6月7日，谷歌与法国竞争管理局达成了一项和解协议，同意对部分在线广告服务进行改革。法国竞争管理局调查发现谷歌在在线广告业务中滥用市场支配权力，认为谷歌的广告服务器使得谷歌网络广告拍卖平台获得相对于其他广告拍卖平台更多的优势，遂对其处以2.2亿欧元的罚款。法国竞争管理局称，

1　"Antitrust: Commission opens investigation into possible anticompetitive conduct of Facebook"，https://ec.europa.eu/commission/presscorner/detail/en/ip_21_2848，访问时间：2022年10月30日。

2　"CMA investigates Facebook's use of ad data"，https://www.gov.uk/government/news/cma-investigates-facebook-s-use-of-ad-data，访问时间：2022年10月30日。

此次制裁是全球首次，旨在解决在线广告市场"复杂算法拍卖流程"所存在的问题。谷歌同意终止程序化在线广告业务中的自我偏好行为。

6月21日，德国联邦卡特尔局对苹果操作系统展开调查。该机构表示已收到关于苹果涉嫌垄断的各种投诉，此次调查判定苹果公司是否存在阻碍竞争对手、违反自由竞争的行为。调查还针对苹果公司对用户个人数据的访问、应用程序商店以及其技术和财务资源等。苹果公司就德国联邦卡特尔局的审查要求做出回应，表示愿意与其共同讨论苹果的运营方式，并就其担忧进行公开对话。

7月13日，法国竞争管理局以谷歌未能与法国出版商就新闻内容付费问题达成一致为由，对谷歌公司处以5亿欧元罚款。法国竞争管理局指出，谷歌必须在未来两个月内就如何补偿法国内容出版商提出具体措施，否则将面临每天90万欧元的罚款。谷歌公司随后表示对法国竞争管理局的上述决定"非常失望"。

欧洲反垄断部门对美国科技巨头不正当竞争行为的强硬态度，背后是由严厉的监管法案提供支撑。2020年12月，欧盟委员会出台《数字市场法（草案）》，旨在遏制大型网络平台的恶性竞争行为，同时对美国互联网巨头提出新的监管要求。2021年，欧盟成员国继续讨论《数字市场法》。5月27日，法国、德国和荷兰发表联合声明[1]，批评法案将成员国政府和机构置于边缘地位，欧盟委员会被赋予大部分执法或市场调查的权力。联合声明呼吁欧盟应对大型科技公司采取更严厉的监管，提升成员国政府在市场调查中的发言权，为成员国留出更多的立法空间来解决"看门人"问题。由于提案明确禁止成员国政府采取国家立法措施，三国声明认为成员国应该仍然能够制定和执行本国竞争法，呼吁提供更大的灵活性和更快的程序，建议采用量身定制的干预计划来解决"看门人行为的快速变化"。

所谓"看门人"企业，是指提供社交网络、搜索引擎等核心平台服务的大企业，市值在750亿欧元以上或年营业额75亿欧元以上，且每月有4500万以上终端用户，每年有1万名以上商业用户。这一限制门槛，让该法案的矛头直接

1　"Non-Paper DMA"，https://www.rijksoverheid.nl/documenten/publicaties/2021/05/26/non-paper-dma，访问时间：2022年10月30日。

指向了微软、亚马逊、苹果、谷歌等美国科技巨头。

11月23日，欧洲议会内部市场和消费者保护委员会以42票赞成、2票反对、1票弃权的绝对多数通过了《数字市场法》建议案。建议案将市值超过800亿欧元并在欧洲年营业额超过80亿欧元的社交网络、搜索引擎、操作系统及电子商务运营商定性为"核心平台服务提供商"或"看门人"公司，其中包括谷歌、脸书、亚马逊等国际互联网巨头。建议案规定，这类公司在欧盟范围内不允许利用数据优势向用户投放指向性广告，除非获得用户明确许可。同时，这类公司在欧盟范围内的同行业并购也将受到限制和监管，并购意向必须在事前获得欧盟委员会许可。如果这类公司有违反上述规定的行为，将被处以年营业额4%—20%的罚款。

3. 欧洲企业联合起诉美科技巨头不正当竞争

欧洲科技企业面对来自美大型跨国互联网企业的挤压，也开始联合起来，对美科技巨头在欧不正当竞争等行为提起诉讼。

2021年4月27日，德国九家媒体和广告领域行业协会向德国反垄断监管机构投诉苹果公司，称苹果手机新隐私政策是一种垄断行为。这九家行业协会预计，受苹果新政策的影响，应用开发商的广告营收将下降60%。

11月27日，云存储公司Nextcloud与其他近30家欧盟的软件、云计算公司组成了"公平竞争联盟"（Coalition for A Level Playing Field）[1]，并向欧盟委员会投诉微软不正当竞争行为，指控微软滥用在操作系统领域的主导地位，把云存储服务、协同办公软件和其他服务与微软开发的计算机操作系统捆绑。"公平竞争联盟"要求欧盟确保杜绝捆绑、预装或推送微软服务，提供公平的竞争环境；建立开放的标准和互操作性，给消费者自由选择的机会。[2]

11月29日，德国电信、沃达丰和其他11家欧洲主要电信公司的首席执行官公开呼吁美国科技巨头应承担欧洲电信网络部署的部分成本。欧洲电信行业在

---

1 "Microsoft under fire in Europe for OneDrive bundling; legal fight brewing"，https://www.reseller.co.nz/article/693539/microsoft-under-fire-europe-onedrive-bundling-legal-fight-brewing/?fp=2&fpid=1，访问时间：2022年8月4日。

2 "EU tech sector fights for a Level Playing Field with Microsoft"，https://antitrust.nextcloud.com/，访问时间：2022年8月4日。

5G、光纤和有线网络方面进行巨额投资，以应对媒体巨头网飞、优兔和脸书等所提供的数据和云服务。2020年欧洲电信行业投资达525亿欧元。[1]

（三）美欧强化数字领域合作

1. 成立新机构——美欧贸易和技术委员会

拜登上台后，欧盟对美国抱有新的期待，围绕加强美欧合作、解决双边分歧等议题在对话机制层面提出新思路。2020年12月2日，欧盟委员会发布《全球变化下的新美欧关系议程》（A New EU-US Agenda for Global Change）提案，提出与美国成立"贸易和技术委员会"，希望与美国在数字税、平台监管、反对不公平市场竞争等分歧问题上寻找解决方案。[2]

2021年1月27日，美国商会和欧洲商业联合会发表声明表示希望美欧加强合作。声明称，美国和欧盟应尽快敲定修订后的数据传输协议，承诺在经合组织主持下推进税收谈判，寻找多边解决方案，应对全球经济数字化带来的挑战。希望双方通过对话合作，解决市场准入和数字税等问题，制定保护关键技术的方法，尽可能在补贴、投资审查和出口管制等问题上采取协调行动。声明表示，支持建立一个新的欧盟—美国贸易和技术委员会（EU-U.S. Trade and Technology Council，简称TTC），以加强跨大西洋技术和产业领导地位，扩大双边贸易和投资，促进创新和生产力发展。该委员会可推动在人工智能、数据传输和网络安全等问题上达成跨大西洋共识，在数字监管和标准方面开展合作。[3]

6月15日，美欧峰会在布鲁塞尔举行，美国总统拜登与欧盟委员会主席

---

1 "Europe's telcos want U.S. tech giants to help fund network costs", https://www-reuters-com.translate.goog/markets/deals/exclusive-d-telekom-vodafone-others-want-us-tech-giants-help-fund-network-costs-2021-11-28/?_x_tr_sl=en&_x_tr_tl=zh-CN&_x_tr_hl=zh-CN&_x_tr_pto=sc，访问时间：2022年9月8日。

2 "EU-US: A new transatlantic agenda for global change", https://ec.europa.eu/commission/presscorner/detail/en/ip_20_2279，访问时间：2022年9月8日。

3 "Transatlantic Business Community Pledges Cooperation to Advance Shared Goals", https://www.uschamber.com/international/transatlantic-business-community-pledges-cooperation-advance-shared-goals-0，访问时间：2022年9月8日。

冯德莱恩和欧洲理事会主席米歇尔发表联合声明，重申对跨大西洋伙伴关系的承诺，表示双方将推动数字化转型，促进贸易和投资，维护技术和工业领先地位，共同促进关键技术和新兴技术发展，保护关键基础设施。[1]峰会宣布成立高级别的"美欧贸易和技术委员会"，该委员会将讨论人工智能、网络安全风险、清洁能源技术等问题，在前期将优先关注半导体等最为紧急的议题。双方还建立"美国—欧盟联合技术竞争政策对话机制"（U.S.-EU Joint Technology Competition Policy Dialogue），加强网络安全、跨境数据流动方面的协作。

9月29日，美欧贸易和技术委员会在美国匹兹堡举行首次会议。美欧贸易和技术委员会联合主席：美国务卿布林肯、美商务部部长雷蒙多、美贸易代表戴琦、欧盟委员会执行副主席维斯塔格以及东布罗夫斯基斯举行会谈。会后美欧贸易和技术委员会发布《美欧贸易和技术委员会创始联合声明》，提出该委员会目标是协调解决全球关键技术、经济和贸易问题的政策，以"共同价值观"为基础，深化跨大西洋贸易和经济关系。[2]双方达成了六项共同承诺，勾勒了美欧贸易和技术委员会合作重点：第一，建立投资审查制度和相应的执法机制，防范危害国家安全和公众秩序的风险；第二，在出口管制方面开展合作，应对新兴技术在国防和安全领域的风险；第三，开发和实施可信的人工智能系统；第四，建立平衡的全球半导体供应链伙伴关系，解决半导体供应短缺问题；第五，在全球贸易领域进行密切合作，消除来自第三方国家"非市场"的、"扭曲贸易"的政策影响；第六，加强与不同利益相关方合作。美欧贸易和技术委员会下设十个工作组，包括技术标准制定工作组、气候和清洁技术工作组、安全供应链工作组、信息通信技术和服务安全性及竞争力工作组、数据治理和技术平台工作组、滥用技术威胁安全和人权工作组、出口管制工作组、投资审查工作组、促进中小企业获得和使用数字工具工作组、全球贸易挑战工

---

1 "U.S.-EU Summit Statement"，https://www.whitehouse.gov/briefing-room/statements-releases/2021/06/15/u-s-eu-summit-statement/，访问时间：2022年9月15日。

2 "U.S.-EU Trade and Technology Council Inaugural Joint Statement"，https://www.whitehouse.gov/briefing-room/statements-releases/2021/09/29/u-s-eu-trade-and-technology-council-inaugural-joint-statement/，访问时间：2022年9月8日。

作组。此次会议为十个工作组制定了具体任务，并要求工作组在下次会议时汇报成果进展。美欧贸易和技术委员会首次会议一致认为，必须与大西洋两岸不同的利益相关方密切磋商，以协调一致的方式解决关键的全球技术、经济和贸易问题。

2. 美欧加快互联网治理议题接轨

2021年11月10日，美国副总统哈里斯与法国总统马克龙会晤后，宣布了美法加强网络安全领域合作的举措。白宫声明指出，美国致力于同法国等盟友和伙伴加强网络安全合作，维护既有的网络安全全球规范；美国将继续在七国集团框架下加强打击网络犯罪，支持北约网络防御政策以及全球30多个国家的反勒索软件合作。[1] 此外，声明指出美国将支持《网络空间信任与安全巴黎倡议》（Paris Call for Trust and Security in Cyberspace，以下简称《巴黎倡议》），将与法国和其他国家、私营部门和民间社会继续合作，推进网络空间负责任行为的规范。[2]

11月11日，欧盟委员会主席冯德莱恩在巴黎和平论坛上发表讲话，宣布欧盟与其27个成员国一起加入《巴黎倡议》[3]，并就网络韧性、人工智能和平台责任三大主题阐述了欧盟立场：一是欧盟委员会已经提议修订欧洲网络安全法，加强关键部门网络安全防护，并宣布制定《欧洲网络韧性法案》（EU Cyber Resilience Act）；二是欧盟《人工智能法案》将围绕医疗、执法或就业等高风险领域，为欧盟市场的人工智能产品设定标准；三是欧盟《数字服务法》的核心要求数字平台落实责任，希望于2022年通过此法案，推动大型平台传播仇恨言论、非法内容或虚假信息的算法机制进行有效改善。

1　"FACT SHEET: Vice President Harris Announces Initiatives on Space and Cybersecurity"，https://www.whitehouse.gov/briefing-room/statements-releases/2021/11/10/fact-sheet-vice-president-harris-announces-initiatives-on-space-and-cybersecurity/，访问时间：2022年9月8日。

2　"The United States Supports the Paris Call for Trust and Security in Cyberspace"，https://www.state.gov/the-united-states-supports-the-paris-call-for-trust-and-security-in-cyberspace/，访问时间：2022年8月20日。

3　"Speech by President von der Leyen at the Paris Peace Forum"，https://ec.europa.eu/commission/presscorner/detail/en/speech_21_5977，访问时间：2022年8月18日。

·延伸阅读————————————————————————

《网络空间信任与安全巴黎倡议》概况

《网络空间信任与安全巴黎倡议》由法国总统马克龙在2018年第十三届联合国互联网治理论坛（IGF）上提出。经过几年的发展，倡议目前提出九项原则，分别是：

1. 提升威胁应对能力，加大防范针对个体、关键基础设施造成重大、不加区分或系统性风险的恶意网络活动，并提升恢复能力。

2. 防范故意和严重损害互联网公共核心的活动。

3. 加强防范境外行为体通过恶意网络活动破坏选举进程、蓄意进行干预的能力。

4. 防范利用信息通信技术窃取知识产权，意图为公司或商业部门提供竞争优势的行为。

5. 采取措施防范恶意软件和恶意损害活动的扩散。

6. 加强数字流程、产品和服务在其整个生命周期和供应链中的安全。

7. 支持所有行为体加强网络风险检查，维护系统安全。

8. 采取措施防范包括私营部门在内的非国家行为体出于自身或其他非国家行为体的目的发动黑客攻击。

9. 促进普遍接受的网络空间负责任国际行为规范制定，落实网络空间信任措施。[1]

3.美欧在七国集团框架下加强数字合作

七国集团机制是美国与欧洲国家修复关系的重要平台。2021年2月4日，法国总统马克龙参与美国大西洋理事会研讨会，阐明法国战略取向和美欧关系立场。马克龙认为，美欧可在气候变化和人权议题上加强合作，讨论创建关于贸易、工业和知识产权的全球倡议等，在数字领域建立包含政府间、政府与企

---

1 "Paris Call for trust and security in cyberspace"，https://pariscall.international/en/，访问时间：2022年7月20日。

业、非政府组织和区域组织的新型合作伙伴关系。欧洲大陆要加强战略自主，防止在人工智能等新技术领域完全依赖中国或者美国。欧洲还将在5G、平台监管、人工智能领域建立自主标准。

3月31日，英国主持召开首次七国集团贸易路线部长级会议。会议发布声明提出，在数字贸易方面，七国集团支持开放的数字市场，反对数字保护主义；承认基于信任的数据自由流动（Data Free Flow with Trust，简称DFFT）在确保消费者和企业安全方面的重要性。七国集团将在全球范围内促进数字贸易。声明强调，数字贸易仍是世贸组织制定新规则的重要领域，数字贸易规则需与推动创新和新兴技术发展相适应，激发企业、消费者和工人潜力。七国集团贸易部长承诺努力促进世界贸易组织关于电子商务的联合声明倡议，在第十二届世贸组织部长级会议上取得实质性进展。4月28日，七国集团数字和技术部长会议公布《数据自由流动与信任合作路线图》。

6月11—14日，七国集团首脑会议在英国康沃尔郡卡比斯湾召开，会后发表《卡比斯湾七国集团高峰会议联合公报》。根据公报，七国集团成员国在网络空间达成以下目标和共识：一是建立值得信赖的、价值驱动的数字生态系统，完善监管框架，加强多利益相关方合作；支持实施全球规范和标准，反对政府强行关闭互联网和限制网络等监管行为。二是支持促进政府、行业、学界、民间社会和其他主要利益相关方开展对话；推动全球人工智能伙伴关系组织（GPAI）的工作；支持七国集团数字技术标准合作框架。三是支持基于信任的数据自由流动原则，进一步释放数据潜力，共同应对数据领域相关挑战，提出探索数据规则制定的方向，并加强成员国相关政策协调。四是采取措施维护互联网安全，并打击仇恨言论；加强儿童、妇女和弱势群体的线上线下保护。五是承诺就现行国际法如何适用于网络空间达成进一步共识，并在联合国和其他国际论坛上推动相关工作。六是共同应对来自勒索软件等网络犯罪带来的威胁。七是在国际和多边框架下加强协调，鼓励数字市场的竞争和创新。[1]

6月12日，美国与其他七国集团成员国正式发起"重建美好世界"（Build

1　"Carbis Bay G7 Summit Communique"，https://www.whitehouse.gov/briefing-room/statements-releases/2021/06/13/carbis-bay-g7-summit-communique/，访问时间：2022年9月1日。

Back Better World Partnership，简称B3W）伙伴关系倡议。[1] 该倡议提出为发展中国家提供基础设施投资，到2035年"满足中低收入国家总价值超过40万亿美元的基础设施需求"，以开展所谓"战略竞争"。该倡议以七国集团国家为核心，在气候、健康、数字技术、性别平等与公民平等四个领域对拉丁美洲、加勒比地区、非洲、印太地区进行公私联合投资。该倡议确立了六项主要原则，一是价值观驱动；二是实施严格标准，涉及环境和气候、劳工和社会保障、透明度、融资等领域；三是实施符合《巴黎气候协定》的气候保护目标；四是强大的战略伙伴关系；五是促进私人资本融资；六是利用多边开发银行以及其他国际融资机构，加强多边融资。

12月3日，七国集团发布联合声明，阐述了七国集团基础设施融资方法现代化以及缩小发展中国家基础设施投资差距的原则和后续步骤。[2] 声明指出，低收入和中等收入国家需要扩大基础设施投资以应对气候变化，促进数字、交通、能源互联互通等发展。为此，提出下列五项原则：一是与发展中国家建立基础设施投资伙伴关系；二是加强区域和由国家主导的伙伴关系；三是以所谓"共同价值观"为基础，执行国际公认标准；四是充分发挥公共和私营部门资金作用，扩大融资规模；五是确保资金用到实处，加强区域间和国家机制协调。[3]

美国联合七国集团成员国推动面向发展中国家的基建计划引发不少质疑。第一，美欧为扩大自身政治经济利益意图明显。美欧聚焦其具备优势的新兴基础设施领域，通过对发展中国家开展投融资活动，可带动相关设备、技术和服务出口，同时开发和抢占发展中国家潜在市场，以掌控其经济命脉，获取丰厚的地缘政治经济收益。第二，"重建美好世界"倡议提出的"六项原则"以发

1　"FACT SHEET: President Biden and G7 Leaders Launch Build Back Better World (B3W) Partnership"，https://www.whitehouse.gov/briefing-room/statements-releases/2021/06/12/fact-sheet-president-biden-and-g7-leaders-launch-build-back-better-world-b3w-partnership/，访问时间：2022年9月2日。

2　"G7 Leaders Statement Partnership for Infrastructure and Investment"，https://www.gov.uk/government/news/g7-leaders-statement-partnership-for-infrastructure-and-investment，访问时间：2022年8月6日。

3　"G7 Leaders Statement Partnership for Infrastructure and Investment"，https://assets.publishing.service.gov.uk/government/uploads/system/uploads/attachment_data/file/1038224/G7_LEADERS_STATEMENT_-_PARTNERSHIP_FOR_INFRASTRUCTURE_AND_INVESTMENT.pdf，访问时间：2022年8月7日。

达国家价值和利益为导向，其中环境保护、劳工权利、金融可持续性等高标准可能使发展中国家望而却步。第三，受新冠疫情影响，美欧等国财政赤字和公共债务急剧攀升，私人资本激励不足，限制了筹资能力，美国等七国集团国家实际上将提供多少资金支持值得怀疑。第四，成员国利益不一致影响其基建计划的成效，七国集团成员国围绕该倡议重点实施的区域存在分歧，此外，有效协调分配成员国筹集的资金也存在难度，导致该倡议难以实施。

· 延伸阅读 ————————————————————

七国集团

七国集团（Group of Seven，简称G7），是主要工业国家会晤和讨论政策的论坛，成员国包括美国、英国、法国、德国、日本、意大利和加拿大七个发达国家。七国集团是一个论坛性组织，没有常设机构，也没有常设秘书处或办公室。各个成员轮流担任主席国，通过定期会晤和磋商，讨论和协调国际社会面临的重大经济和政治问题，年度首脑峰会及部长级会议是其核心机制。

4. 美欧加强北约框架下的网络安全合作

美国与欧洲国家在北约框架下加强协调，提升网络空间作战和防御能力。2021年4月15日，北约副秘书长杰瓦讷（Mircea Geoană）在北约2021年网络防御承诺会议上发表主旨演讲，概述了北约应对网络威胁的举措。他指出，北约和盟国要继续应对网络威胁挑战，北约盟国已经同意，网络攻击可以触发北约的集体防御条款第五条，网络空间同陆海空天一样，被指定为军事领域，要与志同道合的伙伴包括私营部门和学术界加强接触与合作，以促进网络空间的稳定，减少冲突风险。他还强调，增强盟国的应变能力和利用技术能力是"北约2030"倡议的关键要素。4月13—16日，北约合作网络防御卓越中心举行2021年度"锁定盾牌"网络防御实战演习，30个国家以及2000多名网络安全专家和决策者参与。

6月14日，北约峰会在布鲁塞尔召开，北约成员国首脑与会，并发布北约峰会公报。[1]公报提及北约网络空间政策，包括以下方面：一是批准新的综合网络防御政策（Comprehensive Cyber Defense Policy）；二是重申联盟防御任务，根据国际法运用全方位能力，积极加强威慑和防御，应对网络威胁；三是关于网络攻击何时会触发北约集体防御条款，将由北约理事会根据具体情况做出；四是在某些情况下，重大恶意网络活动可能被视为等同于武装攻击；五是北约将通过支持国际法和负责任的网络空间国家行为的自愿准则，进一步增强稳定，减少冲突风险；六是北约继续将网络空间作为"作战领域"（domain of operations），调整和改进其网络防御，并将维护强大的国家网络防御作为优先事项；七是在强有力的政治监督框架内，加强盟国网络集体防御及联盟行动的有效整合。

---

1 "Brussels Summit Communiqué"，https://www.nato.int/cps/en/natohq/news_185000.htm，访问时间：2022年9月8日。

第三章　网络空间重大事件

一、半导体供应紧张及政策调整

随着新一代技术革命和产业革命的加速演进，全球半导体产业进入重大的调整期。2021年，受新冠疫情、地缘政治等因素影响，全球半导体供应紧张，主要国家和地区纷纷调整半导体产业政策，提升芯片制造能力和高端芯片研发能力。个别国家为巩固自身供应链优势，对半导体实施出口限制、投资审查等，违背市场规律和全球化潮流，严重扰乱全球半导体供应链生态。

（一）美国为巩固自身供应链优势调整半导体政策

根据国际半导体产业协会公布数据，2020年全球半导体生产设备的销售达712亿美元，较2019年增加114亿美元，同比增长19%。其中，晶圆加工设备的销售额同比增长19%，前端领域设备的销售额同比增长4%，包装和封装领域设备的销售额同比增长达到了34%，测试设备的销售额同比增长20%。长期以来，半导体供应链遵循着"全球化、专业分工模式"。美国在全球芯片领域占据优势地位，美企掌握大量芯片核心知识产权，获取高额市场利润。然而，为巩固自身半导体供应链优势和自身安全，美国以芯片短缺为由，泛化国家安全概念，对半导体供应链进行审查，渲染半导体供应链紧张氛围，寄望建立以己为中心的供应链体系。

1. 审查半导体供应链

2021年2月24日，美国总统拜登签署行政令，要求对半导体芯片、电动汽车大容量电池、稀土矿产和药品四类产品的供应链展开为期100天的审查。行政令要求美国商务部部长与相关机构负责人协商，研究确定半导体制造和先进封装供应链风险以及提出对策建议。[1]

2. 释放刺激本土半导体生产制造的信号

2021年3月30日，美国信息技术产业协会在给美国贸易代表戴琪的信中提到，希望政府和国会提供强有力的激励措施，通过扩大半导体投资，促进半导体供应链多样化，加强美国的半导体生态系统，提升美国竞争力。5月24日，美国商务部部长吉娜·雷蒙多在美光科技公司芯片工厂参观时表示，为鼓励国内半导体生产和研究，美国政府将拨款520亿美元，并可能会在美国新建7—10家工厂。雷蒙多还称，美国要用"联邦资金释放私人资金"，政府拨款将为芯片生产和研究带来"超1500亿美元"的资金。雷蒙多预计，各州将为芯片设施争取联邦资金，商务部将推出一个"透明的拨款程序"。[2]与此同时，美国国会陆续提出多项法案，要求政府加大对美半导体领域投资。

表7 美国刺激半导体生产的部分法案

时间	内容
3月31日	美国公布总额2.25万亿美元的基础设施建设和就业计划，提出将投资500亿美元到美国半导体行业，并打造一座国家半导体科技中心
5月18日	美国纽约州民主党参议员查克·舒默和印第安纳州共和党参议员托德·杨等人提出《2021美国创新与竞争法案》，计划投资540亿美元设立美国半导体生产激励基金、美国半导体生产激励国际技术安全与创新基金等，以支持半导体及电信领域的相关活动
6月17日	美国参议员罗恩·怀登和迈克·克莱伯等人提出《促进美国制造半导体法案》，要求政府对半导体制造业投资给予25%的税收抵免

---

1 "Executive Order on America's Supply Chains"，https://www.whitehouse.gov/briefing-room/presidential-actions/2021/02/24/executive-order-on-americas-supply-chains/，访问时间：2022年7月20日。

2 "Commerce chief says U.S. could help boost chips transparency"，https://www.reuters.com/business/autos-transportation/us-commerce-chief-holding-meetings-chips-shortage-sources-2021-05-20/，访问时间：2022年7月20日。

3. 召集企业研究芯片短缺问题

2021年4月12日，美国总统拜登召开线上半导体峰会，讨论缓解芯片短缺的补救措施，台积电、三星电子、英特尔、美光、戴尔、字母表公司、惠普、通用汽车、福特汽车等19家企业的首席执行官参会。会上，拜登称，加强美国半导体产业和供应链韧性是美国两党的共识，已有23名参议员和42名众议员来信支持《为美国半导体生产创造有利激励措施》法案以应对"外部挑战"。芯片、电池等是21世纪的基础设施，美国将积极投资半导体、电池等领域的制造和创新。[1] 英特尔首席执行官帕特·基辛格在会上表示，将在6—9个月内生产车载半导体芯片。同时，该公司还将向美国亚利桑那州的两个新工厂投资200亿美元，应对半导体短缺问题。

5月20日，美国商务部部长吉娜·雷蒙多主持召开半导体视频峰会，重点讨论缓解美国汽车芯片短缺的方式[2]，通用汽车、福特汽车、斯特兰蒂斯等与半导体芯片相关的企业参会。会上，吉娜·雷蒙多指出，当前芯片供应链缺乏透明度，政府应该发挥作用，引导企业提升透明度。她还称，信息透明才能更好匹配需求，更快解决芯片短缺问题。拜登政府已向韩国等盟友施压，要求扩大芯片产量。

9月初，美国商务部部长吉娜·雷蒙多和美国国家经济委员会主任布赖恩·迪斯在白宫再次召开会议，进一步分析新冠病毒德尔塔变异株对芯片供应的影响以及如何更好地协调芯片生产商和消费者之间的关系，英特尔、三星电子、苹果、微软、通用汽车、福特汽车等芯片制造商以及汽车、消费电子产品和医疗设备等领域的公司代表参会。会上，美国商务部称，美国将建立新的工作程序，从供应链公司获取信息，增加行业间的信息共享，提高行业透明度。但部分企业表示，不希望美国政府介入到芯片的供需问题中。

1　"Remarks by President Biden at a Virtual CEO Summit on Semiconductor and Supply Chain Resilience"，https://www. whitehouse.gov/briefing-room/speeches-remarks/2021/04/12/remarks-by-president-biden-at-a-virtual-ceo-summit-on-semiconductor-and-supply-chain-resilience/，访问时间：2022年9月6日。

2　"Gina M. Raimondo. Statement from U.S. Secretary of Commerce Gina M. Raimondo Following Meetings with Semiconductor Industry Leaders"，https://www.commerce.gov/news/press-releases/2021/05/statement-us-secretary-commerce-gina-m-raimondo-following-meetings/，访问时间：2022年9月6日。

· 延伸阅读 ——————————————————————

企业催促美出台芯片补贴计划

为尽快获取美国政府的补贴，芯片企业"抱团"对美政府施加压力。2021年5月11日，来自美国、欧洲、日本、韩国等地在内的64家企业宣布成立"美国半导体联盟"，希望敦促美国国会通过500亿美元半导体激励计划。联盟中，来自半导体设计领域的企业有英特尔、高通、英伟达、亚德诺半导体、超威、国际商业机器公司、博通、得州仪器、恩智浦等；来自半导体制造领域的企业有三星、台积电、格罗方德等；来自电子设计自动化（EDA）及设备领域的企业有新思科技、楷登电子、阿斯麦尔等。12月1日，59名来自芯片、汽车、医疗设备、技术、电信行业的美国公司负责人致信美国国会称，半导体对几乎所有经济领域都至关重要，航空航天、汽车、通信、清洁能源、信息技术和医疗设备等领域芯片供应不足，呼吁美国会为《为美国半导体生产创造有利激励措施》提供资金，并颁布加强版《促进美国生产半导体法案》，以应对全球芯片短缺的挑战，刺激美国的半导体研究、设计和制造，增加芯片供应，从而加强美国经济、国家安全、供应链韧性。[1]

4. 以行政手段要求芯片企业提交供应链数据

为进一步精准掌控美半导体供应链，美国政府要求全球半导体企业提供商业数据。2021年9月23日，美国商务部技术评价局发布官方公报，要求全球半导体企业在11月8日前向美政府提交技术节点、芯片库存、销售记录、客户信息等商业机密数据。美国商务部部长吉娜·雷蒙多甚至威胁称，如果企业不愿意提交，白宫可能会援引《国防生产法》或其他工具来迫使企业提交。截至11月12日，塔尔半导体、西部数据、联华电子、飞利浦、施耐德电气、苹果、三

1　"CEO letter to Congress on CHIPS and FABS"，https://www.semiconductors.org/wp-content/uploads/2021/12/CEO-letter-to-Congress-on-CHIPS-and-FABS.pdf，访问时间：2022年7月31日。

星电子、微软等164个企业向美国商务部提交了芯片供应链相关数据。美国此举引发国际社会广泛争议与不满，有评论认为，美国政府正在制造"芯片陷阱"，以操控全球芯片供应链。

· 延伸阅读 ————————————————————————

台积电向美国提交芯片供应链数据

总部位于中国台湾的台积电是全球最大的芯片制造代工厂，掌握半导体产业领域先进制程、特殊制程以及先进封装等281种制程技术，在5纳米芯片生产制造领域全球领先，并已率先开启2纳米制程工艺研究。据英国经济研究机构凯投宏观统计，台积电生产了全球92%的高端芯片。

台积电就提交供应链数据与美国政府进行多轮拉锯，最终，台积电在2021年11月5日向美国商务部提交了三份材料，两份是含有商业机密的非公开材料，一份是公开的表格。提交的信息主要涉及半导体产品生产商以及半导体产品中间用户或终端用户两部分。前者包括生产能力、生产流程、产品、产品消费者、产品交付视角、产品库存、产品生产瓶颈等信息，后者包括半导体产品消费者、产品供应商、交付时间和库存、供应链瓶颈等信息。[1]

————————————————————————

5. 组建国际芯片供应链联盟

2021年，美国四处寻求盟友配合其掌控半导体供应链。日本和韩国是全球重要芯片制造基地，美国以增强半导体供应链韧性为名，希望与日本和韩国在半导体制造和出口管制方面开展合作。4月2日，美日韩举行三方会谈，协调三国国家安全政策，半导体亦成为三国安全政策讨论的内容。美国官员

---

1 "This response was identified as PUBLIC on the Organization Information tab"，https://downloads.regulations. gov/BIS-2021-0036-0023/attachment_3.xlsx，访问时间：2022年7月15日。

称，美日韩掌握关键半导体制造技术，为确保"供应链安全"，将讨论出台有关规范和标准。[1] 然而，三国并未就确保"半导体供应链安全"有关做法达成一致，供应链安全、半导体等技术问题并未写入三国国家安全顾问的联合声明中。[2] 随后，美日首脑峰会在美国举行，双方提出成立半导体供应链联合工作小组，共同研究半导体产业联合研发和产业分工问题，加强半导体出口管制合作。

在与韩国合作方面，美国各界不断渲染韩国对美半导体供应的重要性。在美智库战略与国际问题研究中心举行主题为"供应链恢复力，韩美合作机会"视频研讨会上，美国商务部副部长唐·格雷夫斯（Don Graves）称，"在全球半导体价值链中，韩国占比高达16%。为构建稳定的半导体和电动汽车电池供应链，美韩合作至关重要"。[3] 韩国忧心与美国开展出口管制将损害自身利益，在美国持续施压下，仅同意与美国建立新的半导体伙伴关系对话，深化半导体供应链、半导体技术和投资优先事项等方面信息共享。[4]

美国将与欧洲半导体合作列为跨大西洋贸易和技术委员会合作优先事项。9月29日，美欧贸易和技术委员会发布联合声明称，美欧将在平衡全球半导体供应链方面建立合作伙伴关系，以加强各自的供应链安全及半导体设计和生产能力。双方将共同确定半导体价值链弱点，加强半导体生态系统建设能力。尽管美国政府希望与欧洲在半导体出口管制方面加强合作，特别是阻挠欧洲企业出口先进光刻机等设备，但荷兰政府和企业拒绝美国政府要求。全球著名半导体设备制造商阿斯麦尔的首席执行官皮特·温宁克（Peter Wennink）表示，出口管制不是管理经济风险的正确方法，最终将损害美国自身经济，欧洲不应协

1　"Background Press Call on the Upcoming Trilateral Meeting with Japan and the Republic of Korea"，https://www.whitehouse.gov/briefing-room/press-briefings/2021/04/01/background-press-call-on-the-upcoming-trilateral-meeting-with-japan-and-the-republic-of-korea/，访问时间：2022年9月7日。

2　"United States-Japan-Republic of Korea Trilateral National Security Advisors' Press Statement"，https://www.whitehouse.gov/briefing-room/statements-releases/2021/04/02/united-states-japan-republic-of-korea-trilateral-national-security-advisors-press-statement，访问时间：2022年9月7日。

3　"Supply Chain Resilience: Opportunities for U.S.–Korea Cooperation"，https://www.csis.org/events/supply-chain-resilience-opportunities-us-korea-cooperation，访问时间：2022年9月7日。

4　"S. Korea, U.S. to launch new dialogue on semiconductor partnership next month: minister"，https://en.yna.co.kr/view/AEN20211111001451325，访问时间：2022年7月19日。

同美国开展技术出口管制。[1]

美国将日本、印度、澳大利亚也视为芯片供应链合作伙伴，通过美日印澳四国机制，成立关键和新兴技术工作组加强供应链合作，发起"芯片供应链倡议"，绘制半导体容量图、识别供应链漏洞，加强半导体及其重要组件的供应链安全。[2]美国智库大西洋理事会称，这种方式能否支持成员国半导体生产生态系统的增长，或者成员国自身的激励措施是否会刺激生产，还有待观察。[3]

美国还希望加强东南亚和南亚地区合作，提升制造能力。11月15—18日，美国商务部部长吉娜·雷蒙多开启上任后的首次"亚洲行"。在马来西亚访问期间，吉娜·雷蒙多与马来西亚国际贸易和工业高级部长穆罕默德·阿兹明·阿里探讨半导体供应链合作，计划就半导体供应链的透明度、安全性和韧性进行合作。[4]舆论称，该地区的基础设施短板在短时间内难以提升，这将制约其半导体制造基地建设。

（二）欧盟发布半导体发展愿景

由于工业4.0和物联网的迅猛发展，全球的半导体需求大幅增长。与其他地区相比，欧洲半导体制造却呈下降趋势，份额从1990年的35%下降至2021年的9%，用于智能手机、计算机和其他高科技设备的芯片几乎完全在亚洲生产。作为汽车、电子设备制造业的龙头，欧盟担忧芯片制造能力不足将使其丧失传统优势。2020年以来，欧盟积极推动半导体研发和制造。2020年11月，德国和法国、意大利等国家向欧盟提交了一项"欧洲共同利益重要项目"方案，请求

1 "ASML CEO says that attempting to restrict chip shipments to China will fail"，https://www.gizmochina.com/2021/04/15/asml-ceo-attempt-control-chip-sale-to-china-will-fail/，访问时间：2022年7月19日。

2 "White House：Fact Sheet: Quad Leaders' Summit"，https://www.whitehouse.gov/briefing-room/statements-releases/2021/09/24/fact-sheet-quad-leaders-summit/，访问时间：2022年7月19日。

3 "Atlantic Council: Collaboration, not competition, is key to alleviating the global chip shortage"，https://www.atlanticcouncil.org/blogs/southasiasource/collaboration-not-competition-is-key-to-alleviating-the-global-chip-shortage/，访问时间：2022年11月10日。

4 "Joint Statement by U.S. Secretary of Commerce Gina Raimondo and Malaysian Senior Minister of International Trade and Industry Mohamed Azmin Ali"，https://www.commerce.gov/news/press-releases/2021/11/joint-statement-us-secretary-commerce-gina-raimondo-and-malaysian，访问时间：2022年7月25日。

欧盟支持成员国开展芯片研发和制造项目。12月，欧盟17个国家签署了《欧洲处理器和半导体科技计划联合声明》，宣布将在未来两到三年内投入1450亿欧元，推动欧盟成员国联合研究及投资先进处理器及其他半导体技术。

• 延伸阅读 ————————————————————

"欧洲共同利益重要项目"简介

2014年6月，欧盟委员会通过了一项关于"欧洲共同利益重要项目"的提案，建立起欧盟内跨国援助的总体规则和框架，鼓励成员国支持能对欧盟战略目标做出贡献的项目，以克服市场失灵，防止竞争扭曲，确保欧盟经济受益。[1]

欧盟于2018年12月、2019年12月和2021年1月先后批准了有关微电子和电池的三项"欧洲共同利益重要项目"，提供了最高达29亿欧元的公共财政支持。2018年3月，欧盟还建立"欧洲共同利益重要项目"战略论坛，明确欧洲的关键战略价值链，并就欧盟成员国和行业之间的联合行动和投资提出建议。[2]

1. 欧盟出台芯片发展规划

2021年，欧盟进一步明确了在芯片领域的战略规划。2月，欧盟19个成员国公布新的芯片战略，拟为欧洲芯片产业投资约500亿欧元，打造完整的欧洲半导体生态系统。3月9日，欧盟正式发布《2030数字指南针：欧洲数字十年之路》，明确欧盟半导体发展目标，即到2030年，攻克2纳米高端芯片的制造，

1　"Communication from the Commission—Criteria for the analysis of the compatibility with the internal market of State aid to promote the execution of important projects of common European interest"，https://eur-lex.europa.eu/legal-content/EN/TXT/?uri=uriserv:OJ.C_.2014.188.01.0004.01.ENG，访问时间：2022年9月7日。

2　"State aid: Commission approves €2.9 billion public support by twelve Member States for a second pan-European research and innovation project along the entire battery value chain"，https://ec.europa.eu/commission/presscorner/detail/en/IP_21_226，访问时间：2022年9月7日。

能效达到2021年的10倍；先进和可持续半导体的产量占全球20%。[1]7月19日，欧盟委员会启动处理器和半导体技术联盟，希望加强电子设计生态系统建设以及发展半导体生产技术及制造能力，减少对外部的依赖。该联盟将重点提升16纳米到18纳米的生产制造能力，未来将扩展到5纳米到2纳米及其以下制程的生产制造。只要符合相关的资格标准，任何处理器和半导体领域的公司、协会以及研究和技术组织，都可以申请加入该联盟。[2]在成员国方面，9月1日，德国经济部部长彼得·阿尔特迈尔与欧洲和国际半导体行业的50名代表举行了会谈。彼得·阿尔特迈尔在会上宣布企业扶持计划，鼓励企业在德国投资。德国计划在"欧洲共同利益重大项目"框架内投资约30亿欧元促使半导体制造"回归欧洲"，推动欧洲半导体产业链发展。[3]

2. 欧盟宣布支持芯片立法计划

2021年9月15日，欧盟委员会主席乌尔苏拉·冯德莱恩在盟情咨文演讲中提出，欧盟将尽快出台《欧洲芯片法案》，创建先进的芯片生态系统，以确保欧盟的半导体供应安全，并为突破性的欧洲技术开拓新市场。10月11日，欧委会发布2022年数字领域工作计划，提出拟于三季度推出《欧洲芯片法案》，壮大欧洲半导体产业，缓解半导体短缺、减少对外战略依赖、强化供应安全，同时加大对全球半导体创新能力的支持。

（三）亚洲国家陆续出台半导体政策

1. 中国开展半导体技术和产业战略布局

2021年3月12日，中国发布《中华人民共和国国民经济和社会发展第十四个

---

1 "欧盟委员会发布《2023数字指南针：欧洲数字十年之路》"，http://www.ecas.cas.cn/xxkw/kbcd/201115_128697/ml/xxhzlyzc/202105/t20210518_4562435.html，访问时间：2022年8月20日。

2 "Alliance on Processors and Semiconductor technologies"，https://digital-strategy.ec.europa.eu/en/policies/alliance-processors-and-semiconductor-technologies，访问时间：2022年9月7日。

3 "Germany to invest billions to bring semiconductor production back to Europe"，https://www.euractiv.com/section/industrial-strategy/news/germany-to-invest-billions-to-bring-semiconductor-production-back-to-europe/，访问时间：2022年9月7日。

五年规划和二〇三五年远景目标纲要》，指出要瞄准人工智能、量子信息、集成电路等前沿领域，集中优势资源攻关关键元器件零部件和基础材料等领域的关键核心技术；聚焦高端芯片、操作系统、人工智能关键算法、传感器等关键领域，加快推进基础理论、基础算法、装备材料等研发突破与迭代应用。加强通用处理器、云计算系统和软件核心技术一体化研发。12月12日，中国发布《"十四五"数字经济发展规划》，提出要点布局包括第三代半导体在内的新兴技术。12月27日，《"十四五"国家信息化规划》将芯片列入关键信息技术创新领域及核心技术突破工程，明确指出，"加快集成电路关键技术攻关，推动计算芯片、存储芯片等创新，加快集成电路设计工具、重点装备和高纯靶材等关键材料研发，推动绝缘栅双极型晶体管（IGBT）、微机电系统（MEMS）等特色工艺突破"。

2. 日本提出强化半导体产业基础实施方案

继一些国家和地区陆续公布各自半导体产业发展的新战略之际，日本也试图将半导体产业打造成重点产业。2021年，日本经济产业省召开四次半导体与数字产业战略研讨会议。6月4日，日本正式发布《半导体数字产业发展战略》，将半导体数字产业上升为国家战略。该战略提出，日本将加强与海外合作，联合开发尖端半导体制造技术并确保生产能力；加快数字领域投资，强化尖端逻辑半导体设计和开发；优化国内半导体产业布局，加强产业韧性。在11月15日召开的第四次半导体与数字产业战略研讨会上，日本经济产业省提出了强化日本半导体产业基础的"三步走"实施方案[1]，希望在物联网、电动汽车和自动驾驶、节电和光电融合等领域抢占半导体市场。

• 延伸阅读 ———————————————————————

日本半导体复兴"三步走"战略

第一，确保国内半导体制造基础。加快物联网相关半导体生产基

---

1 "半導体・デジタル産業戦略検討会議「半導体戦略の進捗と今後」"，https://www.meti.go.jp/policy/mono_info_service/joho/conference/semicon_digital/0004/03.pdf，访问时间：2022年10月15日。

地的建设，吸引先进半导体代工厂来日建厂，确保后5G时代尖端半导体（逻辑、存储器）的供给，防止日本半导体制造基地外流和空心化，更新并强化日本现有的半导体生产基地。

第二，确立下一代半导体技术。与有关国家合作研发先进半导体技术，包括前工序（More Moore，微型化超过2纳米）、后工序（More than Moore、3D封装）、下一代功率半导体等。日本将设立后5G信息通信系统基础设施强化研究开发基金（2000亿日元）以及绿色创新基金（2万亿日元）推动相关项目。同时，加强与美国在研发下一代半导体技术的合作。

第三，通过全球合作开发未来技术。开发可以改变"游戏规则"的光电融合技术。构建与全球企业合作的产学机制，启动半导体开放创新框架，加强政府、企业、科研机构联合，推进半导体研发。

另外，日本经济产业省还提出通过降低用电成本、推动可再生能源供应、全球合作等方式改善营商环境，实现可持续发展。[1]

日本还加大半导体行业补贴力度。11月24日，日本提出在2021财年补充预算案中拨出6000亿日元，支持半导体企业发展，确保尖端半导体的稳定供应。其中，台积电获拨4000亿日元，美光科技和铠侠控股获拨2000亿日元。台积电在日本熊本县设厂，美光科技在广岛县设厂，铠侠控股在三重县和岩手县设厂。[2]

3. 韩国推出《"K-半导体"战略》及投资计划

2021年5月13日，韩国发布《"K-半导体"战略》，提出到2030年将韩国半导体年出口额增加到2000亿美元，力争巩固韩国存储半导体世界第一的地位，争取系统半导体成为世界第一，实现2030年半导体综合强国的目标。战略

---

1 "半導体・デジタル産業戦略検討会議「デジタル産業政策の新機軸」"，https://www.meti.go.jp/policy/mono_info_service/joho/conference/semicon_digital/0004/04.pdf，访问时间：2022年10月16日。

2 "日本将编列6千亿补充预算，部分将补贴美光科技"，https://cn.nikkei.com/industry/itelectric-appliance/46782-2021-11-24-09-01-21.html，访问时间：2022年8月4日。

围绕构建"K-半导体"产业带、加大半导体基础设施建设、夯实半导体技术发展基础、提升半导体产业危机应对能力四大方面制定了16项措施。

6月，韩国政府公布了向芯片厂商提供税收优惠和补贴的计划，将在未来十年投资约510万亿韩元建立世界上最大的芯片制造基地。8月30日，韩国宣布计划在2022年向芯片、生物健康、下一代汽车等产业，提供6.3万亿韩元的预算资金支持。11月30日，韩国宣布计划于2022—2028年投资4072亿韩元，加强人工智能芯片技术。此外，韩国贸易、工业和能源部表示，计划于2022—2025年投资320亿韩元开发电源管理芯片相关的核心技术。韩国科学技术信息通信部计划于2022—2025年投资390亿韩元，开发与自动驾驶相关的人工智能芯片。[1]

·延伸阅读

韩国《"K-半导体"战略》简介

战略一：构建"K-半导体"产业带

课题1：半导体制造

增加尖端存储半导体生产设备，提升现有生产设备性能；增建8英寸晶圆代工厂，提升7纳米及以下工艺产能，推进5纳米工艺量产。

课题2：半导体材料、零部件和设备

构建专业化产业园区，推进供需企业合作研发核心材料、零部件和设备，缩短研发周期。在园区内构建测试平台，推动研发成果快速商业化。

课题3：半导体尖端设备

建立"尖端设备联合基地"，吸引EUV光刻机、尖端蚀刻机相关外资企业，推进与其开展战略合作。

课题4：半导体封装

投资开发倒装芯片、晶圆级封装、面板级封装、系统级封装和3D封装等五大尖端封装技术，培养封装技术专业人才。

---

1 "Foreign media: South Korea plans to invest 400 billion won within 7 years to strengthen artificial intelligence chip technology", https://min.news/en/tech/b2d919978436f1a73ebdbd04549a5c77.html，访问时间：2022年8月6日。

课题5：芯片设计厂商

设立系统半导体设计支持中心、人工智能半导体创新设计中心和新一代半导体融合型园区，构建韩版"芯片设计厂商集"（Fabless Valley），对芯片设计厂商提供从创业到发展的一揽子支持，特别是加强人工智能半导体设计能力。

战略二：加大半导体基础设施建设

课题6：对半导体领域的研发和设备投资活动提供更大税收优惠；

课题7：加大金融支持力度，增加半导体设备投资

新设1万亿韩元规模的"半导体设备投资特别资金"，低息向半导体产业内的设计、材料、零部件、制造等行业相关企业提供贷款，支持其购买所需设备。

通过企业并购基金、金融支持项目等多种途径，支持企业进行"需求导向型"投资，推动基于碳化硅材料的新一代车用功率半导体的生产制造。

课题8：放宽相关限制，加快引入半导体生产设备

构建快速通道，简化新增半导体生产设备审批流程；若新增设备采用有助于温室气体减排的最佳可用技术，则给予100%的碳排放配额。

课题9：支持半导体生产制造基础设施建设

在用水方面，确保水资源足量供给。在用电方面，支持半导体园区进行电力基础设施建设，给予最高达50%的资金支持。在废水处理方面，支持超纯水废水处理研发活动，提高工业废水再利用率，实现超纯水废水处理技术国产化。

战略三：夯实半导体技术发展基础

课题10：培养半导体人才，提高核心人才社会地位

设立系统半导体专业，培养14400名本科生；通过开展产学共同研发项目和"企业参与型"课程，培养7000名半导体硕博士；培养13400名实操型人才，向企业在职员工和准就业人员提供半导体材料、零部

件和设备领域的实操培训；奖励在半导体领域做出杰出贡献的产学研各界人才，提高核心人才的经济和社会地位；支持企业退休人员开展再就业和创业活动，最大限度地利用优秀人才。

课题11：加强半导体产业内部合作

在由系统半导体供需企业构成的半导体"前方产业"领域内，构建以需求为中心的半导体合作联盟。推进物联网家电、机器人、生物、能源等产业与半导体产业构建合作联盟，定期举行产业间技术交流会，支持人工智能半导体等系统半导体的"需求导向型"研发。

在由材料、零部件和设备中小企业与元器件大企业构成的半导体"后方产业"领域内，开放大企业量产生产线，向材料、零部件和设备中小企业提供量产性能评估机会；成立由韩国产业通商资源部主管的"半导体合作委员会"，半导体全价值链内的主要企业共同参与商讨半导体领域内的合作课题。

课题12：加强半导体核心技术开发

在新一代功率半导体领域，推动材料、模块和系统领域的相关企业开展"链条式"研发；开发基于碳化硅、氮化镓和氧化镓材料的高性能功率半导体。

开发移动端、服务器用神经网络处理器（NPU）和新一代人工智能半导体（第三代神经形态芯片），并将其应用到各类"数据中心"和"数字新政"相关项目中，促进成果转化。

推进开发在汽车、生物等领域广泛应用的半导体传感器，制作试制品，构建性能验证体系。

利用国内高校和研究机构掌握的纳米技术，推动材料、零部件和设备的开发和商业化；与美国、中国台湾企业开展共同研发活动，提升供应链安全性。

战略四：提升半导体产业危机应对能力

课题13：商议制定《半导体特别法》

综合分析全球半导体产业发展现状、主要国家半导体立法动向、半导体领域国际规范等，由国会及相关部门就是否制定《半导体特别法》及立法方向进行协商。

课题14：强化车用半导体供应链

短期计划包括：对车用半导体提供快速通关支持；优先对车用半导体零部件厂商提供量产性能评估支持。

中长期计划包括：构建"未来汽车—半导体合作联盟"，持续发掘并推进实施这两大产业领域的合作课题；构建性能安全评估、可信性认证相关基础设施，以将国内公司设计、制造出的半导体应用至汽车产业。

课题15：加强制度建设，防止半导体核心技术流向海外

加强政府跨部门合作，共享国家核心技术相关专利分析结果，共同开发技术泄露监测预警系统；制定"第四次产业技术保护综合计划（2022—2024）"，加强对企业、高校和公共研究机构的技术保护力度，严防技术泄露。

加强对掌握国家核心技术人才的管理，如进行出国管理、签订竞业禁止协议等。

课题16：打造"绿色"半导体产业

大力投资温室气体减排设备，推进半导体制造领域环保技术和温室气体控制技术的研发。

构建环保气体测定认证体系，积极发掘可用于半导体制造工艺的新型环保气体，并进行量产测试，助力实现碳中和目标。[1]

---

4. 南亚及东南亚国家调整半导体政策

全球15%—20%的电阻器和电容器等被动元件在东南亚制造，马来西亚和越南是全球重要的半导体封装测试基地，马来西亚在全球半导体芯片封装和测试市场上的占比为13%。南亚地区在芯片设计环节有一定优势，世界上最大的

1　郑思聪：《韩国发布〈K-半导体战略〉》，载《科技中国》，2021年第7期，第100—102页。

芯片设计中心之一就位于印度的班加罗尔。2021年，南亚及东南亚国家政府相继实施了半导体相关激励计划，以保证其在半导体供应链领域的竞争力。

泰国　8月3日，泰国投资促进委员会出台修改后的半导体制造业投资优惠政策，增加了减免所得税年限。针对半导体制造业中的电子设计、硅晶圆、晶圆制造等前端半导体企业，可享受十年企业所得税减免。晶圆排序、芯片组、组装、IC测试且机器投资额不少于15亿泰铢的后端半导体企业，可享受八年企业所得税减免。若机器投资额少于15亿泰铢但大于5亿泰铢，则享受五年企业所得税减免；若机器投资额少于5亿泰铢，则享受三年企业所得税减免。另外，针对进一步投资于研发的半导体项目的企业，将有资格获得长达五年的额外企业所得税减免。[1]

新加坡　1月，新加坡高端科技人才"科技准证"计划（Tech Pass）正式开放申请，吸引从事半导体设计与制造行业海外人才。2月16日，新加坡在颁布的"2021新加坡财政预算案"提出，将利用240亿新元财政拨款中的部分资金，资助企业在半导体生产、人工智能等领域所产生的测试，或采用前沿技术的初始成本。新加坡还接连举行"半导体商业连接会""2021新加坡半导体工业协会峰会"等活动，促进半导体行业的创新活动，完善本土半导体生态系统。

马来西亚　5月12日，马来西亚槟城国际半导体技术展览会召开。展会核心展品范围包括半导体技术、半导体生产投入材料、半导体设备三个方面，共吸引了超260家企业参加，下游业务需求超1.3万余次。展会为供需各方提供商业机会。9月15日，马来西亚半导体产业协会举办"新一轮需求下对马来西亚微电子产业投资研讨会"。马来西亚投资和发展局主管、马来西亚半导体产业协会会长以及德州仪器马来西亚公司总经理共同出席了该研讨会。各与会专家分析马来西亚所吸引优质外资流入的原因，共同总结了未来马来西亚微电子及半导体领域可能存在的投资机会，为海外资本输入指明潜在方向。

印度　12月15日，印度政府宣布批准100亿美元激励计划，将对符合资质

1　"泰国修改半导体制造业投资优惠政策"，http://www.brsn.net/xwzx/zhongwen/detail/20210805/10050000000
34741628127601376475025_1.html，访问时间：2022年8月20日。

的半导体和显示器等企业的相关项目，提供不超过其成本50%的财政支持。据称，该计划预计将直接创造3.5万个就业机会和10万个间接就业机会，并很可能吸纳高达1.7万亿卢比的外部投资。

二、网络安全威胁持续引关注

2021年，全球网络安全形势依旧严峻，勒索软件、供应链攻击等对网络空间带来严重威胁，能源、交通、卫生医疗等成为网络攻击的重灾区。美国利用其网络空间技术和资源优势，在网络空间肆意实施网络霸凌行径，引起国际社会广泛担忧。重大网络安全事件频发牵引各国改革网络防御举措，促使它们不断完善网络安全战略布局，提升应对网络安全威胁的能力。美国及其盟友国家以大国博弈为主基调的网络安全政策进一步加剧网络空间竞争格局。与此同时，共同应对网络空间安全威胁的国际协调合作有序开展并取得积极进展。

（一）多国重要基础设施遭网络攻击

2021年，全球范围内发生多起针对交通、能源、卫生医疗等领域重要基础设施的网络攻击破坏事件，扰乱经济发展和社会稳定。

1. 澳大利亚新南威尔士州交通局遭网络攻击

2021年3月1日，澳大利亚新南威尔士州交通运输系统的安全文件共享系统遭网络攻击，造成数据泄露。该运输系统负责新南威尔士州的公共汽车、渡轮、区域航空和货物运输。

2. 伊朗核设施因网络攻击停电

2021年4月11日，伊朗纳坦兹核设施因网络攻击停电，铀浓缩活动被迫停止。伊朗方面表示，事件没有造成任何人员伤亡及放射性污染。伊朗外交部部长穆罕默德·贾瓦德·扎里夫在伊朗议会国家安全和外交政策委员会会议上指责以色列"破坏"伊朗核设施。

3. 美国油气管道运输公司遭勒索软件攻击

2021年5月7日，美国最大的燃油管道运营商科洛尼尔管道运输公司受到网络勒索攻击，被迫关闭其输油管道。科洛尼尔管道运输公司运营着贯穿美国东海岸十几个州的石油管道，为东海岸供应约45%的汽油、柴油以及航空燃料。受攻击影响，5月9日晚，美国能源部宣布17个受影响的州及华盛顿特区进入紧急状态。据英国广播公司报道，此次攻击由黑客组织"黑暗面"（DarkSide）实施，其在收集了科洛尼尔管道运输公司的大量基础信息之后发起攻击活动。参与应对此次事件的网络安全顾问称，黑客组织利用了科洛尼尔管道运输公司泄露的密码，找到公司系统中存在的漏洞并植入恶意软件，窃取近100GB数据，并威胁如果不付款，就将这些数据泄露至互联网。据彭博社称，科洛尼尔管道运输公司在遭攻击后已支付约500万美元赎金。

4. 美国IT托管商遭勒索攻击

2021年7月3日，美国IT托管商卡塞亚公司称其遭到勒索攻击。[1] 黑客组织REvil利用卡塞亚公司网络管理包传播勒索软件，并要求该公司支付价值7000万美元的比特币来换取解密器。卡塞亚公司是专门为小企业提供技术外包服务软件工具的公司，此次勒索攻击涉及50个卡塞亚的托管客户，约有800—1500家企业受到牵连。网络安全业界将这次勒索攻击定义为"史上最大的供应链攻击事件"。7月6日，美国总统拜登下令调动全部政府资源协助应对"卡塞亚勒索攻击事件"。

5. 伊朗交通系统遭网络攻击

2021年7月9—10日，伊朗交通系统遭网络攻击，导致火车站车次显示混乱及交通部门网站无法打开。近年来，伊朗基础设施曾多次遭网络攻击，伊朗政府指责美国和以色列支持此类破坏活动。

---

[1] "Biden announces investigation into international ransomware attack", https://www.theguardian.com/technology/2021/jul/03/kaseya-ransomware-attack-us-sweden，访问时间：2022年9月7日。

6. 加拿大医疗系统遭严重网络攻击

2021年10月，加拿大纽芬兰和拉布拉多省的卫生医疗网络遭到网络攻击，导致多个地方卫生系统瘫痪，数千人的医疗预约被取消。官方披露称，黑客窃取了近14年来加拿大东部卫生系统患者与员工的个人信息。安全专家表示，该事件是加拿大历史上遭受的最严重网络攻击，其影响程度与后果严重性均创下历史纪录。

· **延伸阅读**

2021年上半年网络入侵活动急剧上升

2021年8月4日，埃森哲发布2021年上半年网络调查报告，主要发现如下：

1. 由于后门壳层活动的增加，2021年上半年的网络攻击同比上年增长125%。这些活动通过恶意代码获得远程访问与控制权限，进而有针对性地进行软件勒索并发起供应链攻击。

2. 消费与服务、工业、银行、旅游与酒店、保险是主要受攻击领域。

3. 恶意软件攻击中，勒索软件占38%，仍是最大威胁；其次是软件后门，占比33%。年收入在10亿美元以上的公司是勒索软件攻击的最大受害者，占比80%。[1]

（二）美国在网络空间的活动引发担忧

美国为维护其全球霸权地位，滥用其网络空间技术和资源优势，争夺网络空间基础资源、查封他国域名、监听盟友领导人通信、发展进攻性"网络防御"力量，其一系列单边主义和霸权行为引发国际社会广泛的安全担忧，进一步加剧网络空间的不信任。

---

[1] "Triple digit increase in cyberattacks: What next", https://www.accenture.com/us-en/blogs/security/triple-digit-increase-cyberattacks，访问时间：2022年8月10日。

1. 美国国防部宣告大量IPv4地址空间的所有权

自2021年1月起，美国国防部通过全球资源系统有限公司（Global Resource Systems LLC，简称GRS）陆续公布其拥有的IPv4地址，截至4月，共公布约1.75亿个IPv4地址的所有权。[1] 对此，美国国防部向媒体声称，国防数字服务局授权一项试点工作，通过公布国防部拥有的IP地址空间，评估未经授权使用国防部IP地址空间情况，并防止未经授权使用国防部IP地址。试点工作可以发现潜在漏洞，提升网络攻防能力。

IP地址是互联网的重要基础资源，据统计，亚洲占全球人口总数接近60%，但仅拥有24%的IPv4地址、27%的IPv6地址和18%的自治系统号。IPv4资源方面，美国IPv4地址占全球总量的44%，中国仅占9%。美国国防部此次公布的IPv4地址数量已超过中国IPv4地址的半数。在全球IPv4地址日益稀缺的今天，美国突然宣布对海量的地址空间所有权，引发全球互联网安全风险加剧的担忧。有互联网技术专家认为，美国此举目的，一是通过宣布地址所有权，避免其他机构或个人抢先宣布该地址和路由；二是收集大量的互联网背景流量以获取威胁情报。

2. 美国查封伊朗媒体域名

2021年6月22日，美国司法部宣布查封36个伊朗媒体域名，主要涉及.COM、.NET、.ORG等通用顶级域名。美国司法部网站公告称[2]，美国查封伊朗伊斯兰广播电视联盟旗下的33个网站和真主党运营的3个网站。司法部称被查封网站在以下几方面违反美国制裁令：一是没有通过美国财政部外国资产控制办公室的许可，违反了美国对伊制裁令；二是这些域名的持有机构传播针对美国的虚假消息。随后，伊朗伊斯兰共和国广播电视台控诉美国压制言论自由。此前，美国执法部门已于2020年10月查封92个和伊朗伊斯兰革命卫队有关的域名，并称将继续"使用一切工具阻止伊朗政府滥用美国公司和社交网络进行政治宣传

---

1 "Minutes befor Trump left office, millions of the Pentagon's dormant IP addresses sprang to life"，https://www.washingtonpost.com/technology/2021/04/24/pentagon-internet-address-mystery/，访问时间：2022年3月4日。

2 "United States Seizes Websites Used by the Iranian Islamic Radio and Television Union and Kata' ib Hizballah"，https://www.justice.gov/opa/pr/united-states-seizes-websites-used-iranian-islamic-radio-and-television-union-and-kata-ib，访问时间：2022年3月4日。

活动，秘密影响美国公众以及挑拨离间"。[1]

各界普遍认为，.COM、.NET顶级域名注册管理机构威瑞信公司（Verisign）和.ORG顶级域名的公益注册机构（PIR）、亚马逊等美国企业配合政府执法，通过技术手段停止了伊朗网站域名的使用。根据技术专家的分析，域名注册管理机构在收到政府指令后，将伊朗管理的解析服务器修改为由美国亚马逊公司管理的服务器，亚马逊则在域名解析服务器中将伊朗相关网站的域名解析指向亚马逊云服务提供的IP地址。解析记录被修改后，在访问相应网站时，网站首页展示带有美国司法部联邦调查局与美国商务部工业和安全局标识的停止使用信息。此外，这些域名被查封后，除了网站无法访问外，构建在域名上的邮件服务器、应用程序编程接口、上层应用服务等都受到影响。尽管美国此次查封的域名是通用顶级域名，而不包括国家和地区代码顶级域名，多个伊朗新闻网站已经将域名更换到伊朗国家顶级域名（.IR）之下重新上线并恢复正常访问，但是这些网站的国际访问及相应的各类服务和应用仍不同程度受到影响。本次事件反映出域名服务、云服务等可能成为美国打压他国工具，引发各国对美国在互联网治理特别是基础资源国际治理领域霸权行为的担忧。

3. 美国监听欧洲领导人

2021年5月30日，丹麦广播公司特别报道称，丹麦国防情报局的"邓哈默行动"绝密调查显示，在2012—2014年间，美国国家安全局利用丹麦的海底互联网电缆登陆站点监视（监听）德国、法国、挪威、瑞典、荷兰等国政要的短信和电话通话内容，德国总理默克尔、总统施泰因迈尔、前反对党领袖施泰因布吕克等政要名列其中。据悉，在美国的帮助下，丹麦境内建立了多处海底互联网电缆登陆站点，连接瑞典、挪威、德国、荷兰和英国等国家。丹麦国防情报局曾向美国提供哥本哈根附近一个特殊站点的访问权限，美国可以监控海底光缆传输的信息。[2]

监听行动曝光后，受事件波及的欧洲各国反应强烈。欧洲多国政要表示：

---

1 "美国查封伊朗媒体域名事件背后的技术分析"，https://www.secrss.com/articles/32306，访问时间：2022年5月4日。

2 "美国的监听令人感到震惊和气愤"，https://news.gmw.cn/2021-06/02/content_34892927.htm，访问时间：2022年6月4日。

该行为是一种政治丑闻，是不可接受的，并要求美国给予解释。[1]德国总理默克尔与法国总统马克龙于5月31日共同主持第二十二届法德部长联席会议，默尔克在回答记者时重申希望美方做出澄清。瑞典首相勒文表示，此事非常严肃，需要查清美国和丹麦窃听真相。被监听的德国前反对党领袖施泰因布吕克指责说，这是一桩丑闻，事件表明参与监听的国家"有自己的小算盘"。

事件发生后，多国媒体谴责美国。今日俄罗斯报道指出，过去20年间信息革命使数据变得至关重要，"数据冷战"已成为当今时代的战略焦点，其范围和复杂程度均远超以往。美国不断向全世界兜售所谓"清洁网络"理念，努力将自己描绘成全球数字间谍活动中的无辜一方，但实际情况却是美国在竭尽全力加强自身的网络监控能力。多年来，美国精心策划并编织了全世界范围的互联网监控体系，在"9·11"事件和美国国家安全局的大幅扩张之后，这一势头急剧加速。

5月31日，针对外媒披露美国长期监视盟国高官活动的事件，中国外交部发言人汪文斌在当日的例行记者会上表示，事实一再证明，美国是公认的全球头号"黑客帝国"和窃密大户，其泄密对象不仅包括竞争对手，也包括美国自身的盟友，称得上是大规模、无差别窃听、窃密的惯犯高手。即便是美国盟友，也对此表示不可接受。一再采取窃密手段的美国竟打着"清洁网络"的旗号，声称维护网络安全，不难看出维护网络安全是假，打压竞争对手是真；维护盟友安全是假，维护自身霸权是真。我国在要求美国给国际社会一个交代的同时，也呼吁国际社会共同揭露和抵制美国的网络霸凌行径，不要为"黑客帝国"的非法行为作嫁衣。[2]

· 延伸阅读

美国、丹麦合作监听历史

丹麦是环北极国家，是美国和欧洲电子通信海底光缆通道，其境

1　"窃听风波持续发酵，美欧裂痕可否弥合"，https://news.cctv.com/2021/06/01/ARTI1PqnQkShvfqx2C1HqSes210601.shtml，访问时间：2022年6月4日。

2　"汪文斌谈美国长期监视盟友高官：公认的全球头号'黑客帝国'"，https://www.chinanews.com.cn/gn/2021/05-31/9489292.shtml，访问时间：2022年6月4日。

内拥有数座连接瑞典、挪威、德国、荷兰和英国的海底互联网光缆的关键登陆站。对美国而言，丹麦的地理位置也是北约发动对俄罗斯军事行动的最佳集结点，因此当美国国安局考虑在北欧建立数据中心来处理其在欧洲大陆收集的信息时，丹麦自然而然成为"首选"。

丹麦与美国的军事和情报互动与合作可以追溯到"冷战"时期。两国在1997年达成了一项非常特殊的协议：美国国家安全局通过丹麦国防情报局，获得从通信电缆访问原始数据的权限。这项协议一直处于保密状态，但协议要求历任丹麦国防大臣签名以表明他们知悉此事，而且所有国防大臣都必须在同一张纸上签名。在美国的帮助下，丹麦国防情报局在哥本哈根东部的阿迈厄岛南端建立了一个大型数据处理中心，以使两国情报机构都能够利用网络监控截获的信息。这样，美国国家安全局以各高官的电话号码为参数，通过丹麦的海底互联网电缆畅通无阻地进行窃听。[1]

4. 美国增加"前出狩猎"的行动预算

美国国防部2022财年预算报告显示，美国网络司令部已在2022财年申请了1.472亿美元拨款，用于与盟国和合作伙伴合作开展"前出狩猎"网络行动。[2] 据美国网络司令部的一位发言人称[3]，拨款的项目包括美军网络司令部的"前出狩猎"和空军的网络漏洞评估计划，分流至"前出狩猎"的行动资金为2670万美元，较2021财年的1200万美元拨款增加了一倍之多。到2024年，美国网络司令部将增加14个新网络任务部队。"前出狩猎"是美国开展的所谓海外"防御性"网络行动，旨在通过向海外派遣由美军网络战专家组成的精锐力量，主动追捕、发现并识别对手，在强化针对性防护的同时，公开曝光对方网络攻击信

1　江洋：《美国监听欧洲，引发六大疑问》，载《网络传播》，2021年第6期，第69—71页。

2　"Office of the Under Secretary of Defense (Comptroller)/Chief Financial Officer"，https://comptroller.defense.gov/Portals/45/Documents/defbudget/FY2022/FY2022_Budget_Request_Overview_Book.pdf，访问时间：2022年6月4日。

3　"CYBERCOM SEEKS 'HUNT FORWARD' FUNDING BOOST"，https://www.secure-ee.com/cybercom-seeks-hunt-forward-funding-boost/，访问时间：2022年6月4日。

息以达到震慑目的。美国于2018年开始部署有关行动，目前已在14个国家开展行动20余次。

（三）多国出台网络安全战略举措

为应对网络空间安全威胁，各国根据国际形势变化和本国发展需要，不断完善网络安全战略布局，推出网络安全战略举措，提升网络安全能力。值得注意的是，以美国为首的西方国家从"大国竞争"角度推进网络空间安全政策制定，加剧了网络空间竞争和博弈，客观上推动了网络空间的军事化和碎片化。

1. 亚洲国家

马来西亚武装部队建立网络战信号军团以加强网络防御。据马来邮报2021年3月2日报道，马来西亚武装部队（MAF）成立网络战信号军团（99 RSPS），目的是在面对来自各个领域的网络安全挑战和威胁时，加强其能力和准备，增强和整合该国的网络防御能力。

韩国计划在网络安全领域投入6700亿韩元。3月8日，韩国科学和信息通信技术部表示，将在2023年之前投入6700亿韩元用于增强网络安全实力，以应对日益增长的新兴网络威胁。韩国科学和信息通信技术部表示，新系统将与大型云和数据中心合作，快速响应网络安全威胁，相关部门也会与安全公司合作提供安全补丁。新系统将会扩大网络威胁信息收集范围，包括主要社交网络、暗网和虚拟服务等。

中国通过数据安全法。6月10日，《中华人民共和国数据安全法》经十三届全国人大常委会第二十九次会议表决通过，于2021年9月1日起正式施行。该法确立了数据分级分类管理、风险评估、监测预警和应急处置等数据安全管理各项基本制度，规定了促进数据安全与发展的措施，建立了保障政务数据安全和推动政务数据开放的制度，明确了开展数据安全活动的组织、个人的数据安全保护义务，落实数据安全保护责任。同时，该法进一步明确规定了中央国家安全领导机构对国家数据安全工作的领导地位，建立了国家数据安全工作协调机制；工业、电信、交通、金融、自然资源、卫生健康、教育、科技等主管部门承担本行业、本领域的数据安全监管职责；公安机关和国家安全机关依照法律、行政法规的规定，在各自职责范围内承担数据安全监管职责；国家网信部门依照法律、行政法规的规定，负责统筹协调网络数据安全和相关监管工作。

日本防卫省宣布增加网络安全部门配置。7月6日，日本防卫省宣布计划增加人员，帮助防范日益复杂的网络安全攻击，以加强其网络安全部门的能力。防卫省计划在2022年3月底前再招聘800人，用于负责保护日本自卫队使用的共享系统，这将使日本政府的网络安全防御部门从大约660人增加到近1500人。未来，日本防卫省还希望在数量与质量两个层面不断增强网络防御体系。

2. 欧洲国家

英国政府宣布成立网络安全委员会。2021年2月9日，英国政府宣布成立网络安全委员会作为专业培训和制定标准的管理机构，委员会于2021年3月31日正式运作。从职能上看，英国网络安全委员会将参与建立网络安全职业路径，培养多元化网络安全人才、提升网络安全从业人员职业道德以及提供网络安全政策建议。

· 延伸阅读 ——————————————————————————

英国网络安全委员会简介

英国网络安全委员会是根据英国政府2016—2021年国家网络安全战略要求成立，由英国网络安全专家克劳迪娅·纳坦森（Claudia Natanson）担任主席。

英国网络安全委员会关注以下四个领域[1]：

一、网络安全职业发展

委员会将积极参与建立网络安全职业资格框架，为网络安全从业者的技能和资格建立标准。

---

[1] "WHAT THE UK CYBER SECURITY COUNCIL DOES", https://www.ukcybersecuritycouncil.org.uk/about-the-council/what-we-do/，访问时间：2022年6月4日。

二、面向未来人才

委员会将支持和改善英国网络安全行业的多样性，建立一个充满活力和包容性的，覆盖行业、政府和教育合作伙伴的全国网络，促进对话和分享最佳实践，增加网络安全行业吸引力。

三、职业道德

为从事网络安全职业的机构及个人制定职业道德守则，提供指导原则和示范，建立和维护公众信任。

四、思想领导力与影响力

委员会将为政府网络安全政策和法规制定提供建议，还将加强国际合作，包括与其他国家行业及监管机构合作及国际标准机构合作，参与定义网络安全标准。

英国发布《国家网络战略2022》。12月15日，英国政府发布《国家网络战略2022》，力争维持英国网络大国地位。战略提出未来五年的五项"优先行动"：一是加强英国网络生态系统，投资人才和技能，深化政产研伙伴关系；二是建设有韧性和繁荣的数字英国，降低网络风险，使企业充分从数字技术获益；三是在重要网络技术方面领先，开发确保未来技术安全的框架；四是提升英国的全球领导力和影响力；五是监测、干扰和威慑对手，加强英国网络空间安全。

• 延伸阅读 ——————————————————

英国《国家网络战略2022》内容概要

战略背景

1. 竞争时代的全球化英国。为了让英国更好地适应一个更具竞争力的世界，必须通过科技创新促进国家繁荣、提升战略优势。

2. 网络环境。网络空间由政府、私营企业、非营利组织，甚至罪犯拥有和运营，这意味着任何战略都必须把地缘战略与国家安全、刑事司法与民事监督、经济与产业政策联系起来，并且需要对网络空间不同文化或社会背景和价值体系有深刻的理解。网络空间超越国界，技术供应链和关键依赖日益全球化，强大的技术公司出口产品并制定标准，国际论坛决定网络空间和互联网的规则和规范制定。

3. 网络实力。战略的核心是网络实力，其定义是一个国家在网络空间和通过网络空间保护和促进其利益的能力。人员、知识、技能、组织和伙伴关系是网络实力的基础。

4. 英国的网络实力。（1）英国网络生态系统和技术领先。（2）英国在过去十年实施了一系列旨在加强英国网络韧性的措施。（3）国际上，英国的网络专业知识受到合作伙伴的高度评价，英国在提高国际能力和对抗恶意网络活动中发挥了重要作用。（4）通过投资情报能力建设、对网络犯罪进行综合执法、开发英国数字身份和属性信任框架等措施应对网络威胁并威慑对手。

5. 变革的驱动因素。数据和数字连接的快速扩展；关键基础设施将变得更加分散；网络空间的日益扩展；网络空间的威胁演化和多样化；网络空间的竞争日趋激烈；大国对网络空间的系统性竞争；竞争前沿技术领域的控制权；数字孪生、量子计算、大规模自主系统等新型技术发展迅速。

英国的回应

（一）战略愿景、原则和目标

1. 愿景：到2030年，英国将继续成为领先的"负责任和民主"网络国家，能够保护和促进国家网络空间的利益，并通过网络空间支持国家目标。

2. 战略原则：优先提升公民和企业在网络空间安全运营的能力；努力维护开放和互操作的互联网；合法、适当和负责地使用网络能力；采取行动打击利用网络空间的犯罪行为；倡导通过包容、多利益相关方的方式进行网络治理。

3. 战略目标：加强英国的网络生态系统；建设一个有韧性和繁荣的数字英国；在对网络实力至关重要的技术方面处于领先地位；提升

英国的全球领导力和影响力，建立安全繁荣的国际秩序；发现、干扰和威慑对手，加强英国在网络空间中的安全。

（二）方法的关键转变

致力于保持英国在网络领域的领先地位：更全面的国家网络战略；全社会的努力；更主动的方法；培育网络空间关键技术竞争优势；在政府的领导下，显著加强和促进网络安全；开展更加综合和持续的行动，干扰和威慑对手，保护和促进英国在网络空间的利益；该战略的每一部分都需要国际参与，应把网络实力置于英国外交政策议程的核心。

（三）英国行为体的角色和职责

1. 公民采取合理措施保护智能手机等设备、数据、软件和系统。

2. 企业和组织确保有效管理其网络风险，利用数字技术和在线服务来运营、创新和发展。

3. 网络安全部门在应对新兴网络威胁和挑战方面发挥关键作用，通过加强与政府的伙伴关系，充分发挥其专业知识的作用。

4. 大型科技公司在确保英国企业和组织安全运营方面发挥关键作用，大型科技公司需优先考虑其网络韧性。

5. 政府汇集必要的情报，以了解最复杂的威胁，制定和执行法律，制定国家标准，反击来自敌对行动者的威胁。

实施部分：五大战略支柱

（一）加强英国网络生态系统

目标1：加强必要的组织、伙伴关系和网络，支持全社会参与。

目标2：提高和扩大国家在各个层面的网络技能，包括通过先进和多样的网络安全专业来激励和培养未来的人才。

目标3：促进可持续、创新和具有国际竞争力的网络和信息安全部门的发展，提供优质产品和服务，以满足政府和经济发展的需要。

（二）建设一个有韧性和繁荣的数字英国

目标1：提高对网络风险的认识，以推动在网络安全和韧性方面采取更有效的行动。

目标2：通过改善英国组织内部的网络风险管理，更有效地预防和抵御网络攻击，并为公民提供更好的保护。

目标3：加强国家和组织能力，以准备、应对网络攻击并从中恢复。

（三）率先掌握网络实力的重要技术

目标1：提高预测、评估、应对网络实力至关重要的科技发展的能力。

目标2：在对网络空间至关重要的技术安全方面，培育和维持主权和联盟优势。

目标3：保护下一代互联技术，降低依赖全球市场的网络安全风险，确保英国用户能够获得可靠和多样化的供应。

目标4：与多利益相关方群体合作，在重点领域影响国际数字技术标准发展。

（四）提升英国的全球领导力和影响力，建立安全繁荣的国际秩序

目标1：加强国际合作伙伴的网络安全和韧性，增加集体行动，以干扰和威慑对手。

目标2：塑造全球治理，倡导自由、开放、和平与安全的网络空间。

目标3：利用和输出英国的网络能力和专业知识，以增强战略优势，推广更广泛的外交政策，实现繁荣和利益。

（五）发现、干扰和威慑对手，加强英国在网络空间中的安全

目标1：检测、调查和共享关于国家、罪犯和其他恶意网络行为者及恶意网络活动的信息，以保护英国国家利益和公民。

目标2：阻止和破坏针对英国国家利益和英国公民的国家、罪犯和其他恶意网络行为者及恶意网络活动。

目标3：在网络空间采取行动，强化国家安全，预防和监测网络犯罪。[1]

---

1 "HM Government, National Cyber Strategy 2022: Pioneering a cyber future with the whole of the UK"，https://assets.publishing.service.gov.uk/government/uploads/system/uploads/attachment_data/file/1053023/national-cyber-strategy-amend.pdf，访问时间：2022年8月8日。

法国宣布网络安全建设计划。4月6日，法国总统马克龙宣布，为加强网络安全建设、应对网络攻击行为、保护企业和社区，法国将斥资10亿欧元训练网络安全人员，并探索相关技术解决方案。根据该计划，其中1.4亿欧元将用于相关人员的教育和培训，并建设占地2万平方米的"网络校园"。除提供培训外，"网络校园"还汇聚了网络安全领域60多个公私机构。法国政府还将投入1.36亿欧元用于国家信息安全局"网络消防员"项目建设，在各地建立应急机构，以便在发生网络事件时能迅速采取应对措施。此外，法国政府还呼吁大力开展国际合作，共同应对网络犯罪带来的新挑战。[1]

意大利成立网络安全局（ACN）。6月11日，意大利总理府通过关于国家网络安全的法令，内容涵盖网络安全的紧急规定、国家网络安全架构的定义和建立国家网络安全局。其中，意大利网络安全局将在维护意大利国家利益、保护主要机构和职能部门免受网络威胁和网络攻击、网络事件影响方面发挥关键作用。

3. 美洲国家

巴西国家通讯管理局（ANATEL）发布《电信设备网络安全要求法案》。2021年1月5日，巴西国家通讯管理局发布关于批准通信设备网络安全要求的第77号法案，旨在建立一套针对电信设备的网络安全要求，通过软硬件更新或配置建议来使漏洞最小化或纠正漏洞。法案对规定范围内的产品提出了关于软硬件更新、远程管理、安装与操作、访问设备配置、数据通信、个人数据等多项网络安全要求。该法案规定提交设备认证申请时必须包含相关方的网络安全声明信，告知该产品及其供应商满足法案列出的要求。[2]

拜登政府延长奥巴马政府时期网络攻击制裁行政令。3月29日，美国拜登政府宣布延长奥巴马政府于2015年签署的网络攻击制裁行政令。该行政令宣布国家正处于由美国境外人员"重大恶意网络活动"造成的紧急状态，授权美国

---

1 "法国宣布网络安全建设计划"，http://paper.people.com.cn/rmrb/html/2021-04/06/nw.D110000renmrb_2021 0406_4-17.htm，访问时间：2022年8月8日。

2 "Ato nº 77, de 05 de janeiro de 2021"，https://informacoes.anatel.gov.br/legislacao/index.php/component/content/ article?id=1505，访问时间：2022年8月8日。

政府对发起或参与重大网络攻击和网络犯罪的个人或组织实施制裁。拜登政府发布的公告称，该行政令将在4月1日后继续有效，且未说明该行政令的失效日期。

拜登签署《提升国家网络安全的行政令》。5月12日，美国总统拜登签署第14028号行政令《提升国家网络安全的行政令》，要求联邦政府将网络事件的预防、检测、评估和补救作为重中之重，所有联邦信息系统都应满足或超过网络安全标准和要求。

美国国土安全部要求管道运营者报告网络安全风险。5月27日，美国国土安全部发布新网络安全指令，要求所有重要管道的所有者和运营商，需向美国国土安全部网络安全与基础设施安全局报告已经发生的和潜在的网络安全风险，并指定一名网络安全协调员24小时待命；重要管道所有者和运营商应不断审查当前做法，及时发现漏洞，并制定相关补救措施，以应对各种突发网络安全事件，并在30天内上报结果。[1]

拜登签署《改善关键基础设施控制系统网络安全的国家安全备忘录》。7月28日，拜登签署《改善关键基础设施控制系统网络安全的国家安全备忘录》，明确美国各级政府组织及关键基础设施的所有者和运营者均需保护关键基础设施安全，并发起工业控制系统网络安全倡议，推进工业控制系统网络安全计划等。

美国网络安全与基础设施安全局正式公布《联合网络防御协作计划》。[2]8月5日，美国网络安全与基础设施安全宣布启动《联合网络防御协作计划》。具体内容包括：促进美国国家网络防御计划的协调和实施；促进信息共享，共同了解网络防御挑战和机遇；开展协调性的网络防御行动，防止和减少网络入侵影响；支持联合演习，改善网络防御能力。美国网络安全与基础设施安全局宣布与国防部、网络司令部、国家安全局、司法部、联邦调查局和国家情报

1　"DHS Announces New Cybersecurity Requirements for Critical Pipeline Owners and Operators"，https://www.dhs.gov/news/2021/05/27/dhs-announces-new-cybersecurity-requirements-critical-pipeline-owners-and-operators，访问时间：2022年9月5日。

2　"CISA Launches Joint Cyber Defense Collaborative"，https://www.meritalk.com/articles/cisa-launches-joint-cyber-defense-collaborative/，访问时间：2022年9月7日。

局局长办公室建立伙伴关系;《联合网络防御协作计划》将与亚马逊网络服务、美国电话电报公司、谷歌云、流明科技、微软、帕洛阿尔托网络等企业以及各级地方组织和行业部门合作。该计划旨在通过合作,降低联邦机构、州和地方政府以及私营部门面临的网络风险,形成积极主动的网络防御态势。美国网络安全与基础设施安全局局长珍·伊斯特利在2021年美国黑帽大会上表示,《联合网络防御协作计划》的初步重点是打击勒索软件,统筹框架规划,保护云服务的安全。

拜登制订"数字军团"计划。[1] 8月30日,拜登宣布正在制订为期两年的"数字军团"计划,拟招募和培训可在联邦政府任职的数字技术人员,解决新冠疫情、经济复苏和网络安全等的问题,以期提高联邦政府的影响力。"数字军团"计划初期将招募具有软件工程、数据科学、设计、网络安全和其他关键技术领域技能的30名参与者,主办机构包括美国总务管理局、退伍军人事务部、医疗保险和医疗补助服务中心以及消费者金融保护局。该计划的合作部门包括美国总务管理局、白宫管理与预算办公室、人事管理办公室、网络安全与基础设施安全局以及白宫科技政策办公室。

美国正式发布《K-12网络安全法案》。[2] 10月8日,美国总统拜登签署了两党提出的《K-12网络安全法案》。该法案将为美国各级学校提供资源,使其免受网络攻击。该法案授权美国网络安全与基础设施安全局负责人在120天内,对影响美国从幼儿园到高中的学校网络安全风险进行研究;在60天内,为美国从幼儿园到高中学校提供网络安全指南的建议;在120天内,创建校园在线工具包供各学校使用。

美国商务部宣布限制网络安全技术出口的新规则。[3] 10月21日,美国商务部工业和安全局以国家安全与反恐为名,以瓦森纳机制为基础,加强对"网络

---

1 "Biden administration launches us digital corps to recruit the next generation of technology talent to federal service", https://www.gsa.gov/about-us/newsroom/news-releases/biden-administration-launches-us-digital-corps-to-recruit-the-next-generation-of-technology-talent-to-federal-service-08302021, 访问时间:2022年9月5日。

2 "Lisbeth Perez. Biden Signs K-12 Cybersecurity Act Into Law", https://www.meritalk.com/articles/biden-signs-k-12-cybersecurity-act-into-law/, 访问时间:2022年9月7日。

3 "Commerce Tightens Export Controls on Items Used in Surveillance of Private Citizens and other Malicious Cyber Activities", https://www.commerce.gov/news/press-releases/2021/10/commerce-tightens-export-controls-items-used-surveillance-private, 访问时间:2022年9月7日。

安全物项"的出口管制，认为其中存在"可能被用于恶意网络行为"的技术和物品。该规则还创立了一个经授权的网络安全出口许可例外。该规则将在90天内生效。瓦森纳机制规定成员国自行决定是否发放敏感产品和技术的出口许可证，并在自愿基础上向其他成员国通报有关信息，协调控制出口政策，该机制实际由美国控制。[1]

拜登签署《基础设施投资和就业法案》。11月15日，拜登签署《基础设施投资和就业法案》，法案中的网络安全部分由《网络响应和恢复法案》《州和地方政府网络安全改进法案》[2]组成。《网络响应和恢复法案》旨在授权美国国土安全部长宣布重大网络突发事件，建立应对突发事件的机制。《州和地方政府网络安全改进法案》主要是向州和地方政府进行网络安全拨款，资助符合条件的实体。

·延伸阅读

美国《网络响应和恢复法案》简介

2021年4月22日，美国参议员罗布·波特曼和加里·彼得斯提出《网络响应和恢复法案》。该法案主要是对2002年《国土安全法案》进行修订，授权国土安全部长宣布重大事件。11月15日，该法案作为《基础设施投资和就业法案》一部分，正式由美国总统拜登签署生效。法案主要内容如下：

一、若发生损害美国国家安全利益、外交关系、经济，或美国人民的公众信任、公民自由或公共健康和安全的重大事件，美国国土安全部长与国家网络总监（NCD）协商后，可根据本法案规定发表声明。国土安全部长还可在必要时更新声明，并在72小时内在《联邦公报》上公布声明或更新情况。

---

1 "Wassenaar Arrangement on Export Controls for Conventional Arms and Dual-Use Goods and Technologies", https://1997-2001.state.gov/global/arms/np/mtcr/000322_wassenaar.html，访问时间：2022年9月7日。

2 "Authenticated U.S. Government Information, *Public Law 177-58*", https://www.congress.gov/117/plaws/publ58/PLAW-117publ58.pdf，访问时间：2022年7月10日。

二、授权国土安全部长评估应对事件的现有资源，并可在声明生效之前及期间安排或采购额外资源，用于必要的响应，包括在声明期间与私人实体就网络安全服务或事件响应者签订备用合同。在宣布声明后，网络安全与基础设施安全局有权协调网络事件响应工作。

三、法案要求设立网络响应和恢复基金，具体可用于四个方面。第一，协调应对活动。第二，对联邦、州、地方和社区以及公共和私人实体进行补偿。第三，与公共和私人实体签订替换、更新、改进、强化软硬件及技术合同人员的合作协议。第四，用于支持重大事件的应对和恢复，如恶意软件分析、威胁探测、脆弱性评估和缓解等。

在法案的支持下，政府将在七年内（至2028年9月30日）为网络安全应急响应和恢复基金拨款2000万美元，由国土安全部向国会报告基金的使用情况。

• 延伸阅读

美国《州和地方政府网络安全拨款计划》的主要内容

根据法案规定，任何想要申请拨款的实体应向国土安全部长提交网络安全计划申请，提交内容包括申请实体既有的应对网络安全风险和威胁的计划，申请实体管理、监控和追踪信息系统的方法，申请实体和地方政府团体制订的合作计划说明。

获得拨款的实体应成立规划委员会，以协助网络安全计划的制订、实施和修订，批准合格实体的网络安全计划，协助确定使用拨款的优先次序。获得拨款的实体不得将资金用于取代国家和地方资金、接受方的费用分摊、捐款、支付赎金、娱乐和社交及任何不涉及网络安全的花费。

美国将在2022年财年拨款2亿美元，2023财年拨款4亿美元，2024财年拨款3亿美元，2025财年拨款1亿美元。

4. 其他地区

斐济正式通过《2021年网络犯罪法》。2021年2月12日，斐济颁布了《2021年网络犯罪法》，旨在加强防范和打击与计算机及内容相关犯罪，并通过开展国际合作、收集电子取证等措施推进落实，同时寻求相关补救措施，以降低网络犯罪对社会的危害。该法对破坏计算机数据和系统的犯罪以及其他与计算机有关和与内容有关的犯罪做出了规定。此外，该法还允许执法人员在法官授权以及确保第三方隐私的前提下，扣押相关设备、发布保全令、收集实时流量数据和拦截内容数据。[1] 该法案还规定与外国政府合作，以及跨境访问计算机存储数据的有关事项。

（四）国际社会加强网络安全协调合作

面对日趋复杂的网络空间安全形势，国际社会积极加强网络安全协调合作。美欧国家联合开展网络执法行动，共同打击暗网网络犯罪。中国坚持睦邻友好、守望相助，推动网络空间命运共同体理念并转为实践，与区域国家和区域合作组织积极推动实现网络空间和平、安全、开放、合作、有序的愿景。

1. 多国执法机构联合关闭全球最大暗网市场——"黑市"

2021年1月12日，德国、澳大利亚、丹麦、摩尔多瓦、乌克兰、英国和美国的执法机构联合打击并关闭暗网上的全球最大暗网市场——"黑市"。"黑市"关闭时，拥有近50万用户，2400多个卖家，32万多笔交易，4650个比特币和1.28万个门罗币，按照当时汇率计算，总交易额超过1.4亿欧元。暗网市场是网络犯罪分子重要聚集点，可以买卖各种毒品、假币、被盗或伪造的信用卡详细信息、匿名SIM卡和恶意软件等。

2. 中国与阿盟签署《中阿数据安全合作倡议》

2021年3月29日，中国外交部与阿拉伯国家联盟秘书处共同主持召开中阿

---

1 "Cybercrime Act 2021", https://laws.gov.fj/Acts/DisplayAct/3165，访问时间：2022年9月7日。

数据安全视频会议，签署并发表《中阿数据安全合作倡议》。双方倡议各国应以事实为依据全面客观看待数据安全问题，反对利用信息技术破坏他国关键基础设施或窃取重要数据，承诺采取措施防范、制止利用网络侵害个人信息的行为，要求企业严格遵守所在国法律，信息技术产品和服务供应企业不得利用其产品和服务非法获取用户数据、控制或操纵用户系统和设备等。该倡议旨在确保信息技术产品和服务的供应安全，提升用户信心、保护数据安全、促进数字经济发展，共同构建和平、安全、开放、合作、有序的网络空间命运共同体。[1]阿拉伯国家联盟成为全球首个与中国共同发表数据安全倡议的地区。

3. 上合组织成员国通过网络安全合作计划

2021年9月16—17日，上合组织成员国元首理事会召开第二十一次会议，发表《杜尚别宣言》。强调反对以任何借口采取歧视性做法，阻碍数字经济和通信技术发展；应以广泛合作应对网络安全威胁；反对信息和通信技术领域军事化，应在尊重国家主权和不干涉他国内政的原则基础上建立安全、公正、开放的信息空间；重申联合国在应对信息空间威胁方面的关键作用；各国在管理互联网方面享有平等权利，并拥有网络主权。会议期间，各方签署《上海合作组织成员国保障国际信息安全2022—2023年合作计划》。

三、元宇宙概念引发热议

（一）元宇宙的来源及内涵

1. 元宇宙的来源

元宇宙起源于科幻小说。1992年，美国科幻作家尼尔·斯蒂芬森（Neal Stephenson）在小说《雪崩》（*Snow Crash*）中首次提出元宇宙和化身（Avatar）这两个概念，并将"元宇宙"描述为人类可拥有虚拟替身的虚幻世界。此后，

---

1 《中阿数据安全合作倡议》，http://bbs.fmprc.gov.cn/wjb_673085/zzjg_673183/jks_674633/fywj_674643/202103/t20210329_9176279.shtml，访问时间：2022年9月7日。

元宇宙的概念在《黑客帝国》《头号玩家》等影视作品及《模拟人生》《我的世界》《堡垒之夜》等游戏中都有呈现。中国最早的元宇宙概念可追溯到30多年前。1990年，钱学森院士在书信手稿中多次提到"Virtual Reality"（虚拟现实）一词，并将其翻译为颇具中国味的"灵境"[1]，认为"灵境"技术极大扩展人脑的知觉，是继计算机技术革命之后又一项技术革命。

2. 元宇宙的定义

目前学术界和产业界对元宇宙没有统一规范的定义。元宇宙从英文"Metaverse"来看是超越宇宙的意思。从中文来看，"元"是开始，四方上下是"宇"，古往今来是"宙"。目前对元宇宙的理解可概括为以下三类：

一是元宇宙是下一代互联网。第一代互联网（Web1.0）是"只读"的信息展示平台，网站与用户没有互动，产生了门户网站。第二代互联网（Web2.0）是"互动"内容的生产网络，允许用户自主生成内容，与网站和他人进行交互和协作，如博客、社交媒体平台等。第三代互联网（Web3.0）是"去中心"的个性化环境，内容由用户创造，数据归用户所有。元宇宙是基于第三代互联网的未来应用场景和生活方式，两者是相辅相成、一体两面的依存关系。

二是元宇宙是人类生活在三维数字世界的重构。元宇宙结合了社交媒体、在线游戏、增强现实（AR）、虚拟现实（VR）和加密货币等新技术新应用，允许用户进行虚拟交互，在数字世界重建人类生活生产方式。

三是元宇宙是物理世界和数字世界的虚实共生。元宇宙是数字经济发展到极致的社会形态，是现有前沿科学技术的集大成者，融合了虚拟世界与现实世界的超级融合体。虚实共生涵盖了现实世界中一切生产、生活，物理世界与数字世界实现实时交互、优化。[2]

---

1 "30年前，钱学森就给VR起名为'灵境'"，http://www.xinhuanet.com/2021-11/30/c_1128114970.htm，访问时间：2021年11月30日。

2 "元宇宙：技术演进、产业生态与大国博弈"，http://www.aliresearch.com/ch/information/informationdetails?articleCode=362846942725804032&type=%E6%96%B0%E9%97%BB&special=%E8%A1%8C%E4%B8%9A%E5%8F%91%E5%B1%95，访问时间：2022年8月2日。

·延伸阅读

美国石英财经网站编写的"元宇宙"词典
（摘录）

2021年11月16日，美国石英财经网站发表了一份"元宇宙"词汇表[1]，解释了元宇宙及相关术语的含义。摘录如下：

元宇宙。如果现在的互联网体验是二维的（在屏幕上滚动浏览），那么元宇宙就是三维的。在元宇宙中，用户将通过联网的头戴设备"行走"。元宇宙是下一代互联网沉浸式版本，由虚拟现实或增强现实技术实现。风险投资家马修·鲍尔将元宇宙描述为"移动互联网的后继形态"和"整个人类生存、劳动和休闲的平台"。[2]

镜像世界（Mirrorworld）。镜像世界是现实世界的数字版本，现实生活中的人、事物和地点在镜像世界中都有对应的虚拟形态。镜像世界经常出现在科幻作品中，包括网飞公司剧集《怪奇物语》、系列电影《黑客帝国》及科幻电影《头号玩家》。元宇宙可以是一个被设计成精确映射实体世界的镜像世界，也可以是一个类似于在电子游戏中可能遇到的虚拟世界。

拟物化设计（Skeuomorphic design）。拟物化设计是指虚拟事物制作的与现实世界中的事物非常相似。元宇宙可能很像现实世界，因为它往往摆脱不了现实，但又不必与现实世界一模一样。

数字孪生（Digital twin）。数字孪生是现实生活中的事物或结构的虚拟版本。该词在1991年戴维·格伦特的《镜像世界》一书中首次被提出。2010年，数字孪生技术首次被美国国家航空航天局用于太空舱模拟实验。微软公司特别强调了数字孪生技术对于构建元宇宙的必要性。

化身。化身是用户在虚拟世界中的人物角色。这种以数字方式呈

---

1 "The meaning of the 'metaverse', and all the terms you need to understand it", https://qz.com/2089665/everything-you-need-to-know-to-understand-the-metaverse/，访问时间：2022年11月18日。

2 "Payments, Payment Rails, and Blockchains, and the Metaverse", https://www.matthewball.vc/all/metaversepayments，访问时间：2022年11月18日。

现的形象可能看起来很像用户本身，也可能是一个卡通形象。

虚拟现实（Virtual reality，VR）。虚拟现实是一种沉浸式体验。虚拟现实技术目前使用的是全套头戴设备，能够让使用者沉浸在360度的虚拟世界中，并在其中自由活动。

增强现实（Augmented reality，AR）。增强现实是投射在现实世界上的数字叠加。类似美国尼安蒂克公司的《精灵宝可梦GO》和"阅后即焚"程序中跳舞的热狗，甚至是像谷歌眼镜一样的可穿戴设备。

混合现实（Mixed reality，MR）。混合现实包含了虚拟现实和增强现实的元素，但确切定义是模糊的。人们可与虚拟世界、现实世界中的事物互动，而虚拟事物也可以与现实世界的事物互动。

扩展现实（Extended reality，XR）。扩展现实是虚拟现实、增强现实、混合现实等概念的统称。等元宇宙成为现实，虚拟现实、增强现实、混合现实之间的界限可能会变得模糊，扩展现实就会成为一个更合适的统称。

大型多人在线角色扮演游戏（MMORPG）。大型多人在线角色扮演游戏是交互式游戏，是许多人心目中元宇宙的基础。上百万的人在共享空间里互动：玩游戏、造东西、逛虚拟商店甚至听音乐会。代表游戏如《堡垒之夜》《罗布乐思》《我的世界》等。

奥克卢斯（Oculus）和地平线工作室（Horizon Workrooms）。奥克卢斯公司是全球首屈一指的虚拟现实平台，脸书公司在2014年以23亿美元收购了该公司。地平线工作室是脸书公司推出的虚拟工作体验，类似于虚拟现实版的视频会议软件。

《第二人生》（Second Life）。《第二人生》是一个在2003年推出的在线虚拟世界，也是元宇宙中社交体验的早期实例。《第二人生》也是一个使用化身的开放世界社交网络，元宇宙也许会很像《第二人生》的VR版本。

非同质化代币。非同质化代币基于区块链的数字物品认证证书，能够证明元宇宙中商品的所有权。

（二）部分科技巨头进军元宇宙

1. 元宇宙概念第一股在纽约证券交易所正式上市

2021年3月11日，沙盒游戏平台罗布乐思（Roblox）作为第一个将元宇宙概念写进招股书的公司，成功登陆纽交所，上市首日市值突破400亿美元。罗布乐思提出平台转向元宇宙的八大关键特征：身份、社交、沉浸感、随地接入、多样性、低延时、经济以及文明。

2. 英伟达推出全球首个为元宇宙建立的基础模拟平台

2021年8月10日，英伟达在计算机图形顶级会议（ACM SIGGRAPH 2021）上推出了基础建模和协作平台——Omniverse。Omniverse是一个连接虚拟世界的平台，建立在通用场景描述（Universal Scene Description，简称USD）之上。

3. 脸书更名并全面转向元宇宙业务

2021年10月29日，脸书公司宣布正式更名为"Meta"，宣告以新面貌迎接元宇宙时代，旗下所有技术和应用都整合到全新的公司品牌下。从2021年第四季度开始，脸书公司负责增强现实和虚拟现实的硬件部门——脸书虚拟现实研究实验室（Facebook Reality Labs）成为一个独立的部门，与应用部门分开。同时，社交媒体业务仍保持脸书的名字。在此之前，脸书公司曾公开表示未来五年内将在欧盟国家雇用1万名高技能人才，全力打造元宇宙。

4. 微软公司宣布正式进军元宇宙

2021年11月3日，微软首席执行官萨提亚·纳德拉（Satya Nadella）表示，微软公司计划研发一系列整合现实世界和虚拟世界的新应用程序。微软率先将旗下混合现实平台（Microsoft Mesh）融入聊天和会议应用（Microsoft Teams），以强化协作体验。该版本应用目前正在测试中，拟于2022年上半年推出。未来，微软游戏平台也将加入到元宇宙系列中。

5.腾讯全面启动"全真互联网"建设

2020年底，腾讯首席执行官兼联席创始人马化腾在内部特刊《三观》中首次提出"全真互联网"概念。2021年5月，腾讯发布四款元宇宙游戏，即《罗布乐思》《手工星球》《我们的星球》和《艾兰岛》。8月，腾讯推出数字藏品平台——"幻核"。12月31日，腾讯音乐推出国内首个虚拟音乐嘉年华。同时，腾讯入股投资多家蕴含元宇宙元素的公司，包括致力于触觉模拟技术的英国厂商Ultraleap、虚拟现实/增强现实企业威魔纪元和元象XVERSE、社交平台Soul等。

6.字节跳动收购初创企业，加码虚拟现实业务

2021年8月29日，虚拟现实创业公司Pico公布被字节跳动公司收购。字节跳动方面称，该初创企业将并入字节跳动的虚拟现实业务，整合现有内容资源和技术能力，进一步在产品研发和开发者生态上加大投入，为打造元宇宙做技术储备。

（三）部分国家政府布局元宇宙

5G、人工智能、云计算、区块链等新一代信息通信技术支撑起元宇宙的基础架构，同时也带来了更大的数据安全隐患和网络攻击风险。元宇宙可能催生人与数字人、人与机器之间的知识产权、道德伦理争端，亟须解决方案和治理规则。同时，舆论认为元宇宙发展要谨防资本利用国家发展规划和热点概念，制造新的虚拟经济泡沫。在此背景下，部分国家尝试围绕元宇宙基础设施建设、核心技术创新、前沿领域应用等进行探索布局。

1.韩国建立元宇宙联盟并发布《元宇宙首尔五年计划》

2021年5月18日，韩国科学技术和信息通信部成立了元宇宙联盟，该联盟包括现代、SK集团、LG集团等200多家韩国本土企业和组织，其目标是打造国家级增强现实平台，向社会提供公共虚拟服务。同时，韩国推出数字内容产业培育扶持计划，共投资2024亿韩元，其中扩展现实内容开发473亿韩元、扩

展现实内容产业基础建造231亿韩元。11月3日，韩国首尔市政府发布了《元宇宙首尔五年计划》[1]，宣布从2022年起分三个阶段在经济、文化、旅游、教育、信访等业务领域打造元宇宙行政服务生态。

2. 日本发布元宇宙相关调研报告

2021年7月13日，日本经济产业省发布了《关于虚拟空间行业未来可能性与课题的调查报告》，归纳总结了日本虚拟空间行业亟须解决的问题，以期能在全球虚拟空间行业中占据主导地位。报告认为，首先该行业应将用户群体扩大到一般消费者，降低虚拟现实设备价格以及体验门槛，并开发高质量的虚拟现实内容留住用户。其次，政府应着重防范和解决虚拟空间内的法律问题，并对跨国、跨平台业务法律适用等加以完善。最后，政府应与业内人士制定行业标准和指导方针，并向全球输出此类规范。

3. 中国上海市发布元宇宙建设规划

2021年12月，上海市印发了《电子信息产业发展"十四五"规划》，将元宇宙列入前沿新兴领域，提出"加强元宇宙底层核心技术基础能力的前瞻研发，推进深化感知交互的新型终端研制和系统化的虚拟内容建设，探索行业应用"。

1　"2030 Seoul Plan"，https://www.seoulsolution.kr/en/content/2030-seoul-plan，访问时间：2022年11月18日。

第二部分

2021 年网络空间
全球治理大事记汇编

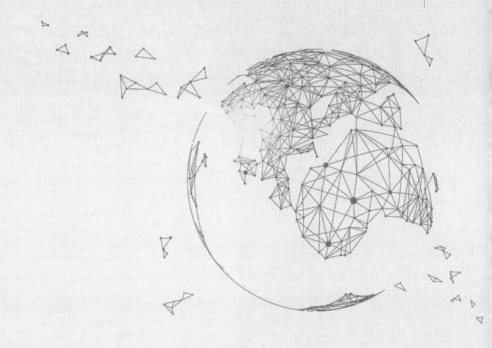

1月

1. 澳大利亚网络安全中心发布《识别网络供应链风险指南》

1月7日，澳大利亚网络中心发布《识别网络供应链风险指南》，围绕外国控制干涉、网络安全实践、企业透明度、访问与特权四个方面设置问题，供企业在识别与其自身产品、服务和系统安全风险时参考。[1]

2. 英国反垄断机构对谷歌"隐私沙箱"计划展开调查

1月8日，英国反垄断部门竞争与市场管理局宣布正在调查谷歌从其Chrome浏览器中移除第三方Cookie和其他功能的计划。[2] 2020年11月，出版商和广告技术公司投诉谷歌所谓的"隐私沙箱"，限制他们收集网络用户信息，影响损害其数字广告市场的竞争，巩固谷歌的市场力量。

3. 欧盟审计院审查成员国5G政策

1月13日，欧洲审计院正在对欧盟成员国5G安全政策进行审查，范围包括欧盟5G部署、欧盟委员会对成员国的支持，以及成员国的5G安全，最终目标是让所有成员国能统一5G政策。

4. 欧洲数据保护委员会发布《数据泄露通知指南》

1月18日，欧洲数据保护委员会发布有关数据泄露通知示例指南，旨在帮助数据控制者确定如何处理数据泄露以及在风险评估期间需要考虑的因素，包括主动识别系统漏洞、评估泄露风险以及记录每种情况下的泄露事件等。[3]

---

1 "Identifying Cyber Supply Chain Risks"，https://www.cyber.gov.au/acsc/view-all-content/publications/identifying-cyber-supply-chain-risks，访问时间：2022年5月17日。

2 "CMA to investigate Google's 'Privacy Sandbox' browser changes"，https://www.gov.uk/government/news/cma-to-investigate-google-s-privacy-sandbox-browser-changes，访问时间：2022年6月17日。

3 "Guidelines 01/2021 on Examples regarding Data Breach Notification"，https://edpb.europa.eu/sites/default/files/consultation/edpb_guidelines_202101_databreachnotificationexamples_v1_en.pdf，访问时间：2022年7月12日。

5. 新加坡金融管理局发布修订后的《技术风险管理指南》

1月18日，新加坡金融管理局发布修订后的《技术风险管理指南》。指南适用于新加坡金融管理局监管的金融机构，除银行、保险公司、交易所外，还包括风险投资经理、支付服务公司等主体。指南关注网络安全和防御，要求公司任命具有专业知识的首席信息官和首席信息安全官，还要求金融机构进行网络尽职调查。

6. 美商务部发布《确保信息和通信技术及服务供应链安全行政令》

1月19日，美商务部发布《确保信息和通信技术及服务供应链安全行政令》[1]新规，旨在落实2019年5月15日特朗普政府第13873号总统令（《确保信息和通信技术及服务供应链安全的总统令》）中列明的相关要求。总统令授权商务部部长，可禁止美国管辖内的任何人采购、进口、转让、安装、交易或使用可能对美国国家安全、外交政策和经济构成特殊威胁的外国信息和通信技术及服务。

7. 美国网络空间日光浴委员会发布《对拜登政府的网络安全建议》

1月19日，美国网络空间日光浴委员会发布第五份白皮书，为拜登政府提供网络安全建议，提出新政府早期可采取的策略。

· 延伸阅读 ─────────────────────────

网络空间日光浴委员会简介

网络空间日光浴委员会根据《2019财年国防授权法》设立，旨在就网络空间保卫美国网络安全的战略方法达成共识。委员会成员来源广泛，包括国防部、国土安全部、国家情报总监、联邦调查局的高级官员以及网络安全领域专家。主席由美国参议员安格斯·金和众议员马克·加拉格尔担任。委员会成立以来，发布《分层网络威慑战略》

---

1 "Securing the Information and Communications Technology and Services Supply Chain"，https://www.govinfo.gov/content/pkg/FR-2021-01-19/pdf/2021-01234.pdf，访问时间：2022年1月20日。

《疫情中吸取的关于网络安全的教训》《网络安全劳动力发展战略框架》《如何确保美国信息和通信技术供应链安全》等报告，对美政府决策产生一定影响。

8. 东盟通过《东盟数字总体规划2025》

1月21—22日，首次东盟数字部长系列会议以视频方式举行。会议通过《东盟数字总体规划2025》，提出将东盟建设成一个由安全和变革性的数字服务、技术和生态系统所驱动的领先数字社区和经济体。

9. 巴西国家数据保护局公布其2021—2022年的监管议程

1月27日，巴西国家数据保护局公布了2021—2022年立法监管议程。根据议程，巴西国家数据保护局将在2021年制订发布《2021—2023年战略计划》、针对中小型和初创企业的差异化数据保护法规、巴西《通用数据保护法》的处罚细则、数据安全事件通知和报告规范、关于个人数据保护影响报告等。到2022年中，巴西国家数据保护局将制定并发布国际数据传输指南、个人数据主体权利细则、实体数据保护官规范和最佳合规做法指南。到2022年末，巴西国家数据保护局将制定发布个人数据处理法律基础指南，就巴西《通用数据保护法》各种场景下的适用和法律基础为公众提供指导。[1]

10. 德国内阁通过新的数据战略

1月27日，德国内阁通过了德国联邦政府的数据战略和数字化措施，旨在使德国成为欧洲创新数据使用和数据共享的开拓者，使德国成为全球效仿的榜样。[2]战略提出，将完善数据安全管理体系和程序，确保数据安全保护规则的统一性和协调性。联邦政府将对人工智能、面部识别等技术带来的歧视和不公

1　"PORTARIA Nº 11, DE 27 DE JANEIRO DE 2021"，https://www.in.gov.br/en/web/dou/-/portaria-n-11-de-27-de-janeiro-de-2021-301143313，访问时间：2022年11月17日。

2　"Germany a trailblazer for innovations"，https://www.bundesregierung.de/breg-en/news/data-strategy-adopted-1845882，访问时间：2022年11月17日。

平现象采取措施，并积极推动企业共享数据以避免数据垄断和创新抑制等。

11. 美国司法部启动针对NetWalker勒索软件的全球执法行动

1月28日，美国司法部启动针对NetWalker勒索软件的全球执法行动。自新冠疫情暴发以来，NetWalker针对政府机构、医院、高校、企业等机构发起勒索攻击。美国司法部在一份诉讼书中指控一名加拿大公民，称其使用该勒索软件获得了超2760万美元的收入。司法部禁用了NetWalker软件相关暗网隐藏资源，并没收非法所得。[1]

12. 印度为阻止农民抗议活动对部分地区采取"断网"措施

1月30日，印度切断了首都周边多个地区的网络服务，以"维护公共安全"。此举主要是针对1月26日印度出现的大批农民抵制政府实施新农业法案的集结抗议事件。

13. 英国宣布申请加入《全面与进步跨太平洋伙伴关系协定》

1月30日，英国宣布申请加入《全面与进步跨太平洋伙伴关系协定》（CPTPP），成为第一个申请加入的非创始成员国。英国首相约翰逊发表声明称，"申请成为第一个加入《全面与进步跨太平洋伙伴关系协定》的新成员，表明成为全球自由贸易拥护者的雄心"。

2月

1. 巴西数据保护机构公布2021—2023年战略计划

2月1日，巴西国家数据保护机构公布了其2021—2023年战略计划，希望实现三大战略目标：加强个人数据保护，建立有效的监管环境，以及改善有助于

---

[1] "NetWalker ransomware affiliate sentenced to 80 months in prison", https://www.bleepingcomputer.com/news/security/netwalker-ransomware-affiliate-sentenced-to-80-months-in-prison/，访问时间：2022年6月10日。

更好行使法律权力的条件。[1]

2. 美国国家标准与技术研究院公布未来网络安全优先事项

2月2日，美国国家标准与技术研究院公布了该机构2021年及未来几年网络安全和隐私保护的优先工作事项。美国国家标准与技术研究院列出了九项重点领域，包括风险管理、隐私保护、密码标准和验证、网络安全意识、培训教育和人力发展、网络安全衡量标准、身份和访问管理、可信网络、可信平台、前沿技术安全。[2]

3. 美国任命副国家安全顾问负责网络事务

2月4日，美国政府发布《关于更新国家安全委员会体系的备忘录》，规定国家安全委员会系统的组织体系。根据备忘录，美国国家安全委员会体系分为四个层级，设立四个委员会。最高级的是国家安全委员会，第二层是正职委员会，第三层是副职委员会，第四层是跨机构政策委员会。在网络事务领域，美国将任命副国家安全顾问负责网络和新兴技术，发起应对网络安全威胁的紧急倡议和措施。[3]

• 延伸阅读 ————————

美国国家安全委员会体系

1. 国家安全委员会

国家安全委员会是审议需总统决定的国家安全政策问题的主要机

1　"ANPD's Regulatory Strategy for 2021−2023"，https://www.gov.br/anpd/pt-br/documentos-e-imagens/planejamento-estrategico/planejamento-estrategico-2021-2023.pdf，访问时间：2022年11月23日。

2　"2021: What's Ahead from NIST in Cybersecurity and Privacy?"，https://www.nist.gov/blogs/cybersecurity-insights/2021-whats-ahead-nist-cybersecurity-and-privacy，访问时间：2022年11月23日。

3　"Memorandum on Renewing the National Security Council System"，https://www.whitehouse.gov/briefing-room/statements-releases/2021/02/04/memorandum-renewing-the-national-security-council-system/，访问时间：2022年11月23日。

构。其职能、成员和职责均按照1947年修订后的《国家安全法案》和本国家安全备忘录的规定。

在总统制定和执行国家安全政策以及长期战略规划的过程中，国家安全委员会承担建议并协助总统整合国家安全政策、协调执行部门和机构的职能。

根据法律规定，国家安全委员会的成员为总统、副总统、国务卿、财政部部长、国防部部长和能源部部长。此外，在一些跨领域的关键国家安全问题上，该委员会将酌情定期与有关部门负责人进行商议，包括商务部部长、劳工部部长、卫生与公众服务部部长、环境保护署署长、管理与预算办公室主任、国家网络总监、经济顾问委员会主席、主管国土安全的总统助理和副国家安全顾问（国土安全顾问）、主管网络安全和新兴技术的总统副助理和副国家安全顾问（副网络安全顾问）、主管国际经济的总统副助理和副国家安全顾问（主管国际经济的副国家安全顾问）、新冠病毒应对协调员及总统气候特使等。其他执行部门和机构的负责人及其他高级官员应酌情应邀出席国家安全理事会会议。

2. 正职委员会

正职委员会是审议影响国家安全政策问题的高级机构间讨论平台。由国家安全顾问担任主席，其正式成员为国务卿、财政部部长、国防部部长、司法部部长、能源部部长、国土安全部长、管理与预算办公室主任、美国驻联合国代表、国际开发署署长和总统办公室主任。国家情报总监、美军参谋长联席会议主席及中央情报局局长应以顾问身份出席会议。应邀请首席国家安全副顾问、总统顾问、国家安全委员会法律顾问和副总统国家安全顾问出席正职委员会的每次会议。

3. 副职委员会

副职委员会应审查和监督国家安全委员会跨机构程序的工作，并审议和解决影响国家安全的政策问题。此外，副职委员会还负责定期审议政府的主要外交政策举措。

副职委员会由首席国家安全副顾问主持，其成员为副国务卿、财政部副部长、国防部副部长、司法部副部长、能源部副部长、国土安全部副部长、管理与预算办公室副主任、美国驻联合国副代表、国际开发署副署长、国家安全委员会法律顾问、副总统国家安全顾问。国家情报副总监、参谋长联席会议副主席、中央情报局副局长以顾问身份出席会议。当讨论跨领域的国家安全问题时，将视情增加与会者，以确保充分分析问题，充分评估各项建议的前景、风险和影响。

4. 跨机构政策委员会

跨机构政策委员会是机构间协调国家安全政策的主要日常讨论平台，提供政策分析，供国家安全理事会系统较高级的委员会审议。跨机构政策委员会应管理美国政府机构对国家安全政策的制定和实施，通过定期召开会议，审查和协调国家安全政策的执行情况，并考虑解决影响国家安全的相关政策问题。

4. 美国众议院武装委员会宣布成立网络相关小组委员会

2月4日，美国众议院武装委员会宣布成立网络、创新技术和信息系统小组委员会，旨在增强对数字技术的监督，确保美国在关键技术领域领先于竞争对手。该委员会重点关注网络运营和安全、信息技术和系统、人工智能、科学技术计划和政策、电磁频谱政策、电子战政策等。[1]

5. 美国国会提出《促进数字隐私技术法案》

2月4日，美国国会议员提出《促进数字隐私技术法案》，要求美国国家科学基金会支持隐私增强技术研究，提出美国需要平衡隐私和创新，加强数据利用和保护隐私。为此，法案要求美国国家科学基金会与其他联邦机构磋商，以支持开发保护隐私的数据利用技术。立法要求加强对以下技术的支持：第一，在保持公平性、准确性和效率的同时，对个人数据去身份化、假名化、匿名化或模糊化的技术；第二，在收集、存储、共享或汇总数据时，用于保护个人隐

1　"House Committee on Armed Services: Subcommittee on Cyber, Innovative Technologies, and Information Systems"，https://www.govtrack.us/congress/committees/HSAS/35，访问时间：2022年11月23日。

私的算法和其他类似的数学工具；第三，在数据收集、共享和分析中，促进数据最小化原则的技术。[1]

6. 缅甸经历全国范围内"断网"

2月6日，面对席卷全国的抗议活动，缅甸军方进行了全国范围内的"断网"。当地电信运营商MPT、Ooredoo、Telenor、Mytel和网络运营商提供的网络服务等陆续中断。此前，缅甸军方于2月4日下令，让电信运营商临时停止了社交媒体脸书的服务，直至2月7日。除了脸书以外，军方还切断了推特和照片墙的连接，并限制了电视台的节目。

7. 华为再次起诉美国联邦通信委员会

2月8日，华为公司向美国第五巡回上诉法院提起诉讼，反对美国联邦通信委员会称其威胁美国国家安全，并因此阻止美国电信运营商购买华为制造的电信设备。华为公司在诉讼中称，美国联邦通信委员会坚持将华为列为"国家安全威胁"的决定，是"任意、反复无常地滥用自由裁量权，没有实质性证据支持"。

8. 越南隐私法草案公开征求意见

2月9日，越南公安部就关于个人数据保护的法令草案征求公众意见。该法令界定了个人数据类别、数据主体权利、同意条款等定义，并要求在公安部下属设立个人数据保护委员会，公安部网络安全与高科技犯罪预防和控制司司长担任主席。委员会有权听取对政府机构的投诉，评估个人数据保护可靠性及与数据保护有关的法规，并可以对私营部门进行调查。此外，根据该法令，违者将被处以5000万—1亿越南盾的罚款。[2]

1　"Promoting Digital Privacy Technologies Act"，https://www.congress.gov/117/bills/s224/BILLS-117s224is.pdf，访问时间：2022年11月23日。

2　"LẤY Ý KIẾN GÓP Ý ĐỐI VỚI DỰ THẢO NGHỊ ĐỊNH QUY ĐỊNH VỀ BẢO VỆ DỮ LIỆU CÁ NHÂN"，http://bocongan.gov.vn/van-ban/van-ban-moi/lay-y-kien-gop-y-doi-voi-du-thao-nghi-dinh-quy-dinh-ve-bao-ve-du-lieu-ca-nhan-519.html，访问时间：2022年11月23日。

9. 丹麦数据保护机构联合发布Cookie指南

2月16日，丹麦数据保护局、丹麦数字安全委员会和丹麦商业管理局联合发布了关于使用Cookie（用户通过浏览器存储在本地终端上的小型文本文件）要求的指南。该指南要求组织在使用Cookie之前必须以点击功能允许用户主动同意设置，必须以简单方式提供有关使用Cookie的形式类别信息，确定数据控制者的数据责任，处理个人数据前必须获取同意等。[1]

10. 美国联邦通信委员会宣布成立宽带数据特别工作组

2月17日，美国联邦通信委员会代理主席杰西卡·罗森沃西宣布成立宽带数据特别工作组，升级该机构的宽带数据收集流程，以确保未来的宽带测绘工作更准确。罗森沃西表示，宽带数据特别工作组将进行跨机构领导，以收集详细的数据，制定更精确、实用的宽带地图。[2]

11. 欧盟委员会发布《加强欧盟对基于规则的多边主义的贡献》文件

2月17日，欧盟委员会发布与欧洲议会和欧洲理事会的联合通讯《加强欧盟对基于规则的多边主义的贡献》，以多边主义的手段推进数字合作。欧盟将继续推动制定数字经济领域的全球标准和监管方法，提出支持开发人工智能技术标准及新作战领域的规范框架，加强在数字税收、数据保护和隐私、在线获取虚假信息、非法内容、5G、互联网治理、网络安全等方面的国际合作。[3]

12. 俄罗斯国家杜马通过法律草案禁止通过网络传播非法竞选内容

2月17日，俄罗斯国家杜马通过了一项法案，禁止任何人通过网络传播非法竞选内容。法案规定，在举行选举期间，俄罗斯中央选举委员会以及地方选

1　"Quick-guide til at sætte cookies"，https://www.datatilsynet.dk/Media/E/7/Quickguide.pdf，访问时间：2022年11月23日。

2　"Broadband Data Task Force"，https://www.fcc.gov/BroadbandData/bdtf，访问时间：2022年11月23日。

3　"Joint Communication to the European Parliament and the Council on strengthening the EU's contribution to rules-based multilateralism"，https://www.eeas.europa.eu/sites/default/files/en_strategy_on_strengthening_the_eus_contribution_to_rules-based_multilateralism.pdf，访问时间：2022年11月23日。

举委员会有权向俄联邦电信、信息技术和大众传媒监督局提出申诉，要求删除互联网上的非法竞选内容。依据法案，该申诉流程将由中央选举委员会制定。发布者在收到俄联邦电信、信息技术和大众传媒监督局的通知后，必须在24小时内删除信息，如拒不删除，该局将限制对非法信息的访问。[1]

13. 美国网络安全与基础设施安全局宣布国际战略

2月19日，美国网络安全与基础设施安全局宣布名为"CISA Global"的国际战略。[2]文件指出，美国网络安全与基础设施安全局将通过加强国际合作以增强全球关键基础设施的安全性和韧性，并提出四条行动路线：一是推进业务合作，包括加强网络风险评估及关键基础设施安全性等；二是培养安全能力，包括提高合作伙伴的能力和意识等；三是加强与利益相关方的联系和合作，包括促进威胁和应对的共识、推进全球公私合作等；四是塑造全球政策生态系统，包括提升美国国际话语权，发展维护美国利益的能力和标准等。

14. 俄罗斯加大对违反数据处理行为的处罚力度

2月24日，俄罗斯总统普京签署了《俄罗斯联邦行政犯罪法》第19-F3号修正案。根据修正案第13.11条，俄罗斯大幅提高了针对违法处理数据行为的处罚力度，包括将针对个人案件的处罚提高到6000卢布，对法人和企业的处罚提高到10万卢布，并将对多次涉及违法的个人、法人或企业处以更高的罚款。[3]

15. 抖音海外版同意支付和解金解决美国用户隐私的集体诉讼

2月25日，美国伊利诺伊州地区法院发布了一份"关于初步批准抖音海外版隐私问题的集体诉讼和解的动议"。根据动议内容，抖音海外版同意支付

1 "Принят закон о пресечении незаконной агитации в интернете", https://dumatv.ru/news/prinyat-zakon-o-presechenii-nezakonnoi-agitatsii-v-internete?ysclid=laugwbxx4s28538797，访问时间：2022年11月23日。

2 "CISA Global", https://www.cisa.gov/publication/cisa-global，访问时间：2022年11月23日。

3 "Федеральный закон от 24.02.2021 № 19-ФЗ 'О внесении изменений в Кодекс Российской Федерации об административных правонарушениях'", http://publication.pravo.gov.ru/Document/View/0001202102240010?index=0&rangeSize=1，访问时间：2022年11月23日。

9200万美元和解金，以解决自2019年以来美国用户针对抖音海外版的指控。同时，抖音海外版同意将采取措施，加强用户隐私保护。[1]

16. 美国国家安全局发布零信任实施指南

2月25日，美国国家安全局发布了零信任指南，旨在确保关键联邦机构内的关键网络和敏感数据安全。该指南描述了一些基本的零信任原则，包括确定任务结果、保护关键基础设施、定义访问、在行动前检查和记录所有流量，同时规定了零信任的设计概念。该指南还描述了威胁情景，以及组织机构如何使用新的零信任模型防止攻击。

·延伸阅读 ——————————————————————

美国《拥抱零信任安全模型》[2]指南概要

《拥抱零信任安全模型》指南，旨在展示如何遵循零信任安全原则，以更好地指导网络安全专业人员保护企业网络和敏感数据。该指南共有七个章节，系统性地讨论了零信任的相关理论、现实价值和潜在的挑战，并对如何在网络中实现零信任提出了建议。

一、概述实施零信任的价值。传统基于边界的网络安全防御技术已无法满足网络安全需求，采用零信任网络安全可以整合各方面信息，做出具有风险意识的访问决策，并自动执行检测和响应操作，网络防御者将能够更好地保护敏感数据、系统、应用程序和服务的安全。

二、界定零信任的概念与内涵。指南指出，零信任是基于承认传统网络边界内外都存在威胁的一种安全模型、一套系统设计原则以及

---

1 "PLAINTIFFS' MOTION FOR PRELIMINARY APPROVAL OF CLASS ACTION SETTLEMENT"，https://cdn.arstechnica.net/wp-content/uploads/2021/02/plaintiffs-motion-for-preliminary-approval-of-class-action-settlement.pdf，访问时间：2022年11月23日。

2 "Embracing a Zero Trust Security Model"，https://media.defense.gov/2021/Feb/25/2002588479/-1/-1/0/CSI_EMBRACING_ZT_SECURITY_MODEL_UOO115131-21.PDF，访问时间：2022年11月23日。

协调网络安全和系统的管理策略。零信任安全模型消除了对任意元素、节点或服务的隐式信任，通过多源反馈的实时信息来连续验证操作情况，以确定访问和其他系统响应。零信任嵌入了全面的安全监控、基于风险的细粒度访问控制和系统安全自动化，可以在动态威胁环境中实时保护数据等关键资产。

三、零信任的应用场景的示例分析。指南展示了零信任的具体应用场景，包括用户凭证泄露、远程利用或内部威胁、供应链受损。指南通过示例表明，一个成熟的零信任实现可以比传统架构更好地检测恶意活动。

四、零信任架构成熟的路线图规划。指南分析了零信任的潜在挑战，建议从初始准备阶段到基本、中级、高级阶段来规划零信任架构，逐渐增强其可见性和自动化响应，使防御者能够应对威胁，同时逐步整合零信任功能作为战略计划的一部分，降低风险。

3月

1. 欧盟委员会发布《2021年管理计划：通信网络、内容和技术》

3月1日，欧盟委员会发布《2021年管理计划：通信网络、内容和技术》政策文件，围绕六大战略目标明确了欧盟通信网络、内容和技术总司在2021年的管理计划。一是在关键技术领域确保欧洲战略自主权；二是构建欧洲数据单一市场，建立公平规范的数据获取和使用规则，协调不同参与者在数据经济中的关系；三是建设可持续发展、尊重欧盟价值观的人工智能，推出人工智能横向监管框架，与国际标准化组织合作建立人工智能国际共识，发展欧盟人工智能创新生态系统；四是发展公平、竞争、高效的数字经济，制定智能和可持续城市与社区的互操作性框架，并提出节能数据中心倡议；五是提高欧洲网络韧性，推广数字身份并保护电子隐私，实施第一个网络安全认证候选方案，加快政府管理的数字化转型；六是加强网络内容管理，发展针对虚假信息的多学科团队网络，推动网络文化建设，并开展反情报工作。[1]

2. 埃及电信宣布将于2023年在非洲各地启动新的海底系统

3月1日，埃及第一家综合电信运营商埃及电信宣布计划在2023年推出混合非洲环路海底电缆系统。该海底电缆将环绕非洲大陆，形成竖琴的形状。它将通过该公司广泛的陆地和海底基础设施，将沿海和内陆非洲国家与欧洲连接。通过混合非洲环路，埃及电信将基于第二层和第三层架构提供各种容量解决方案，包括深色光纤，这些解决方案可以将系统上的多个点进行相互连接。[2]

3. 美国弗吉尼亚州通过消费者隐私法案

3月2日，美国弗吉尼亚州通过《消费者数据保护法》，成为美国第二个通过全面数据隐私立法的州。根据该法，弗吉尼亚州居民可以查看公司收集的本人数据，接收其在线数据副本，并进行更正或删除。法案要求公司在收集与种族或族裔血统、遗传数据和地理位置有关的敏感数据前，必须获得消费者许可。该法将于2023年1月1日生效。

4. 全球最大的航空业IT服务提供商遭数据泄露

3月4日，全球最大的航空业IT服务提供商国际航空电讯集团发表声明称其遭遇黑客袭击[3]，涉及存储国际航空电讯集团旅客服务系统服务器上的航空公司乘客数据。在确认事件的严重性后，国际航空电讯集团通知了受影响的航空公司：马来西亚航空、芬兰航空、新加坡航空、韩国济州航空，这些航空公司也就数据泄露发表了声明。

1　"Management plan 2021−Communications Networks, Content and Technology", https://ec.europa.eu/info/publications/management-plan-2021-communications-networks-content-and-technology_en，访问时间：2022年11月23日。

2　"埃及电信公司将在2023年之前启动连接非洲和欧洲的'HARP'海底电缆系统"，http://eg.mofcom.gov.cn/article/jmxw/202103/20210303044172.shtml，访问时间：2022年11月23日。

3　"SITA statement about security incident", https://www.sita.aero/pressroom/news-releases/sita-statement-about-security-incident/，访问时间：2022年11月23日。

5.德国政府发布《国际法在网络空间的适用》立场文件

3月5日，德国政府发布《国际法在网络空间的适用》立场文件，围绕国际法的网络空间适用问题提出了德国政府的立场主张。[1] 该文件由"概述""源于《联合国宪章》的国家义务""国际人道法规定的国家义务""国家回应选项""结论"等部分构成，强调了国际法在处理国际环境下使用信息通信技术的重要性，重申《联合国宪章》和国际人道法适用于网络空间。

6.阿联酋首个独立数字银行平台启动

3月8日，阿联酋第一个独立的数字银行平台启动。该平台将与沙特阿拉伯、巴基斯坦以及加纳等国银行建立合作伙伴关系。据悉，已有超2万名用户提前在该平台完成注册。[2]

7.欧洲数据保护委员会通过《车联网个人数据保护指南》

3月9日，欧洲数据保护委员会通过了《车联网个人数据保护指南》。[3]

· 延伸阅读 ————————————————————

欧洲《车联网个人数据保护指南》概要

当前，车联网领域存在较大的隐私和数据保护风险，包括缺乏控制和信息不对称、用户同意质量不高、过度数据收集、个人数据安全等。该指南为车辆联网情况下任何涉及个人数据处理的情形提供参照，适用范围侧重于对数据主体，如驾驶员、乘客、车主、其他道路使用者等非专业使用联网车辆的个人数据处理。

1　"On the Application of International Law in Cyberspace"，https://documents.unoda.org/wp-content/uploads/2021/12/Germany-Position-Paper-On-the-Application-of-International-Law-in-Cyberspace.pdf，访问时间：2022年11月23日。

2　"YAP"，https://www.yap.com/yap-launches-ground-breaking-app/，访问时间：2022年11月23日。

3　"Guidelines 01/2020 on processing personal data in the context of connected vehicles and mobility related applications"，https://edpb.europa.eu/our-work-tools/our-documents/guidelines/guidelines-012020-processing-personal-data-context_en，访问时间：2022年11月23日。

具体来说，指南关注在车辆内处理的个人数据，车辆和与其相连的个人设备（如用户的智能手机）之间交换的个人数据，或在车辆内收集和向外部实体（如汽车制造商、基础设施管理者、保险公司、汽车修理者）输出以进行进一步处理的个人数据。

该指南提出以下建议：

1. 对数据进行分类处理

地理位置数据：充分配置与目的相关的位置数据的访问频率和详细程度；提供关于数据处理目的的准确信息；处理基于同意时，获取数据须经用户同意；只有用户启动需要获取车辆位置的功能时，才会激活位置；重点以图标方式告知用户位置已被激活；可选择在任何时候停用位置选项；确定有限的存储期限。

生物识别数据：所使用的生物识别解决方案调整适用于必要访问控制的安全水平；所使用的生物识别解决方案基于能够抵抗攻击的传感器；尝试身份验证的数量有限；生物识别模板/模型以加密的形式存储在车辆中，使用最先进的密码算法和密钥管理；对构成生物识别模板和用户身份验证的原始数据进行实时处理，即使在本地也不进行存储。

揭露犯罪行为或其他违法行为的数据：禁止对其进行外部处理。

2. 相关性和数据最小化

汽车和设备制造商、服务提供商和其他数据控制者应当特别注意所需联网车辆的数据类型，只能收集与处理相关和必要的个人数据。

3. 设计和默认的数据保护

包括个人数据的本地处理、匿名化与假名化、数据保护影响评估。

4. 信息提供

在处理个人数据之前，应告知数据主体数据控制者的身份、处理目的、数据接收者、数据存储时间以及数据主体在《通用数据保护条例》下的权利。

5. 数据主体的权利

访问权、更正权、删除权、限制处理的权利以及根据处理的法律依据而定的数据可携带权和反对权。

6. 安全性和保密性

车辆和设备制造商、服务提供商和其他数据控制者应采取措施，确保其处理数据的安全性和保密性，并采取一切有用的预防措施，防止被未经授权的人员控制。

7. 向第三方传输数据

将数据主体数据传输给作为数据控制者的商业伙伴前，应征得数据主体同意。商业伙伴对接收的数据负责，并受《通用数据保护条例》规定的约束。

8. 向欧盟或欧洲经济区之外传输个人数据

数据控制者只能在符合《通用数据保护条例》第五章规定的情况下，向接收者传输个人数据。

---

8. 美国国会批准20亿美元用于网络安全和技术现代化

3月10日，美国众议院投票通过了1.9万亿美元的《美国纾困计划法案》，其中，近20亿美元将用于网络安全和技术现代化。法案为网络安全与基础设施安全局提供6.5亿美元资金，旨在缓解联邦网络安全风险并保护疫苗供应链。此外，法案还为联邦总务署的技术现代化基金拨款10亿美元，用于更新IT系统，并为美国数字服务拨款2亿美元。[1]

9. 美国参议院商业、科学和运输委员会更新《先进技术制造法案》

3月11日，美国参议院商业、科学和运输委员会主席罗杰·威克和议员玛丽亚·坎特韦尔共同发布更新后的《先进技术制造法案》。该法案提出：一是利用美国国家研究力量，建议国家科学基金会开展多个试点计划以扩展受资助机构数量，推出高级技术教育计划以培养先进技术领域人才；二是发展先进科学技术制造能力，全面拓展科学、技术、工程和数学教育，将先进制造技术、农业、生物和化学技术、能源与环境技术、信息技术、纳米技术、网络安全技

1　"H.R. 1319: American Rescue Plan Act of 2021"，https://www.govtrack.us/congress/bills/117/hr1319，访问时间：2022年11月23日。

术、地理空间技术、新兴技术、生物技术等列入先进技术的范畴。[1]

10. 中国完善网络交易监管制度体系

3月15日，中国国家市场监督管理总局出台了《网络交易监督管理办法》（以下简称《办法》），作为贯彻落实《电子商务法》的重要部门规章，于5月1日起实施。《办法》对当前社交电子商务、直播带货等网络交易活动中的经营者定位做出明确规定，对虚构交易、误导性展示评价、虚构流量数据等新型不正当竞争行为进行了明确规制，禁止各类网络消费侵权行为。

11. 新加坡发布管理数据泄露和积极执行的最新指南

3月15日，新加坡个人数据保护委员会发布了应对数据泄露事件的最新指南:《管理和通知数据泄露指南》和《积极执法指南》[2]。《管理和通知数据泄露指南》旨在帮助组织识别、预警和应对数据泄露，同时强制要求组织发布数据泄露事件通知。2012年《个人数据保护法》（2012年第26号）的最新修正案中引入了上述要求，该修正案于2021年2月1日生效。《积极执法指南》包含《个人数据保护法》中新增的部分内容，以及有关执法行动类型和经济处罚等信息。

12. 英国《综合评估报告》指出制定新的网络战略

3月16日，英国政府发布《竞争时代的全球英国:安全、国防、发展和外交政策的综合评估报告》[3]，报告指出英国将在2021年制定新的网络战略，并在以下方面着重开展行动:一是加强英国的网络生态系统，深化政府、学界和行

---

1 "S. 735: Advanced Technological Manufacturing Act", https://www.govtrack.us/congress/bills/117/s735, 访问时间：2022年11月23日。

2 "Guide on Active Enforcement", https://www.pdpc.gov.sg/-/media/Files/PDPC/PDF-Files/Other-Guides/Active-Enforcement/Guide-on-Active-Enforcement-15-Mar-2021.pdf?la=en, 访问时间：2022年11月23日。

3 "Global Britain in a Competitive Age: the Integrated Review of Security, Defence, Development and Foreign Policy", https://www.gov.uk/government/publications/global-britain-in-a-competitive-age-the-integrated-review-of-security-defence-development-and-foreign-policy/global-britain-in-a-competitive-age-the-integrated-review-of-security-defence-development-and-foreign-policy, 访问时间：2022年11月23日。

业合作，加强技术研发、创新、人才培养，支持建设网络安全产品和服务的工业基地，并制定法规和相关政策；二是推动英国经济的数字化转型，建立数字贸易全球领导地位，加强数据保护，提升网络安全防御能力，加大对国家网络安全中心的投资力度；三是提升关键技术的引领作用，维持工业基础发展，建立关键技术的优势，制定先进的法律框架支持数字技术的应用，加强数字技术规则和标准合作；四是深化国际伙伴关系，通过网络联合行动维护国际规则，积极在技术和数字经济规则、标准方面开展外交，维护英国在网络空间的利益；五是打击网络空间恶意活动，建立无缝系统以检测网络威胁信息，加强对网络攻击的刑事司法反应。

13. 美国与日本、韩国加强网络领域合作

3月16日，美国国务卿布林肯和国防部部长奥斯汀在东京与日本外务大臣及防卫大臣举行"2+2"会谈。双方就地区形势交换了意见，并在会谈后发表联合声明，表示将在网络、太空等新领域开展合作。[1] 3月18日，布林肯、奥斯汀与韩国外交部长官和国防部长官在首尔举行"2+2"会谈，并在会后发表共同声明。声明称，韩美双方就加强韩美同盟、解决朝鲜半岛问题、应对各种全球性挑战等话题交换了意见，强调韩美将在网络安全等领域深化合作。[2]

14. 中国推进应用程序个人信息保护专项治理

3月22日，中国国家互联网信息办公室、工业和信息化部、公安部、国家市场监督管理总局联合印发《常见类型移动互联网应用程序必要个人信息范围规定》，自5月1日起施行。规定明确app不得因为用户不同意提供非必要个人信息而拒绝用户安装或使用其基本功能服务，有效解决人民群众反映强烈的超范围收集个人信息、强制授权、过度索权等问题，取得良好社会反响。

---

1 "Japan-U.S. Security Consultative Committee (Japan-U.S. '2+2')", https://www.mofa.go.jp/na/st/page3e_001112.html，访问时间：2022年11月23日。

2 "JOINT STATEMENT OF THE 2021 REPUBLIC OF KOREA-UNITED STATES FOREIGN AND DEFENSE MINISTERIAL MEETING（'2+2'）", https://kr.usembassy.gov/031821-joint-statement-of-the-2021-republic-of-korea-united-states-foreign-and-defense-ministerial-meeting-22/，访问时间：2022年11月23日。

15. 联合国儿童权利委员会发布《关于数字环境下的儿童权利的第25号（2021）一般性意见》

3月24日，联合国儿童权利委员会发布了《关于数字环境下的儿童权利的第25号（2021）一般性意见》，旨在针对缔约国如何在数字环境中执行《儿童权利公约》，就相关立法、政策和其他措施提供指导。文件提出缔约国需以非歧视，儿童的最大利益，生命权、生存权和发展权以及尊重儿童意见等四项原则为指导，保障与数字环境相关的儿童权利的实现；国家应确保数字服务供应商提供适合儿童不断发展的服务，在监护人履行抚养子女责任时向其提供适当援助。建议各国通过立法保护儿童免受有害和误导性内容的侵害，保护儿童免受数字环境中各种暴力行为的侵害，其中包括贩运儿童、基于性别的暴力行为、网络侵略、网络攻击和信息战等。[1]

16. 中国加大网络公益规范监管力度

3月29日，中国民政部打击整治非法社会组织工作领导小组办公室发布了《关于防范非法社会组织以公益慈善名义行骗敛财的提示》。该文件指出，非法社会组织通过广播、电视、报刊、互联网等媒体发布募捐信息开展的公开募捐活动均属违法。同时，为广泛引导和动员互联网行业参与打击整治非法社会组织工作，民政部会同中央网信办、工业和信息化部召开互联网平台协同打击整治非法社会组织工作座谈会，要求各互联网平台完善制度规范、加强信息核验，不得向非法社会组织提供服务，应发挥信息数据检索技术优势，协助政府有关部门开展非法社会组织整治工作。

17. 美国贸易代表办公室发表《2021年全国贸易评估报告》

3月31日，美国贸易代表办公室发表《2021年全国贸易评估报告》。报告指出，美国贸易代表办公室将继续与外国政府就数字政策进行接触，防止数字

---

1 "General Comment 25 on children's rights in relation to the digital environment", https://tbinternet.ohchr.org/_layouts/15/treatybodyexternal/Download.aspx?symbolno=CRC%2fC%2fGC%2f25&Lang=en，访问时间：2022年11月23日。

监管政策威胁美国数字产品和服务出口商，削弱美国制造商和服务供应商跨境数据流动能力。[1]

18. 七国集团国家科学院发布声明，共享卫生数据

3月31日，七国集团国家科学院发布《国际卫生紧急情况数据：治理、运营和技能》声明，建议七国应采用基于原则的卫生数据获取和使用机制，建立卫生数据使用和共享的运营系统、基础设施和技术，培养具有数据管理、分析和决策技能的人才，成立推动该项协议的委员会。[2]

4月

1. 中国香港发布《保障个人资料私隐——使用社交媒体及即时通讯软件的指引》

4月5日，香港个人资料私隐专员公署发出《保障个人资料私隐——使用社交媒体及即时通讯软件的指引》，旨在向公众人士提供降低使用社交媒体风险的实用建议。建议包括：在注册新的社交媒体账户时详细阅读隐私政策，登记时非必要不提供敏感个人资料，加强儿童隐私保护等。同时，指引也对社交媒体平台如何使用用户个人资料做出限制。

2. 美国发布信息与通信技术供应链风险及管理相关文件

4月8日，美国网络安全与基础设施安全局的信息和通信技术供应链风险管理工作组发布《使用合格投标人和制造商清单以降低信息和通信技术供应链风险》和《供应链风险管理模板》文件，以帮助评估相关企业信息和通信技术的可信度，降低供应链风险。

1　"Ambassador Tai Releases 2021 National Trade Estimate Report"，https://ustr.gov/about-us/policy-offices/press-office/reports-and-publications/2021/ambassador-tai-releases-2021-national-trade-estimate-report，访问时间：2022年11月23日。

2　"Data for international health emergencies: governance, operations and skills"，https://easac.eu/fileadmin/images/G-Science/G7_Data_for_international_health_emergencies_31.03.2021.pdf，访问时间：2022年11月23日。

3. 北约举行2021年度"锁定盾牌"网络防御演习

4月13—16日，北约举行2021年度"锁定盾牌"演习。此次演习号称为全球规模最大的网络防御实战演习，涉及30个国家以及2000多名网络安全专家和决策者。演习旨在考验相关国家保护重要服务和关键基础设施的能力，并强调网络防御者和战略决策者需要了解各国IT系统之间的相互依赖关系。[1]

4. 爱尔兰将调查脸书用户数据泄露事件是否违反《通用数据保护条例》

4月14日，爱尔兰数据保护委员会正式宣布，将就美国社交媒体脸书数据泄露事件展开调查。爱尔兰数据保护委员会认为，脸书可能违反了欧盟《通用数据保护条例》中的一项或多项规定。据了解，此前脸书在106个国家超过5.33亿用户的网上个人数据遭到泄露，其中包括3200万条美国用户、1100万条英国用户和600万条印度用户的记录。

5. 澳法院裁定谷歌非法收集用户位置数据

4月16日，澳大利亚联邦法院裁定谷歌在位置数据的收集和使用方面误导了部分用户，同时也违反了澳大利亚消费者保护法案。本次诉讼由澳大利亚竞争与消费者委员会于2019年提起。[2]

6. 欧盟通过《欧盟在印太地区的合作战略》

4月19日，欧洲理事会通过了《欧盟在印太地区的合作战略》[3]，详细阐述欧盟参与印太地区事务的背景、考量、路径及愿景，突出强调强化印太地区务实合作。战略由六部分组成：加强在印太地区的伙伴合作；支持国际社会全球议

1　"Locked shields exercise featured a connection between cyber and information operations"，https://www.ccdcoe.org/news/2021/locked-shields-exercise-featured-a-connection-between-cyber-and-information-operations/，访问时间：2022年11月18日。

2　"Australian judge rules Google misled android users on data"，https://apnews.com/article/australia-canberra-court-decisions-courts-laws-c6a7b75ac7cbfabc6ff2bc4069e3911c，访问时间：2022年11月18日。

3　"EU Strategy for Cooperation in the Indo-Pacific"，https://eeas.europa.eu/headquarters/headquarters-homepage/96741/eu-strategy-cooperation-indo-pacific_en，访问时间：2022年11月18日。

程；推进经济议程，保护供应链；在安全和防务领域发挥作用；确保高质量互联互通；推进研究、创新和数字化合作。

7. 美国拟出台电网百日安全冲刺计划

4月20日，美国政府宣布敲定美国电网百日安全冲刺计划最终细节，鼓励美国电力公司在未来100天内加强针对黑客的网络安全保护。该计划核心原则是激励电力公司安装复杂的新型监控设备，以更快发现黑客，并与美国政府广泛共享信息。截至8月，该计划已通过部署150多家服务于9000万美国人的公用事业，对美国防御系统进行现代化改造，下一步拟扩展至天然气管道网。[1]

8. 美国众议院通过《网络外交法案》

4月20日，美国众议院以355票对69票通过《网络外交法案》，并于4月22日提交给美国参议院外交关系委员会。该法案于2017年首次提出，2021年2月再次提出。新提交的法案要求在美国国务院内设立一个网络空间国际政策局，通过制定国际战略，指导美国与其他国家就网络安全问题进行接触，并为网络空间行为制定规范。

9. 德国联邦议院通过《通讯安全法2.0》

4月23日，德国联邦议院通过《通讯安全法2.0》，拟限制5G技术"不可信赖"供应商，并要求电信运营商在签署关键5G组件合同时知会德国政府，政府有权阻止合同签署。相较2020年12月德国政府所提法案，最新法案立场更加强硬，并赋予了德国内政部更大的审查权力。

10. 中国开展网络直播营销信息行业治理

4月23日，中国国家互联网信息办公室等七部门联合发布了《网络直播营

---

1 "Remarks by president Biden on collectively improving the Nation's cybersecurity", https://www.whitehouse.gov/briefing-room/speeches-remarks/2021/08/25/remarks-by-president-biden-on-collectively-improving-the-nations-cybersecurity/，访问时间：2022年11月18日。

销管理办法（试行）》（以下简称《办法》），自5月25日起施行。作为贯彻落实《中华人民共和国网络安全法》《中华人民共和国电子商务法》《中华人民共和国广告法》《中华人民共和国反不正当竞争法》《网络信息内容生态治理规定》等要求的行政规范性文件，《办法》对规范网络市场秩序，维护人民群众合法权益，促进新业态健康有序发展，营造清朗网络空间具有重要的现实意义。《办法》明确和细化了网络直播营销平台、直播间运营者、直播营销人员、直播营销人员服务机构等参与主体的权责边界，进一步压实各方主体责任。

11. 中国举办第四届数字中国建设峰会

4月25日，第四届数字中国建设峰会在福建省福州市开幕。会上发布的《数字中国发展报告（2020年）》指出，中国新冠疫情防控阻击战取得了重大成果，其中互联网大数据等数字技术发挥了关键作用，数字化监测分析有力支撑了新冠疫情的精准防控。

12.《中国—东盟数字经济合作白皮书》发布

4月25日，《中国—东盟数字经济合作白皮书》在第四届数字中国建设峰会上发布。白皮书指出，中国与东盟数字经济合作基础良好、亮点纷呈。近年来，中国、东盟双方共享数字化防疫抗疫解决方案，合作推进数字基础设施建设，携手支持创业创新和产业数字化转型，共同推动智慧城市创新发展，促进电子商务合作，推进网络空间治理合作，并且在视频、直播等多领域合作培育数字经济增长新热点。中国与东盟数字经济合作空间巨大，将迎来共同发展的历史机遇期。双方均将发展数字经济作为未来五年的重点，2021年双方将共同制定《落实中国—东盟数字经济合作伙伴关系行动计划（2021—2025）》，释放区域增长潜力。

13. 联合国举行数字合作与互联互通高级别主题辩论会

4月27日，第七十五届联合国大会数字合作与互联互通高级别主题辩论会在纽约联合国总部举行，会议主题是"动员全社会力量，消除数字鸿沟"。中国代表以录制视频方式出席并致辞，介绍中国为提升数字合作水平、消除数字鸿沟所采取的积极举措，展示中国推进数字合作、参与数字治理和国际规则制定的积极姿态。

14. 苹果公司隐私新规在德国遭反垄断投诉

4月27日，德国九家最具影响力的媒体和广告行业协会，向德国反垄断监管机构投诉苹果公司，称苹果公司新隐私政策规定网站需在得到用户同意之后，方可追踪用户在互联网上的数字行为，明显将其他竞争对手排除在其生态系统之外，令这些竞争对手不能处理相关商业数据；与此同时，苹果却将自己排除在相关条款的约束之外，得以接触到数量庞大的用户数据。这种垄断行为将对广告商的营收造成巨大影响。

15. 日本完成《区域全面经济伙伴关系协定》批准程序

4月28日，日本参议院全体会议凭借多数赞成，通过了日本、中国、韩国、东盟等15国签署的《区域全面经济伙伴关系协定》。此前，日本政府在2月24日内阁会议上通过了《区域全面经济伙伴关系协定》的批准程序。

5月

1. 脸书监督委员会维持对特朗普账户禁令的决定

5月5日，脸书监督委员会表示，将继续维持1月份对美国前总统唐纳德·特朗普账号的封禁决定。同时，要求脸书重新裁定"无限期"禁令的做法，明确对用户账号的限制期限，并于六个月内就特朗普账号封禁的具体时限做出公开回应。[1]

---

[1] "Facebook suspends Trump until 2023, shifts rules for world leaders", https://www.reuters.com/world/us/facebook-suspends-former-us-president-trumps-account-two-years-2021-06-04/，访问时间：2022年9月5日。

2. 美国太空军发布《美太空军数字军种愿景》

5月6日，美国太空军发布《美太空军数字军种愿景》，阐述了太空军创建数字军种的必要性，指出太空军数字转型应遵循互联性、创新性和数字主导三大原则，实现愿景需重点关注四大领域：一是数字工程，其关键目标是解决武器系统采办的复杂性，加速实现整个能力开发生命周期（从概念到部署，再到作战和后勤保障）的现代化；二是数字人才，从全国各地吸引和招募技术人才，并在综合性数字人才队伍中进行管理和培养；三是数字总部，明确数字总部并不是某个地点，而是一种功能，应具有高效决策的能力；四是数字作战，利用互联的数字基础设施、创新型数字人才，推动形成具有强大杀伤力的太空作战力量，确保数字优势转化为太空作战优势。[1]

3. 欧盟通过适用于敏感两用产品和技术出口的管制新规

5月10日，欧盟通过修订条例，建立控制两用物项出口、中介、技术援助、过境和转让的管制制度，取代了2009年的第428号条例。[2]新条例于2021年9月9日生效，共有十章与32项，升级了欧盟针对敏感两用产品和技术的出口管制。[3]

新条例的主要新增内容包括：一是修订某些定义，扩大管制范围，将"出口商"定义扩展为任何符合条件的自然人、法人或合伙企业，包括在个人行李中携带两用物项出境或通过电子媒介传输软件技术的自然人；"中介"为任何从欧盟向第三国提供中介服务的自然人、法人或合伙企业；"技术援助提

---

1 "U.S. space force vision for a Digital Service"，https://media.defense.gov/2021/May/06/2002635623/-1/-1/1/USSF%20VISION%20FOR%20A%20DIGITAL%20SERVICE%202021%20(2).PDF，访问时间：2022年9月6日。

2 "Council Regulation (EC) No 428/2009 of 5 May 2009 setting up a Community regime for the control of exports, transfer, brokering and transit of dual-use items"，https://eur-lex.europa.eu/legal-content/EN/TXT/PDF/?uri=CELEX:32009R0428&from=EN，访问时间：2022年7月21日。

3 "Regulation (EU) 2021/821 of the European Parliament and of the Council of 20 May 2021 setting up a Union regime for the control of exports, brokering, technical assistance, transit and transfer of dual-use items (recast)"，https://eur-lex.europa.eu/legal-content/EN/TXT/PDF/?uri=CELEX:32021R0821&from=EN，访问时间：2022年7月21日。

供者"则是指从欧盟关税区向第三国提供技术援助的自然人、法人或合伙企业，在第三国提供技术援助的欧盟自然人、法人或合伙企业，向暂居欧盟境内的第三国居民提供技术援助的欧盟自然人、法人或合伙企业。二是引入"人权与人道主义保护"维度，将网络监控技术纳入两用产品和技术的管控范围，以便欧盟管控网络监视技术等新兴两用技术。如果欧盟主管当局告知出口商有关项目可能用于网络监视，则需获得授权。三是强调反恐，为防止恐怖主义行为，欧盟成员国可以禁止或强制出口未列出的两用物项。四是建立了两项"一般性出口授权"，出口商可在特定条件下向特定国家的集团内部公司出口大部分技术与软件，或向特定国家外的其他国家出口受控的加密物项。五是记录保存年限延长，对于发票、货单、运输等发货文件，经营者应保存至少五年，相较于2009年的第428号条例延长了两年。六是加强欧盟内部的管制统一性，要求成员国制定本国"两用物项出口管制清单"，实现成员国与欧盟委员会之间的信息交流，以制定统一的出口管制制度。

4. 谷歌对俄通信监管机构提起诉讼

5月11日，莫斯科法院受理了谷歌公司对俄罗斯联邦电信、信息技术和大众传媒监督局提起的诉讼。此前，该机构曾要求封锁优兔上的12条"非法内容"链接，并警告称如果平台不采取行动，或将受到制裁。[1]

5. 美国国安机构联合发布《5G基础设施潜在威胁指引》

5月12日，美国国家情报总监办公室、美国国家安全局、美国国土安全部网络安全与基础设施安全局联合发布《5G基础设施潜在威胁指引》文件。为评估5G基础设施的网络安全风险，文件将5G网络建设及应用过程中的主要威胁归为政策与标准、供应链和系统架构。在政策与标准方面，5G威胁可能来自开放的国际标准、可选的安全控制命令；在供应链方面，5G威胁可能来自伪劣组件、委托第三方厂商生产的部件；在系统架构方面，5G威胁可能来自

---

1 "Russia gives Google 24 hours to delete banned content", https://www.reuters.com/technology/russia-gives-google-one-day-delete-banned-content-threatens-slowdown-2021-05-24/，访问时间：2022年11月18日。

软件恶意篡改、网络设备漏洞、网络切片、老旧的通信基础设施、多路访问边缘计算、频段共享和软件定义网络等。[1]

6. 英国计划帮助非洲和印太国家建设网络防御体系

5月13日，英国外交大臣多米尼克·拉布表示，英国将投资2200万英镑，帮助非洲和印太地区国家建立网络防御体系。拉布指出，该笔资金将用于帮助非洲和印太地区国家建立和发展国家网络应急响应队伍；开展面向普通民众的网络安全宣传活动；与国际刑警合作在非洲设立网络行动中心。[2]

7. 美国白宫发布《美国就业计划》加强网络安全投入

5月18日，美国白宫发布《美国就业计划》，拟加强网络安全、升级电网并投资清洁电力。根据该计划，美国政府拟投资1000亿美元发展宽带，并为传输基础设施建设提供针对性税收减免等。此外，还启动了《美国救援计划》，拟投资10亿美元设立技术现代化基金，对云基础架构进行安全升级；向美国国土安全部网络安全与基础设施安全局提供6.5亿美元，以加强其安全监控和事件响应能力。[3]

8. 美国参议员提出社交媒体隐私保护和消费者权益法案

5月18日，美国多名参议员联合发起了《2021社交媒体隐私保护和消费者权益法案》，旨在保护用户数据隐私安全，给予用户更多数据自主权。[4]

1　"NSA, ODNI and CISA Release 5G Analysis Paper"，https://www.nsa.gov/Press-Room/Press-Releases-Statements/Press-Release-View/Article/2601078/nsa-odni-and-cisa-release-5g-analysis-paper/，访问时间：2022年9月7日。

2　"UK pledges £22 million to support cyber capacity building in vulnerable countries"，https://www.gov.uk/government/news/uk-pledges-22m-to-support-cyber-capacity-building-in-vulnerable-countries，访问时间：2022年9月5日。

3　"FACT SHEET: The American Jobs Plan Will Bolster Cybersecurity"，https://www.whitehouse.gov/briefing-room/statements-releases/2021/05/18/fact-sheet-the-american-jobs-plan-will-bolster-cybersecurity/，访问时间：2022年9月7日。

4　"S.1667－Social Media Privacy Protection and Consumer Rights Act of 2021"，https://www.congress.gov/bill/117th-congress/senate-bill/1667/cosponsors?r=1&s=1，访问时间：2022年9月5日。

• 延伸阅读 ————————————————————————————————

美国《2021社交媒体隐私保护和消费者权益法案》

该法案适用于任何收集用户个人数据的在线平台。在线平台是指任何面向公众的网站和应用程序，同时也包括社交网络、广告网络、移动操作系统、搜索引擎、电子邮件服务或互联网接入服务等。[1]对用户数据安全保护的具体条款如下：

1. 用户有权选择退出，或禁用数据跟踪、数据收集，从而保护个人数据安全；

2. 为用户提供更便捷的个人数据控制与访问渠道；

3. 平台服务条款协议应使用通俗易懂的语言；

4. 用户对平台已收集、共享的用户个人信息享有知情权；

5. 当用户个人信息数据遭到侵犯时，平台必须在72小时内告知；

6. 当平台产生违约情况时，应及时采取补救措施；

7. 在线平台应制订隐私计划。

在数据安全法案的要求下，在线平台应：

1. 明确告知用户，在线时所产生的个人数据，将由运营商和第三方收集和使用；

2. 为用户提供隐私偏好选项；

3. 向用户提供在线平台的使用条款；

4. 建立并维护在线平台的隐私安全计划；

5. 在发布隐私安全计划时，需详细说明运营商将如何使用在线平台上的个人数据，其中需明确运营商在新产品的开发和服务中，将如何解决其中存在的隐私风险；运营工作人员以及数据承包商，将如何对在线平台上用户个人的详细信息数据进行访问，其中需明确对用户个人数据使用的内部政策；

6. 在用户要求的前提下，平台需通过电子格式或其他便于访问的

---

1 "Social media privacy protection and consumerrights act of 2021", https://www.jdsupra.com/legalnews/social-media-privacy-protection-and-4106751/，访问时间：2022年11月21日。

形式，免费向用户提供运营商已处理的用户个人数据副本，其中包括接收用户数据的使用者列表；

7. 平台应每两年对隐私或安全计划进行一次审计。[1]

---

9. 巴西政府出台《工业互联网发展行动计划》

5月26日，巴西政府以工业经济高质量发展为目标，出台了《工业互联网发展行动计划》[2]，力图推动科技创新与产业发展，促进工业数字化、网络化、智能化转型。巴西政府拟设立工业互联网发展专项资金，支持网络平台搭建；鼓励金融机构创新信贷产品，开发数据资产等质押贷款业务；拓展针对性保险服务，支持保险公司开发与工业互联网相适配的保险产品。

该计划鼓励科研机构、大学院校等不同行业、不同机构跨界合作，为电子信息、汽车、航空航天、智能装备、轨道交通装备、电力、新能源装备、新材料等重点领域提供资金支持，促进平台基地建设和关键技术研发。计划强调，将进一步强化企业对人工智能、区块链、边缘计算等新技术的应用探索；推动企业围绕工业互联网平台的研发设计，进一步提升高性能网络设备、工业芯片与智能模块、智能传感器、工业机器人、高端工业软件等关键软硬件产品的自主研发能力；支持企业依托工业互联网开展金融、保险、物流等跨领域融通和商业模式创新，打造数据智能服务、产融结合、智慧物流、平台经济等新服务业态；加快建立健全相关政策法规体系以及工业大数据共享体制机制，促进数字经济高质量发展。

6月

1. 中国未成年人保护法增设"网络保护"专章

6月1日，新修订的《中华人民共和国未成年人保护法》（以下简称未成年

1　"S.1667—117th Congress (2021—2022)", https://www.congress.gov/bill/117th-congress/senate-bill/1667/text?r=1&s=1，访问时间：2022年9月7日。

2　"促传统工业转型升级，巴西推进工业互联网建设", http://www.stdaily.com/guoji/xinwen/2021-05/27/content_1140826.shtml，访问时间：2022年9月6日。

人保护法）正式施行。修订后的未成年人保护法立足当前未成年人网络保护实际情况，增设"网络保护"专章，要求网络游戏、网络直播、网络音频视频、网络社交等网络服务提供者应当针对未成年人使用其服务设置相应的时间管理、权限管理、消费管理等功能。该章节从政府、学校、家庭、网络产品和服务提供者出发，对网络素养教育、网络信息内容管理、个人信息保护、网络沉迷预防和网络欺凌防治等内容做了规定，力图实现对未成年人的线上线下全方位保护。

2. 欧盟全面实施新版权规则

6月4日，欧盟委员会公布《数字化单一市场版权指令》第17条指南，制定了内容共享平台的新规则，旨在帮助市场主体遵守国家法律。《数字化单一市场版权指令》于2019年4月通过。依据该法令，数字平台使用创作者、记者和新闻出版商等主体的作品时，需支付相应报酬。

3. 亚太经合组织贸易部长会议声明重视数字经济生态建设

6月4—5日，亚太经合组织召开第二十七届贸易部长会议，重点讨论了贸易在应对疫情、促进经济复苏上的作用，会后发表《2021年亚太经合组织贸易部长会议联合声明》。[1]声明指出，要建立有益的、包容性和非歧视性的数字经济生态，促进新技术新应用发展，使互联网企业蓬勃发展，促进数据流动，加强消费者和企业的信任，并允许商品和服务无缝跨境流动，通过便利获取信息和通信技术以及提升公民数字技能来弥合数字鸿沟。

4. 尼日利亚无限期暂停推特业务

6月5日，尼日利亚政府宣称无限期暂停推特在本国的运营，理由是该平台破坏尼日利亚企业运营环境。此前，推特曾删除了尼日利亚总统穆罕默德·布哈里发布的推文并暂停其账号12小时。

---

1 "APEC Ministers Responsible for Trade Meeting Joint Statement 2021", https://www.apec.org/Meeting-Papers/Sectoral-Ministerial-Meetings/Trade/2021_MRT，访问时间：2022年9月5日。

5. 谷歌同意向法国缴纳2.2亿欧元罚款并调整广告业务

6月7日,谷歌与法国反垄断机构竞争管理局达成和解,同意改革部分在线广告服务。法国认为,谷歌在在线广告业务中滥用市场支配力,旗下网络广告拍卖平台通过广告服务器获得不公平的优势,判处谷歌2.2亿欧元罚款。该判罚是全球首次针对广告市场"复杂算法拍卖流程"问题进行的处罚。

6. 华为最大的网络安全透明中心正式启用

6月9日,华为最大的网络安全透明中心在中国东莞正式启用,这是华为在全球建立的第七个透明中心。网络安全透明中心主要履行三类职能:展示与体验、交流与创新、安全验证服务。此外,该中心可向客户和第三方测试机构等全球利益相关方开放。

7. 谷歌宣布在美国和阿根廷之间建造新的海底电缆

6月9日,谷歌宣布在美国和阿根廷之间建造一条新的海底电缆。该电缆将连接美国东海岸和阿根廷拉斯托尼纳斯,并在巴西和乌拉圭增加登陆点。谷歌表示,该海底电缆可在南北美洲之间传输信息,使用户能够快速、低延迟地访问谷歌产品。[1]谷歌计划在2023年底将该电缆投入使用。

8. 美国商务部撤销对抖音海外版和微信海外版的禁令

6月10日,美国总统拜登宣布撤销了前总统特朗普针对这两款应用的禁令,并指示商务部继续监控可能影响美国国家安全的软件应用程序,并要求商务部在120天内提出建议,防止外国企业获取或访问到美国的国家数据。6月21日,美国商务部撤销对社交媒体应用抖音海外版和微信海外版的禁令。[2]

---

1 "Google announces the Firmina subsea cable between the US and Argentina", https://techcrunch.com/2021/06/09/google-announces-the-firmina-subsea-cable-between-the-u-s-to-argentina/?guccounter=1,访问时间:2022年9月7日。

2 "U.S. Commerce Department rescinds TikTok, WeChat prohibited transactions list", https://www.reuters.com/technology/us-commerce-department-rescinds-tiktok-wechat-prohibited-transactions-list-2021-06-21/,访问时间:2022年9月6日。

9. 德国联邦议会通过《供应链尽职调查法》

6月11日，德国联邦议会通过《供应链尽职调查法》[1]，旨在监管德国境内大型企业全球供应链。该法案要求企业建立完备的流程，以识别、评估、预防和补救其供应链和自身运营中存在的人权问题及环境风险。若供应链中存在不合规行为，企业要向员工提供畅通的投诉渠道，并立即采取行动，上报监管部门，否则将被处以高达80万欧元的巨额罚款，且三年内不得在德国获得政府合同。

10. 美国白宫发布"重建美好世界"倡议

6月12日，白宫发布"重建美好世界"倡议。[2]该倡议将以七国集团国家为核心，计划在数字技术、气候、健康、平等四个领域对拉丁美洲、加勒比地区、非洲、印太地区进行公私联合投资。

11. 欧洲法院支持成员国监管机构对美国互联网公司采取行动

6月15日，欧洲法院发布公告称，27个欧盟成员国的数据隐私监管机构，均可在一定条件下，对谷歌、推特、脸书和苹果等美国大型互联网公司采取监管行动。[3]

12. 美国网络司令部举行"网络旗帜21-2"演习

6月24日，美国网络司令部举行"网络旗帜21-2"大型演习，参与者来自美国、英国和加拿大。演习模拟印太地区常见威胁，并纳入勒索软件等常见场景，聚焦跨领域效应，再次使用了"持续网络训练环境"平台。在此次演习

---

1 "Germany: New Law Obligates Companies to Establish Due Diligence Procedures in Global Supply Chains to Safeguard Human Rights and the Environment", https://www.loc.gov/item/global-legal-monitor/2021-08-17/germany-new-law-obligates-companies-to-establish-due-diligence-procedures-in-global-supply-chains-to-safeguard-human-rights-and-the-environment/，访问时间：2022年9月6日。

2 "Fact Sheet: President Biden and G7 Leaders Launch Build Back Better World (B3W) Partnership", https://www.whitehouse.gov/briefing-room/statements-releases/2021/06/12/fact-sheet-president-biden-and-g7-leaders-launch-build-back-better-world-b3w-partnership/，访问时间：2022年9月5日。

3 "欧盟法院支持欧洲各国数据隐私监管机构对美国网络公司采取行动"，http://m.news.cctv.com/2021/06/15/ARTIDYSXBkbKZ3NQhd7fkO7s210615.shtml，访问时间：2022年9月8日。

中，美国网络司令部扩大规模，所用虚拟网络靶场较往年扩大五倍。[1]

13. 非洲电信联盟与华为合作推动数字化转型

6月24日，华为和非洲电信联盟签署谅解备忘录[2]，旨在帮助非洲国家和组织进行能力建设，加快数字化转型。根据协议，华为将为非洲电信联盟成员提供技能培训，提供与全球专家接触的机会，并支持他们的数字化研究。双方将共同支持当地创新，共享信息，提高非洲的数字经济和农村互联互通水平。

14. 欧盟正式通过对英国数据保护的充分性决定

6月28日，欧盟委员会正式通过基于《通用数据保护条例》和《执法指令》的充分性决定[3]，保障有效期内个人数据可在欧盟和英国之间自由流动。该决定首次引入"日落条款"，规定在其生效四年后自动失效。四年内，欧盟委员会将持续监督英国的法律状况，并在必要时进行干预。四年后，若英国通过委员会新一轮的充分性调查，该决定继续执行。

15. 国际电联发布《2020年全球网络安全指数报告》

6月29日，国际电联发布《2020年全球网络安全指数报告》。[4]该指数评估了193个成员国的网络安全情况。据报告统计，全球约一半国家已组建国家计算机应急响应小组。截至2020年底，约64%的国家推出国家网络安全战略，超过70%的国家开展了网络安全宣传活动。从网络安全排名来看，美国排在首位，英国和沙特阿拉伯并列第二，爱沙尼亚位居第三，中国排在第三十三位。此外，前十名国家还有韩国、新加坡、西班牙、俄罗斯、阿拉伯联合酋长国、

---

1 "Media Advisory: Cyber Flag 21-2 winner announcement"，https://www.cybercom.mil/Media/News/Article/2671401/media-advisory-cyber-flag-21-2-winner-announcement/，访问时间：2022年11月18日。

2 "Boost for digital transformation in Africa as Huawei pens deal with ATU"，https://thebftonline.com/2021/06/24/boost-for-digital-transformation-in-africa-as-huawei-pens-deal-with-atu/，访问时间：2023年3月16日。

3 "Data protection: Commission adopts adequacy decisions for the UK"，https://ec.europa.eu/commission/presscorner/detail/ro/ip_21_3183，访问时间：2022年9月7日。

4 "Global Cybersecurity Index 2020"，https://www.itu.int/hub/publication/d-str-gci-01-2021/，访问时间：2022年9月7日。

马来西亚、立陶宛、日本、加拿大、法国和印度。

16. 英国和新加坡启动数字贸易协定谈判

6月29日，《英国新加坡关于启动数字贸易协定谈判的联合声明》[1] 正式发布，标志着英国和新加坡就数字贸易达成协议。该协定是亚洲和欧洲国家间的第一个数字经济协议。此后两国将制定条规，确保跨境数据交流安全可靠，禁止数据本地化存储，并设立严格的数据保护标准，以保障数字交易畅通。

7月

1. 巴基斯坦电信管理局发布《地面物联网服务许可框架（草案）》

7月7日，巴基斯坦电信管理局发布《地面物联网服务许可框架（草案）》。该草案旨在为数字行业提供监管指南，以促进巴基斯坦物联网生态系统的发展，主要涉及许可物联网服务和分配无线电频率的程序。

2. 欧洲议会批准300亿欧元"连接欧洲设施"计划

7月7日，欧洲议会批准更新版"连接欧洲设施"计划[2]，拟在2021—2027年间划拨300亿欧元于交通、能源和数字化基础设施建设，旨在确保到2030年如期完成跨欧洲重要基建项目，包括波罗的海铁路、替代燃料充电基础设施、5G覆盖交通枢纽等。该计划将在交通项目投资230亿欧元，在能源项目投资50亿欧元，在数字化项目投资20亿欧元，在跨境铁路项目投资14亿欧元。[3]

---

1 "UK Singapore joint statement on the launch of negotiations on a Digital Economy Agreement", https://www.gov.uk/government/news/uk-singapore-joint-statement-on-the-launch-of-negotiations-on-a-digital-economy-agreement，访问时间：2022年9月7日。

2 "Connecting Europe Facility", https://ec.europa.eu/inea/en/connecting-europe-facility，访问时间：2022年9月7日。

3 "欧洲议会批准300亿欧元基建计划 拟用于推进'连接欧洲'"，http://www.cankaoxiaoxi.com/auto/2021/0810/2450745.shtml，访问时间：2022年9月7日。

3. 美国国家标准与技术研究院发布"关键软件"定义

7月8日，美国国家标准与技术研究院发布更新版白皮书，并对"关键软件"进行定义[1]，要求所有政府实体的"关键软件"都应遵循严格的安全要求。"关键软件"是指具有或直接依赖含至少一项特定属性组件的软件。组件可能具备的特定属性共有五项：以较高的权限运行；直接或可用特权访问网络或计算资源；控制对数据或操作技术的访问；执行网络控制等涉及安全、信任的操作；在信任边界外且以特权访问的方式操作。更新版白皮书列出了满足"关键软件"定义的软件类别和产品类型，软件类别包括身份凭证和访问管理系统、网络浏览器、网络监控和配置等；产品类型包括身份管理系统、路由协议、防火墙等。

4. 美国科罗拉多州通过个人数据隐私法案

7月8日，美国科罗拉多州通过《科罗拉多州隐私法案》，使科罗拉多州成为继加利福尼亚州和弗吉尼亚州之后第三个颁布全面隐私立法的美国州。该法案旨在进一步保护个人隐私数据，并从适用范围、消费者权利、数据处理者的义务以及法案执行四个角度明确隐私权。该法案将于2023年7月1日生效。[2]

5. 美国总统签署反垄断行政命令以促进美国各行业竞争

7月9日，美国总统拜登签署《关于促进美国经济竞争的行政命令》。[3]该行政命令宣布对大型互联网平台并购进行更严格的审查，鼓励联邦贸易委员会制定有关用户监管和数据收集的规则，禁止互联网市场不公平竞争。

1　"Critical Software Definition"，https://www.nist.gov/itl/executive-order-improving-nations-cybersecurity/critical-software-definition，访问时间：2022年11月18日。

2　"Colorado Privacy Act becomes law"，https://iapp.org/news/a/colorado-privacy-act-becomes-law/，访问时间：2022年11月18日。

3　"Executive Order on Promoting Competition in the American Economy"，https://www.whitehouse.gov/briefing-room/presidential-actions/2021/07/09/executive-order-on-promoting-competition-in-the-american-economy/，访问时间：2022年9月7日。

6.美国网络安全与基础设施安全局发布常见网络攻击缓解指南

7月12日，美国网络安全与基础设施安全局发布常见网络攻击缓解指南，将常见网络攻击分为六个步骤：初始访问、命令和控制、横向移动、权限升级、采集以及渗透。通过测试和审查，该机构推出以下缓解措施：部署基于签名的入侵检测/预防；配置系统以防止安装和执行未经授权的应用程序；使用网络代理来限制外部网络服务依赖。

· 延伸阅读

美国网络安全与基础设施安全局简介

美国网络安全与基础设施安全局是在美国国土安全部监督下的运营部门，该局依据《2018年网络安全与基础设施安全局法》成立，其职责是保障各级政府的网络安全和协调美国各州网络安全计划。[1]

7.联合国教科文组织调查显示疫情导致在线教育增加

7月15日，据联合国教科文组织调查显示，新冠疫情导致在线教育增加与混合教学模式流行。该调查针对193个教科文组织会员和11个准会员展开，共有65个国家给予回应，最终调查显示部分国家通过政府支持与国际合作，将数字化教育挑战转变为社会发展机遇。[2]

8.亚太经合组织领导人特别会议提出积极促进数据流动

7月16日，亚太经合组织领导人会议举行，讨论克服疫情影响与加速经济复苏。[3]会议强调要发展强劲、平衡、安全、可持续和包容性增长的经济，积极促

---

1 "ABOUT CISA", https://www.cisa.gov/about-cisa, 访问时间：2022年9月7日。

2 "New UNESCO global survey reveals impact of COVID-19 on higher education", https://www.unesco.org/en/articles/new-unesco-global-survey-reveals-impact-covid-19-higher-education, 访问时间：2022年8月3日。

3 "APEC Economic Leaders' Statement: Overcoming COVID-19 and Accelerating Economic Recovery", https://www.apec.org/Meeting-Papers/Leaders-Declarations/2021/2021_ILR, 访问时间：2022年9月7日。

进数据流动，加强消费者和企业对数字交易的信任与合作。会议声明，亚太经合组织将支持数字转型策略，促进商品和服务流动，推动本地区经济一体化，促进经济复苏，努力确保所有人不掉队，都有适应变化所需的机会和资源。

9. 卢森堡向亚马逊开出欧盟有史以来最大的数据隐私罚单

7月16日，卢森堡数据保护局根据欧盟《通用数据保护条例》，以数据滥用为由对亚马逊处以7.46亿欧元罚款。[1]这是欧盟有史以来最大的数据隐私泄露罚款。亚马逊称不满该判罚，将提起上诉。

10. 俄罗斯与尼加拉瓜签署信息安全协议

7月19日，俄罗斯外长拉夫罗夫与尼加拉瓜外长丹尼斯·蒙卡达会谈，签署政府间国际信息安全协议。[2]俄罗斯外交部称，该协议为在网络安全领域实施联合倡议奠定了基础。在两国主管机构之间就国际网络安全问题建立直接对话，旨在确保国际信息安全。

11. 经济合作与发展组织发布《弥合连通性鸿沟》报告

7月20日，经济合作与发展组织发布《弥合连通性鸿沟》报告。[3]报告指出，为确保经济活动正常运转，高质量的互联互通至关重要。报告以下提升互联互通的措施：制定总体政策和监管措施；对乡村和偏远地区精准施策；发挥中小型企业作用；利用卫星宽带、固定无线接入宽带等新技术。

12. 奥地利活动家起诉脸书违反《通用数据保护条例》

7月20日，奥地利最高法院受理著名活动家施雷姆斯对脸书违反《通用数

---

1 "Luxembourg emerges as Europe's sanctions leader on data breaches", https://www.euractiv.com/section/data-protection/news/luxembourg-emerges-as-europes-sanctions-leader-on-data-breaches/，访问时间：2023年3月16日。

2 "Russian-Nicaraguan cyber security deal confirms strong partnership—ministry", https://tass.com/politics/1315815，访问时间：2022年11月18日。

3 "Bridging connectivity divides", https://www.oecd.org/digital/bridging-connectivity-divides-e38f5db7-en.htm，访问时间：2022年9月5日。

据保护条例》规则的诉讼，并将该案件提交给欧洲法院。[1]若欧洲法院做出有利于施雷姆斯的裁决，脸书可能会面临数百万用户的赔偿诉讼。

13. 巴基斯坦再次屏蔽抖音海外版应用

7月21日，巴基斯坦电信监管机构再次以"平台上持续存在不当内容且未能删除此类内容"为由，禁止视频共享平台——抖音海外版应用，这是巴基斯坦对该软件实行的第四次屏蔽。约四个月后，该禁令被解除。

14. 中国持续强化关键信息基础设施保护

7月30日，中国国务院公布《关键信息基础设施安全保护条例》（以下简称《条例》）。《条例》旨在落实网络安全法有关要求，为中国深入开展关键信息基础设施安全保护工作提供有力法治保障。《条例》提出，加强重要数据和个人信息保护，采取多项关键技术措施，保护重要数据全生命周期安全，构建以密码技术、可信计算、人工智能、大数据分析等为核心的网络安全技术保护体系。《条例》是落实等级保护2.0制度的重要标志，首次系统明确地对关键信息基础设施的保护提出了要求。《条例》自2021年9月1日起施行。

8月

1. 二十国集团举行数字经济部长会议

8月5日，二十国集团数字经济部长会议以线上线下相结合方式举行。会议主题为"数字化促进韧性、强劲、可持续和包容性复苏"，通过了《G20数字经济部长宣言》，强调国际合作在实现联合国可持续发展目标的重要性，将"数字经济"和"数字政府"确定为关键主题，并成为下一届G20议程的组成部分，同时还将数字经济任务组提升为常设的数字经济工作组。

---

1 "BREAKING: Austrian Supreme Court asks CJEU if Facebook 'undermines' the GDPR by confusing 'consent' with an alleged 'contract'", https://noyb.eu/en/breaking-austrian-ogh-asks-cjeu-if-facebook-undermines-gdpr-2018，访问时间：2022年9月5日。

2. 美国网络安全与基础设施安全局正式公布《联合网络防御协作计划》

8月5日，美国网络安全与基础设施安全局宣布启动《联合网络防御协作计划》[1]，旨在通过合作降低联邦机构、州和地方政府以及私营部门面临的网络风险。该计划的初步重点是打击勒索软件，统筹框架规划，保护云服务的安全，具体内容包括：促进美国国家网络防御计划的协调和实施，信息共享，共同应对网络防御挑战；协调开展网络防御行动，防止和减少网络入侵的影响；支持联合演习，改善网络防御水平。

3. 欧盟委员会发布《5G供应市场趋势》报告

8月9日，欧盟委员会发布《5G供应市场趋势》[2]报告，预测2030年5G市场的四种潜在场景，包括并进一步阐述了每种场景可能带来的经济、技术、环境和社会影响。为此，欧洲应发展开放安全的5G生态系统，包括移动网络运营商、欧洲供应商和软件供应商（包括开源社区）以及来自垂直产业的欧洲用户；鼓励传统供应商与新供应商合作，在5G生态系统中采取开放、规范且有力的手段，确保欧洲技术主权。

4. 巴西宣布成立国家个人数据和隐私保护委员会

8月9日，巴西政府宣布成立国家个人数据和隐私保护委员会，并公布成员名单。作为该国《通用数据保护法》实施的一部分，委员会任务是制定适用于数据保护规则的指南，并为国家数据保护和隐私政策的制定提供补贴。自8月1日起，处理敏感数据的巴西组织一旦违反数据保护规则，将会受到罚款与其他行政处罚。[3]

1　"CISA Launches Joint Cyber Defense Collaborative"，https://www.meritalk.com/articles/cisa-launches-joint-cyber-defense-collaborative/，访问时间：2022年9月7日。

2　"Commission publishes study for the future 5G supply ecosystem in Europe"，https://digital-strategy.ec.europa.eu/en/library/commission-publishes-study-future-5g-supply-ecosystem-europe，访问时间，2022年8月10日。

3　"Brazil announces national data protection council"，https://www.zdnet.com/article/brazil-announces-national-data-protection-council/，访问时间：2022年8月10日。

5. 美国陆军寻求通过区块链技术来管理战斗数据

根据8月16日有关消息，美陆军C5ISR中心正在利用区块链技术实现新的战术级数据管理能力。该技术是C5ISR中心"信息信任计划"的一部分，也是此前美陆军"网络现代化实验"期间测试的几种样板技术之一。[1]"信息信任计划"旨在为士兵提供一种可验证的数据审查方式，并通过防范"中间人"攻击，确保数据安全可信地传输到最终用户。

6. 中国举办2021网上丝绸之路大会

8月19日，由中国国家互联网信息办公室、国家发展和改革委员会、宁夏回族自治区人民政府联合主办的2021网上丝绸之路大会在宁夏银川举行。作为第五届中国—阿拉伯国家博览会的重要板块之一，本次大会以"数字经济·创新引领"为主题，国内外嘉宾以"线上+线下"的方式参会，围绕数字前沿技术、数字基建、数字经济等话题深入交流，共商数字丝绸之路建设新举措，共赢数字化发展新机遇。

7. 中国通过个人信息保护法

8月20日，十三届全国人大常委会第三十次会议表决通过《中华人民共和国个人信息保护法》，自11月1日起施行。其相关规定与民法典、刑法、网络安全法等法律相衔接，形成了民事、行政、刑事三个维度的法律责任配置。个人信息保护法明确规定，通过自动化决策方式向个人进行信息推送、商业营销，应提供不针对其个人特征的选项或提供便捷的拒绝方式；处理生物识别、医疗健康、金融账户、行踪轨迹等敏感个人信息，应取得个人的单独同意；对违法处理个人信息的应用程序，责令暂停或者终止提供服务。

---

1 "US Army Leverages Blockchain Technology for Tactical-Level Data Management"，https://beincrypto.com/us-army-leverages-blockchain-technology-for-tactical-level-data-management/，访问时间：2022年8月16日。

8. 中国上合组织数字经济产业论坛开幕

8月23日，中国—上海合作组织数字经济产业论坛暨2021中国国际智能产业博览会在重庆举行，中国国家主席习近平向论坛致贺信。300多名外国政要、国际组织负责人、国内外知名学者、行业专家和企业家参与论坛，深入探讨全球数字经济前沿理论，积极分享智能产业技术的最新成果，共同把脉数字经济发展的趋势和机遇。

9. 美国和新加坡加强网络安全和供应链合作

8月23日，美国白宫发布《加强美新战略伙伴关系声明》[1]，宣称将在气候变化、网络安全、供应链、卫生安全、传统安全、太空、人文等领域加强合作。

美新签订三个面向金融、网络战和地区能力建设方面的网络安全合作协议，双方将在金融市场和网络安全信息共享、联合演习和网络安全事件响应协调等方面加强合作。供应链合作方面，美国商务部和新加坡贸易与工业部将创建新美新增长和创新伙伴关系，加强数字经济合作，启动增强供应链韧性的高层对话。

10. 中非互联网发展与合作论坛发起《中非携手构建网络空间命运共同体倡议》

8月24日，中非互联网发展与合作论坛以视频连线方式举办，中国相关机构、智库、企业代表与来自14个非洲国家及非盟委员会的代表出席论坛，围绕共享数字技术红利、携手维护网络安全等议题开展深入交流。中方在论坛开幕式上发起《中非携手构建网络空间命运共同体倡议》，呼吁中国与非洲国家政府、互联网企业、技术社群、社会组织和公民个人共同参与，携手构建更加紧密的网络空间命运共同体。

---

1 "FACT SHEET: Strengthening the U.S.-Singapore Strategic Partnership", https://www.whitehouse.gov/briefing-room/statements-releases/2021/08/23/fact-sheet-strengthening-the-u-s-singapore-strategic-partnership/，访问时间：2022年9月7日。

11. 美国召开网络安全会议

8月25日，拜登召开网络安全会议[1]，聚焦网络安全公私合作、提高网络安全标准、招募网络安全人才、打击勒索攻击等议题。白宫网络安全主管部门、能源部、商务部、国土安全部等部门负责人，苹果、谷歌、亚马逊、微软、IBM等企业以及保险、金融、教育、非营利性组织等行业的高管参会。会上，拜登呼吁苹果、谷歌等公司采取更多的措施来应对网络安全问题，增加投资，提高美国面对网络攻击的恢复能力。拜登政府宣布，美国国家标准与技术研究院将与行业和其他合作伙伴合作，开发一个新框架，以提高技术供应链的安全性和完整性，并将工业控制系统网络安全计划拓展到天然气管道。微软、苹果、谷歌、IBM、亚马逊公司等在会上承诺将推动美提升网络安全能力。

• 延伸阅读 —————————————————————————

美国企业加强网络安全的承诺

根据美国白宫8月25日的简报，美国多家企业宣布将采取措施增强网络安全，完善网络安全服务。

微软宣布将在未来五年投资200亿美元，完善网络安全解决方案，并将立即提供1.5亿美元的技术服务，帮助美国联邦、各州和地方政府提升其安全水平。

谷歌承诺在未来五年里投资100亿美元，用于扩展零信任计划，帮助保护软件供应链安全和增强开源安全。同时，谷歌称将帮助10万美国人拿到行业认可的数字技能证书。

苹果公司将设立新的计划，改进供应链技术安全，与其供应商合作，推广身份验证、安全培训、漏洞修复、事件日志和网络安全事件响应。

—————————————

1 "Biden Administration and Private Sector Leaders Announce Ambitious Initiatives to Bolster the Nation's Cybersecurity", https://www.whitehouse.gov/briefing-room/statements-releases/2021/08/25/fact-sheet-biden-administration-and-private-sector-leaders-announce-ambitious-initiatives-to-bolster-the-nations-cybersecurity/，访问时间：2022年9月7日。

IBM称将在未来三年里培训15万人掌握网络安全技能，并将与高校合作，成立网络安全领导力中心，并培养多元化队伍。

亚马逊将向公众免费提供网络安全素养培训，向所有亚马逊网络服务账户持有者提供多因素身份验证设备。

网络保险提供商Resilience宣布，将要求保单持有人满足网络安全最佳实践的门槛，作为获得保险的条件。而网络保险提供商Coalition则宣布将免费向任何组织提供其网络安全风险评估和持续监控平台。

12. 美国白宫要求各联邦机构改进应对网络攻击的能力

8月30日，美国白宫管理与预算办公室发布一份备忘录[1]，要求各联邦机构按照第14028号行政命令指示，提高网络安全事件调查和应对能力，改善国家网络安全状况。此外，备忘录还提出了增加信息共享、加速事件响应工作效率以及更有效地保护联邦信息和行政部门的要求。

13. 韩国立法限制苹果、谷歌在应用商店支付中收取高额佣金

8月31日，韩国国会表决通过《电气通信事业法》修正案。此举旨在避免苹果和谷歌等主要应用商店平台强迫软件开发商使用其支付系统，并收取最高达30%的佣金。该法案允许用户通过其他平台进行支付。韩国也成为全球第一个限制谷歌和苹果等科技企业在应用商店进行抽成的国家。

9月

1. 美国政府发布《联邦零信任战略》

9月7日，美国白宫管理与预算办公室发布了《联邦零信任战略（草案）》。该草案提出政府部门应采用零信任架构，以应对日益复杂且持续的网络威胁。

1　"OMB Issues Memo for Improved Cyberattack Investigations"，https://www.meritalk.com/articles/omb-issues-memo-for-improved-cyberattack-investigations/，访问时间：2022年9月7日。

美国网络安全与基础设施安全局同时将《零信任成熟度模型》《云安全技术参考架构》与《联邦零信任战略》一起公开征集意见。这三份文件共同组成联邦各级机构的网络安全架构路线图，计划于2024财年末完成部署。[1]

2. 日本政府成立数字厅

9月8日，日本政府正式成立数字厅，以促进日本各地各政府部门之间行政运营系统的标准化与数字化，提高行政手续线上操作的便捷性，削减行政运营成本。[2]数字厅直接隶属于首相，并设立数字大臣。该部门前身是日本内阁官房信息通信技术综合战略室。[3]

3. 阿富汗塔利班切断喀布尔部分地区的互联网

9月7日，喀布尔市发生了大规模示威活动，抗议人群主张支持在阿富汗东北部潘杰希尔省顽固抵抗的战士，以及反塔武装势力"全国抵抗阵线"领导人艾哈迈德·马苏德。[4]9月9日，阿富汗塔利班情报部门下令关闭阿富汗首都喀布尔部分地区的互联网，旨在阻止抗议者利用社交媒体进行动员。

4. 俄罗斯与白俄罗斯在信息安全等领域达成协议

9月9日，俄罗斯总统普京与白俄罗斯总统亚历山大·卢卡申科在莫斯科举行会谈。双方讨论经济一体化、政治、安全等问题，俄罗斯总统在会谈后的新闻发布会上表示，双方一致同意奉行共同的宏观经济政策，其中包括在协调货币信贷政策、整合支付系统、保障信息安全等领域开展合作。

---

1   "Federal Zero Trust Strategy", https://zerotrust.cyber.gov/federal-zero-trust-strategy/，访问时间：2022年9月7日。

2   "New Digital Agency Pursues Inclusive Digitalization", https://www.japan.go.jp/kizuna/2021/09/new_digital_agency.html，访问时间：2022年8月12日。

3   "Japan launches Digital Agency to push ahead with long-overdue reforms", https://www.japantimes.co.jp/news/2021/09/01/national/politics-diplomacy/digital-agency-launch-japan/，访问时间：2022年9月7日。

4   "Internet shutdown in parts of Kabul amid fears of protests in Afghanistan capital", https://dig.watch/updates/internet-shutdown-parts-kabul-amid-fears-protests-afghanistan-capital，访问时间：2022年9月5日。

5. 金砖国家发表声明加强数字合作

9月9日，巴西、俄罗斯、印度、中国、南非举行金砖国家领导人第十三次会晤，此次会议召开正值金砖国家合作机制成立15周年之际。会议通过了《金砖国家领导人第十三次会晤新德里宣言》，涉及数字公共产品、信息通信技术、网络犯罪、数字鸿沟、人文教育等领域内容，承诺推动以联合国为核心，以国际法及《联合国宪章》宗旨和原则为基础的，更加包容、公平，更具代表性的多极国际体系，在互利合作的基础上构建人类命运共同体。[1]

· 延伸阅读

《金砖国家领导人第十三次会晤新德里宣言》涉及数字领域的内容

《金砖国家领导人第十三次会晤新德里宣言》强调在数字领域进一步加强金砖国家机制下的交流与合作，主要包括以下方面：

一、加强和改革多边体系

利用数字和技术工具等创新包容的解决方案，促进可持续发展，确保全球公共产品的可负担性和公平性。

二、和平、安全与反恐合作

1. 继续致力促进开放、安全、稳定、可及、和平的信息通信技术环境。

2. 重申并强调发展和安全并重原则，平衡处理信息通信技术进步、经济发展，与国家安全、社会公共利益以及尊重个人隐私权利等方面的关系。

3. 强调联合国的领导作用，推动对话合作，致力在信息通信技术安全与国家行为准则间达成共识。

4. 对信息通信技术滥用、犯罪活动增长所引发的风险和威胁深表关切。

---

1 "金砖国家领导人第十三次会晤新德里宣言"，http://www.gov.cn/xinwen/2021-09/10/content_5636528.htm，访问时间：2022年8月12日。

5. 在儿童网络性剥削以及网络不良内容传播等方面的治理表示关切，并期待金砖国家加强合作，制定儿童网络安全保护倡议。

三、可持续发展及其创新实现手段

1. 鉴于大规模电子政务平台、人工智能、大数据等数字技术对提高金砖国家疫情应对效率所起到的重要作用，鼓励平台与技术的广泛应用，从而实现信息通信产品和服务的可负担性和可及性。

2. 应推动电信和信息通信技术系统的无缝运行，并采取必要措施减轻疫情对社会经济的负面影响，实现可持续的包容性复苏，特别是要确保教育的延续性，保障就业，尤其是中小微企业的用工。

3. 应敦促国际社会制定有关数字资源包容性与可及性方案，减少国家间以及国家内部的数字鸿沟。

4. 加大全球数字技术应用，提高数据收集有效性和准确性，为危机应对政策提供指南。

5. 运用数字解决方案确保教育的包容性、公平性和优质性，并着力加强研究和学术方面的合作。

---

6. 中国申请加入《全面与进步跨太平洋伙伴关系协定》

9月16日，中国正式提出申请加入《全面与进步跨太平洋伙伴关系协定》。中国商务部部长向《全面与进步跨太平洋伙伴关系协定》保存方新西兰贸易与出口增长部部长提交了中国正式申请加入该协定的书面信函。两国部长还举行了电话会议，就中方正式申请加入的有关后续工作进行沟通。《全面与进步跨太平洋伙伴关系协定》成员国包括日本、澳大利亚、文莱、加拿大、智利、马来西亚、墨西哥、新西兰、秘鲁、新加坡和越南11国。

7. 四国机制召开线下峰会拟加强网络安全合作

9月24日，由美国、印度、日本、澳大利亚组成的四国安全对话机制在华盛顿举行首次线下峰会。四国首脑出席峰会。会议表示，四国在关键和新兴技术方面就推进5G网络建设开展合作，在技术标准方面加强协调，同时启动半导体供应链计划，确保关键技术和材料的供应链安全。[1]在网络安全领域，四国同意成立高级网络专家小组，不断改进和共享网络标准，加强网络安全人才培养，建立安全可靠的数字基础设施，提升抵御网络威胁的能力。

8. 美国提出设立网络事件审查办公室

9月24日，美国众议院以316票对113票通过《2022财年国防授权法案》修正案。该修正案提出：一是将网络安全与基础设施安全局主任的任期限制为五年，并重申该职位由总统任命；二是设立网络事件审查办公室，并要求关键基础设施所有者和运营商将网络事件报告办公室；三是提出实施"网络学徒"计划和建立国家数字预备役部队。该修正案还对云计算和人工智能等方面做出了修改。[2]

9. 中国举办世界互联网大会

9月26—28日，世界互联网大会乌镇峰会成功举办，中国国家主席习近平向大会致贺信，赢得了与会嘉宾的热烈反响和国际社会的广泛认同。大会以"迈向数字文明新时代——携手构建网络空间命运共同体"为主题，来自90余个国家和地区的2000多名嘉宾以线上线下结合的形式，纵论人类数字文明发展图景，展示数字技术发展成就，共商网络空间合作大计。大会首次举办"携手构建网络空间命运共同体精品案例"发布展示活动，累计征集国内外各方申报案例200多个，评选产生60个案例形成实践案例集，公布了12个精品案例，从实践层面生动阐释了习近平主席关于构建网络空间命运共同体的理念主张，对各方深化数字合作具有积极的示范作用。大会期间，《网络主权：理论与实践》（3.0版）概念文件发布，呼吁国际社会以人类共同福祉为根本，秉持平等协商、求同存异、积极实践的原则，加强沟通、协调立场，在维护国家网络主权的基础上，推动全球互联网治理朝着更加公正合理的方向迈进，共同构建网络空间命运共同体。

---

1 "Fact Sheet: Quad Leaders' Summit", https://www.whitehouse.gov/briefing-room/statements-releases/2021/09/24/fact-sheet-quad-leaders-summit/，访问时间：2022年8月12日。

2 "House votes to approve 2022 National Defense Authorization Act", https://lite.cnn.com/en/article/h_3571565f35b3a3c35516862e62bf93fc，访问时间：2022年10月24日。

10. 欧盟—韩国数据跨境流动谈判取得进展

9月27日，欧洲数据保护委员会通过了欧盟委员会关于《韩国数据保护充分性认定（草案）》的意见（以下简称《草案》）。《草案》指出，韩国与欧盟的数据保护制度在透明度、概念、目的限制等关键领域保持高度一致。欧盟自2017年1月开始与韩国进行"充分性认定"谈判。为了符合欧盟标准，韩国在2020年修改了数据保护法。截至2021年底，除了韩国参与欧盟谈判以外，另有13个国家和地区已获得欧盟数据保护充分性认定，包括：安道尔公国、阿根廷、加拿大、法罗群岛、根西岛、以色列、马恩岛、日本、泽西岛、新西兰、瑞士、乌拉圭、英国。

· 延伸阅读

欧洲数据保护委员会

欧洲数据保护委员会是负责监督实施《通用数据保护条例》的机构。欧盟委员会参加欧洲数据保护委员会的会议，但没有投票权。欧洲数据保护委员会有权批准整个欧洲经济区的数据认证标准，并向监管机构提供有关认证标准的建议。

该委员会不仅发布《通用数据保护条例》核心概念的解释指南，还处理有争议的跨境决定，统一欧盟成员国对《通用数据保护条例》规则的应用尺度，避免不同司法管辖区对同一案件进行不同处理。[1]

11. 美国研究机构发布《2020年网络安全和隐私年度报告》

9月28日，美国国家标准与技术研究院发布《2020年网络安全和隐私年度报告》。报告聚焦九大领域：一是增强公民网络安全意识和教育，包括发布国家网络安全教育倡议、推广"网络钓鱼量表"等；二是加强身份和访问管理，

---

1 "REGULATION (EU) 2016/679 OF THE EUROPEAN PARLIAMENT AND OF THE COUNCIL", https://eur-lex.europa.eu/legal-content/EN/TXT/HTML/?uri=CELEX:32016R0679&from=EN#d1e5663-1-1，访问时间：2022年9月7日。

包括指导和研究云访问控制系统、改进访问控制策略验证和开发工具；三是完善网络安全度量和测量方法，包括发布信息安全措施，进行网络风险分析；四是更新风险管理框架；五是推进"隐私工程"项目，包括发布隐私框架、发展差别隐私技术、领导并参与制定国家和国际标准等；六是增强物联网、区块链和人工智能等新兴技术的网络安全和隐私保护研究；七是改进密码标准和验证技术，包括后量子密码技术、加密模块验证程序等；八是建立可信网络，包括发布零信任网络结构，推进公共安全认证技术；九是打造可信平台，设计安全软件开发框架、完善保护虚拟基础设施方法等。[1]

12. 联合国贸易和发展会议呼吁建立全球数据治理新框架

9月29日，联合国贸易和发展会议发布《2021年数字经济报告》，主题为"数据跨境流动与发展：数据为谁流动"。报告指出目前不同国家和地区对数据跨境流动采取不同的监管方式，数据跨境流动监管水平参差不齐，且主要受大国影响。报告呼吁各国建立新的全球数据治理框架，推动实现全球数据共享，保护中小企业利益，防止数字鸿沟扩大，避免有关数据跨境流动监管的国际谈判陷入僵局。[2]报告还提出全球在制定数据跨境流动政策方面的优先事项，主要包括：一是对数据关键概念的定义形成共识；二是制定数据访问条款；三是强化对数据和数据跨境流动价值的衡量；四是将数据作为全球公共品，探索新的数据治理形式；五是商定数据及其相关权利和原则，制定相关数据标准；六是加强数字经济国际合作等。

10月

1. 美国启动"网络安全意识月"活动

10月1日，美国网络安全与基础设施安全局启动第十八届"美国网络安全

1　"2020 Cybersecurity and Privacy Annual Report"，https://www.nist.gov/publications/2020-cybersecurity-and-privacy-annual-report，访问时间：2022年9月7日。

2　《2021年数字经济报告》，https://unctad.org/page/digital-economy-report-2021，访问时间：2022年9月7日。

意识月"活动，核心主题是"全民参与，智慧上网"。美国总统拜登将10月定为公私部门合作月，以强调网络安全重要性。[1]

2. 欧洲议会决议禁止公共场所进行自动面部识别

10月6日，欧洲议会以377∶248的投票结果，通过了关于使用人工智能系统的决议。根据决议内容，欧盟禁止警方在公共场所使用面部识别技术，严格限制警方使用人工智能进行预测性警务活动，即禁止从远处对公共空间中的公众进行生物识别和监控。[2]

3. 美新签署谅解备忘录加强数字经济合作

10月7日，美国商务部部长吉娜·雷蒙多和新加坡贸易与工业部部长甘金勇签了关于"增长与创新伙伴关系"的谅解备忘录，旨在加强美新贸易和投资合作。美新发表声明称，两国将从数字经济、能源和环境技术、先进制造和医疗保健四个领域开始，促进商业伙伴关系和政策发展方面交流。两国伙伴关系还将致力于在电子商务、网络安全、清洁能源和气候变化解决方案、医疗技术和先进制造技术等领域取得成果。[3]

4. 澳大利亚政府公布"勒索软件行动计划"

10月13日，澳大利亚内政部公布"勒索软件行动计划"。根据该计划，澳大利亚政府成立跨部门的"奥克斯行动"（Operation Orcus）小组。该小组由澳大利亚联邦警察主导，负责勒索软件犯罪缉查行动；与国际合作伙伴共同对抗及摧毁勒索软件黑客生态体系；积极打击支持网络犯罪分子的同伙；要求各

1　"CISA KICKS OFF CYBERSECURITY AWARENESS MONTH"，https://www.cisa.gov/news/2021/10/01/cisa-kicks-cybersecurity-awareness-month，访问时间：2022年9月7日。

2　"European Parliament calls for a ban on facial recognition"，https://www.politico.eu/article/european-parliament-ban-facial-recognition-brussels/，访问时间：2022年9月7日。

3　"U.S.-Singapore Partnership for Growth and Innovation: A Joint Statement by U.S. Secretary of Commerce Gina Raimondo and Singapore Minister for Trade and Industry Gan Kim Yong"，https://www.commerce.gov/news/press-releases/2021/10/us-singapore-partnership-growth-and-innovation-joint-statement-us，访问时间：2022年8月16日。

组织向政府提供勒索软件情况报告；完善打击勒索软件攻击的立法，对关键基础设施展开攻击的黑客加重量刑等。[1]

5. 俄罗斯和印尼讨论国际信息安全合作

10月20日，俄罗斯和印尼在莫斯科举行国际信息安全跨部门工作会议。双方就国际信息安全领域的合作问题进行广泛讨论，包括在国际信息安全领域的战略方针、立法和监管举措等。[2]

6. 美国商务部出台限制网络安全技术出口新规

10月21日，美国商务部工业和安全局发布新规，对"可能被用于恶意网络行为"的技术和物品进行出口管制，并建立新的许可例外授权网络安全出口。[3]

7. 金砖国家通信部长会议呼吁加强合作以弥合数字鸿沟

10月22日，第七届金砖国家通信部长会议举行。[4]此次会议主题为"数字鸿沟：新数字时代的传统障碍和新兴挑战"。会议通过了《第七届金砖国家通信部长会议宣言》。会议鼓励金砖国家在国际组织和多边论坛，如国际电信联盟和其他组织的交流活动中继续加强信息通信技术合作，积极利用信息通信技术应对新冠疫情带来的挑战。会议还讨论了未来让更多人以可承受的价格获得通信服务和数字技术的方法和模式，推动实现可持续发展目标。会议还探讨了人工智能所涉及的风险和伦理困境，鼓励各成员国共同努力，积极应对相关风险挑战。

1　"Ransomware Action Plan"，https://www.homeaffairs.gov.au/cyber-security-subsite/files/ransomware-action-plan.pdf，访问时间：2022年9月7日。

2　"Press release on the outcomes of the Russian-Indonesian interagency working meeting on international information security"，https://archive.mid.ru/foreign_policy/news/-/asset_publisher/cKNonkJE02Bw/content/id/4909022?p_p_id=101_INSTANCE_cKNonkJE02Bw&_101_INSTANCE_cKNonkJE02Bw_languageId=en_GB，访问时间：2022年9月5日。

3　"Commerce Tightens Export Controls on Items Used in Surveillance of Private Citizens and other Malicious Cyber Activities"，https://www.commerce.gov/news/press-releases/2021/10/commerce-tightens-export-controls-items-used-surveillance-private，访问时间：2022年9月7日。

4　"7th Meeting of BRICS Communications Ministers"，https://www.nextias.com/current-affairs/23-10-2021/7th-meeting-of-brics-communications-ministers，访问时间：2022年9月7日。

8. 俄罗斯出台人工智能道德规范

10月26日，俄罗斯人工智能联盟与俄罗斯联邦储蓄银行、俄罗斯天然气工业股份公司等实体，在莫斯科举行首届"人工智能伦理"国际论坛，共同签署人工智能道德规范。该规范文件具体内容包括加速人工智能发展、提高人工智能使用道德意识、信息安全等主题。该规范由人工智能联盟与俄罗斯政府和经济发展部下属分析中心共同编写，相关内容纳入《俄罗斯联邦信息社会发展战略（2017—2030年）》。[1]

9. 美国和东盟发布推动数字发展声明

10月26日，第九届美国—东盟首脑会议发布关于推动数字发展的声明。该声明重申美国支持东盟数字发展的承诺，并提出多项加强双方数字合作的具体措施，包括：美国支持东盟建立先进的数字社区和经济集团、推进网络安全合作、支持开发可互操作的数字解决方案、加强数字贸易合作、就研发和部署人工智能交换意见并进行实践等。[2]

10. 美国研究部署成立网络空间与数字政策局

10月27日，美国国务卿布林肯在发表美国外交现代化的讲话中提到，计划在国会支持下建立新的网络空间和数字政策局，由一名无任所大使领导，并任命一位新的关键和新兴技术特使。[3]

11. 印度尼西亚法院裁定封锁互联网合法

10月27日，印度尼西亚宪法法院裁定，政府在社会动荡期间限制互联网访问的决定是合法的。2020年，印度尼西亚行政法院曾裁决认为，政府在2019年

---

1 "First code of ethics of artificial intelligence signed in Russia"，https://tass.com/economy/1354187，访问时间：2022年9月7日。

2 "ASEAN-U.S. Leaders' Statement on Digital Development"，https://www.whitehouse.gov/briefing-room/statements-releases/2021/10/27/asean-u-s-leaders-statement-on-digital-development/，访问时间：2022年9月7日。

3 "Secretary Antony J. Blinken on the Modernization of American Diplomacy"，https://www.state.gov/secretary-antony-j-blinken-on-the-modernization-of-american-diplomacy/，访问时间：2022年9月5日。

示威期间限制巴布亚地区互联网访问的决定是非法的。印度尼西亚宪法法院的决定推翻了2020年行政法院的裁决。[1]

12. 欧盟发布关于无线电设备指令的授权补充细则

10月29日，欧盟委员会发布了一项针对无线电设备指令的授权规则，就加强欧洲无线电产品网络安全、数据隐私保护、防范网络欺诈等补充监管细则，要求将从2024年8月起强制执行。欧盟无线电设备指令于2016年生效，该指令针对投放欧盟市场的无线电设备建立监管框架。[2]

11月

1. 越南与英国加强数字经济合作

11月1日，越南信息与传媒部部长和英国数字、文化、媒体和体育部部长围绕两国数字经济和数字社会的发展计划、政策、倡议、战略，加强两国管理机构在数字经济相关领域中的协调配合，制订和实施英国与东盟数字伙伴计划、亚太数字贸易网框架内的倡议、两国合作机制建设等进行会谈。会后，越南信息与传媒部和英国数字、文化、媒体和体育部签署了数字经济和数字化转型的合作议定书。[3]

2. 中国申请加入《数字经济伙伴关系协定》

11月1日，中国正式申请加入《数字经济伙伴关系协定》，并表示愿意同

---

1 "Indonesian internet blocks amid social unrest lawful, court rules"，https://www.reuters.com/business/media-telecom/indonesian-internet-blocks-amid-social-unrest-lawful-court-rules-2021-10-27/，访问时间：2022年9月7日。

2 "COMMISSION DELEGATED REGULATION (EU) 2022/30"，https://eur-lex.europa.eu/legal-content/EN/TXT/?uri=uriserv%3AOJ.L_.2022.007.01.0006.01.ENG&toc=OJ%3AL%3A2022%3A007%3ATOC，访问时间：2022年9月7日。

3 "越南与英国加强数字经济和数字化转型合作"，https://zh.vietnamplus.vn/%E8%B6%8A%E5%8D%97%E4%B8%8E%E8%8B%B1%E5%9B%BD%E5%8A%A0%E5%BC%BA%E6%95%B0%E5%AD%97%E7%BB%8F%E6%B5%8E%E5%92%8C%E6%95%B0%E5%AD%97%E5%8C%96%E8%BD%AC%E5%9E%8B%E5%90%88%E4%BD%9C/150186.vnp，访问时间：2022年7月12日。

各方一道推动数字经济健康有序发展。中方还强调了此前提出的《全球数据安全倡议》，指出数字治理国际规则将尊重各方利益，打造一个公平公正、开放非歧视的数字发展环境。《数字经济伙伴关系协定》由新加坡、智利、新西兰三国于2020年6月12日线上签署，旨在加强三国间数字贸易合作并建立相关规范的数字贸易协定。该协定以电子商务便利化、数据转移自由化、个人信息安全化为主要内容，并就加强人工智能、金融科技等领域的合作进行了规定。

3. 美国太空探索技术公司将为印度农村地区提供星链互联网服务

11月1日，美国太空探索技术公司印度区总监表示将在2022年为印度农村地区提供星链互联网试点服务，并逐步向全印度推广。具体分为三个阶段：一、向农村免费提供100台星链设备套件，用于接入网络；二、派代表与当地领导人合作，在全印度范围内确定12个农村试点地区；三、运营至少20万台星链设备，其中16万台在农村地区。

4. 俄罗斯批准个人生物特征数据处理的相关安全威胁清单

11月3日，俄罗斯联邦数字发展、通信和大众传媒部批准个人生物特征数据处理的相关安全威胁清单，包括用户设备自动处理生物特征数据过程中损害个人数据完整性的威胁以及相关部门收集生物特征数据时面临的威胁等。

5. 美国网络安全与基础设施安全局发布漏洞目录

11月3日，美国网络安全与基础设施安全局发布漏洞目录，这些漏洞来自谷歌、苹果、微软、IBM等公司产品。美国网络安全与基础设施安全局同时发布指令，要求联邦机构按期及时有效修复上述漏洞，若期间发生威胁联邦安全的事件，漏洞修复进程也将随之调整。[1]美国网络安全与基础设施安全局表示未来将及时更新目录信息。

---

1 "CISA creates catalog of known exploited vulnerabilities, orders agencies to patch", https://therecord.media/cisa-creates-catalog-of-known-exploited-vulnerabilities-orders-agencies-to-patch/，访问时间：2022年7月24日。

6. 欧盟和中亚加强数字合作

11月5日，欧盟—中亚经济论坛在吉尔吉斯斯坦首都比什凯克召开。论坛议题包括绿色复苏、数字化、商业环境优化等。论坛发布联合声明，提及配合中亚国家数字战略，制订行动和互操作性计划，采取扶持政策，吸引信息通信技术基础设施的投资；提高数字基础设施的质量和覆盖面，提高互联网普及率，缩小数字差距和地区差距；欧盟将在中亚试点发展高性能的数字教育生态系统；欧盟和中亚国家加强公共和市政服务、经济、教育等部门的数字经验交流。[1]

7. 英国和泰国加强数字合作

11月9日，英国外交大臣利兹·特拉斯同泰国总理巴育·詹欧差和外交部部长敦·巴穆威奈就促进数字和科技伙伴关系，推动投资和安全合作进行交谈。英国外交大臣强调希望加强同泰国的关系，促进在技术、投资、贸易等领域的合作，助力两国经济发展。英国外交大臣主持商业圆桌会议，与英国和泰国的多家公司讨论可持续投资相关议题。[2]

8. 美国和以色列加强金融科技创新和网络安全合作

11月14日，美国财政部发表声明，美国和以色列成立工作组，加强金融科技创新和网络安全合作。工作组将制定备忘录，主要内容包括：金融部门可分享网络安全条例和指南、网络安全事件和网络安全威胁情报；加强人员培训和考察访问，以促进网络安全和金融领域的合作；开展与全球金融机构投资相关的跨境网络安全演习等能力建设活动。[3]

1　"EU-Central Asia Economic Forum—Joint press statement"，https://www.eeas.europa.eu/eeas/eu-central-asia-economic-forum-joint-press-statement_en，访问时间：2022年7月17日。

2　"Foreign Secretary arrives in Thailand for talks on deepening economic and security ties"，https://www.gov.uk/government/news/foreign-secretary-arrives-in-thailand-for-talks-on-deepening-economic-and-security-ties，访问时间：2022年7月18日。

3　"U.S. Department of the Treasury Announces Partnership with Israel to Combat Ransomware"，https://home.treasury.gov/news/press-releases/jy0479，访问时间：2022年7月21日。

9. 美国国防部发布网络安全成熟度模型认证2.0

11月17日，美国国防部发布网络安全成熟度模型认证2.0。该模型认证是为应对恶意网络活动，保护联邦合同信息和受控非机密信息，旨在实现如下目标：保护敏感信息，以支持和保护作战人员；动态增强国防工业基地网络安全；确保问责制，减少遵守国防部要求的障碍；延续网络安全和网络韧性的协作文化；通过较高的专业和道德标准保持公众信任。[1]

10. 中俄举行网络媒体论坛

11月22日，中俄举行网络媒体论坛。论坛围绕"促进交流互鉴，深化务实合作"主题，从趋势、创新、合作等角度展开探讨，为推动两国网络媒体与互联网行业深化合作建言献策。会上，两国网络媒体共同达成了《2021年中俄网络媒体共识》。

11. 美国网络安全与基础设施安全局发布《能力增强指南》

11月24日，美国网络安全与基础设施安全局发布《能力增强指南：组织移动设备网络安全清单》和《能力增强指南：消费者移动设备网络安全清单》，增强用户移动设备网络安全。

12. 欧盟委员会成为《数字市场法》的唯一执法者

11月25日，欧盟成员国部长正式同意欧盟委员会为《数字市场法》的唯一执法者，并对数字市场行为调查有充分的自由裁量权[2]，形成欧盟《数字市场法》谈判的共同立场。

13. 欧盟发布《提高网络安全意识》报告

11月29日，欧盟网络安全局发布《提高网络安全意识》报告，目的是提高

---

1 "About CMMC", https://www.acq.osd.mil/cmmc/about-us.html，访问时间：2022年7月16日。

2 "EU Commission to be sole enforcer of tech rules, EU countries agree", https://www.reuters.com/technology/eu-commission-be-sole-enforcer-tech-rules-eu-countries-agree-2021-11-08/，访问时间：2022年7月21日。

公民网络安全意识，帮助欧盟成员国增强网络安全能力建设。具体目标包括：分析国家层面提高网络安全意识的现有方法，明确利益相关者作用和角色，总结欧盟成员国在提升网络安全意识方面的良好做法，确定网络安全活动有效性的评价标准。

14. 英国发布算法透明度标准

11月29日，英国中央数字和数据办公室发布算法透明度标准，致力于探索适当和有效提高公共部门算法辅助决策透明度的方法。[1]该标准由算法透明度数据标准、算法透明度模板和指南组成。算法透明度数据标准包括属性、名称、等级、种类、类型、说明等；算法透明度模板和指南包括三个步骤，即检查算法工具是否在范围内、填写模板、发出模板，旨在帮助公共部门向数据标准提供信息。

15. 国际电信联盟发布《衡量数字发展：事实和数据2021》报告

11月30日，国际电信联盟发布《衡量数字发展：事实和数据2021》报告。报告指出，2019—2021年间，互联网使用人数激增8亿，全球大约有49亿人（占世界人口的63%）使用互联网。在29亿未使用互联网人口中，96%生活在发展中国家。就城乡分布而言，76%的城市居民使用互联网，而只有39%的农村居民使用互联网。尽管世界上大部分人口都被移动宽带信号覆盖，但非洲18%的人口无法接入移动宽带网络，发展中国家的连接成本仍然很高。[2]

12月

1. 中国举办亚太经济合作组织优化数字营商环境研讨会

12月，中国国家网信办举办亚太经济合作组织优化数字营商环境研讨会。

---

1 "Algorithmic Transparency Standard"，https://www.gov.uk/government/collections/algorithmic-transparency-standard#full-publication-update-history，访问时间：2022年8月8日。

2 "Measuring digital development: Facts and Figures 2021"，https://www.itu.int/itu-d/reports/statistics/facts-figures-2021/，访问日期：2022年8月6日。

会议以"优化数字营商环境，激活市场主体活力"为主题，邀请来自中国、智利等亚太经济合作组织经济体的代表共同讨论国内外优化营商环境的典型经验做法。

2. 欧盟启动"全球门户"战略参与全球数字基础设施建设

12月1日，欧盟委员会和外交与安全政策高级代表启动"全球门户"战略，计划在2021—2027年动员3000亿欧元的投资支持全球复苏，促进数字、能源和交通领域的智能、清洁和安全联系，加强世界各地的卫生、教育和研究系统建设。[1]战略指出，欧盟将与伙伴国家合作部署海底和陆地光缆、天基安全通信系统以及云和数据基础设施等，并将优先考虑数字基础设施薄弱的国家和地区，加强这些地区内部及欧洲与世界间安全可信的数字连接。欧盟将通过建设绿色数据中心、铺设配备海洋监测传感器的水下电缆，最大限度减少数字基础设施对环境的影响。欧盟5G网络安全工具箱将指导数字基础设施投资。欧盟还计划提供数字经济一揽子计划，把基础设施投资与国家层面的援助相结合，保护个人数据，维护网络安全和隐私权，确保可信人工智能以及公平开放的数字市场。[2]

3. 第十六届联合国互联网治理论坛年会在波兰举行

12月6—10日，第十六届联合国互联网治理论坛年会在波兰卡托维兹以线上线下结合的形式举行。年会以"互联网联合"为主题，围绕互联网和数字政策、数字权利、网络安全、人工智能和量子计算等议题展开，共有来自175个国家的1万名人员参与其中。[3]中国国家网信办国际合作局和中国网络空间研究院联合主办以"人工智能的发展与规则制定"为主题的开放论坛，分享人工智能技术创新的中国经验，探讨人工智能治理与规则制定，推动各方加强人工

1　"Global Gateway: up to €300 billion for the European Union's strategy to boost sustainable links around the world"，https://ec.europa.eu/commission/presscorner/detail/en/ip_21_6433，访问时间：2022年7月25日。

2　"The Global Gateway"，https://ec.europa.eu/info/sites/default/files/joint_communication_global_gateway.pdf，访问时间：2022年7月25日。

3　"IGF 2021 Summary: Sixteenth Meeting of Internet Governance Forum"，https://www.intgovforum.org/zh-hans/filedepot_download/223/20706，访问时间：2022年9月12日。

智能领域相关治理合作。中国网络社会组织联合会与中国传媒大学、联合国儿童基金会共同发布《人工智能为儿童——面向儿童群体的人工智能应用调研报告》，分享中国人工智能特色教育实践案例，深入探讨有利于儿童健康成长的人工智能技术和道德伦理准则。

4. 欧盟和新加坡加强数字经济合作

12月7日，欧盟委员会执行副主席兼贸易专员和新加坡贸易与工业部部长共同主持欧盟—新加坡贸易委员会首次会议，讨论加强双边数字贸易，推进欧盟—新加坡全面数字伙伴关系。双方同意加强双边数字经济合作，推进欧盟与新加坡的全面数字伙伴关系。[1]

5. 美国和澳大利亚签署《澄清境外合法使用数据法案协议》

12月15日，美国和澳大利亚签署《澄清境外合法使用数据法案协议》。该协议将有助于两国执法机构及时访问电子数据，以预防、监测、调查和起诉严重犯罪，包括涉及互联网的勒索软件攻击、恐怖主义和破坏关键基础设施等。[2]

6. 俄罗斯邀请欧盟就网络安全问题进行磋商

12月16日，俄罗斯总统信息安全领域国际合作问题特别代表、外交部特使安德烈·克鲁茨基赫表示，俄罗斯邀请欧盟开始就网络安全问题举行集体磋商。此前，俄罗斯已与法国、荷兰、德国就网络安全问题进行了全面磋商。

7. 美国国防部高级研究计划局帮助评估对抗性人工智能防御

12月21日，美国国防部高级研究计划局发起了确保人工智能应对欺骗攻击

---

1 "Joint Statement: EU and Singapore agree to strengthen bilateral partnership on digital trade"，https://policy.trade.ec.europa.eu/news/eu-and-singapore-agree-strengthen-bilateral-partnership-digital-trade-2021-12-07_en，访问时间：2022年8月7日。

2 "United States and Australia Enter CLOUD Act Agreement to Facilitate Investigations of Serious Crime"，https://www.justice.gov/opa/pr/united-states-and-australia-enter-cloud-act-agreement-facilitate-investigations-serious-crime，访问时间，2022年8月7日。

的稳定性项目，主要开发用于机器学习防御的方案和评估其适用范围的测试平台，验证现有防范机器学习攻击措施的有效性。项目已向公众开放使用虚拟测试平台、工具箱、基准数据库和调试人工智能的资料，用于评估人工智能和机器学习防御对抗性攻击的能力。[1]

8. 乌克兰批准信息安全战略

12月28日，乌克兰总统泽连斯基批准了信息安全战略，旨在保护乌克兰的信息安全系统，整合力量应对虚假信息，提升乌克兰媒体人的素质，向民众传达符合乌克兰利益的信息。

9. 美国网络空间日光浴委员会将改组为非营利组织

12月30日，网络空间日光浴委员会因《2019财年国防授权法案》中的"落日条款"，正式宣告终止工作。为持续应对网络安全威胁，弥补联邦政府从事防范网络攻击人力资源的不足，该委员会将以非营利组织的形式继续此前工作。[2]

---

1 "DARPA Open Sources Resources to Aid Evaluation of Adversarial AI Defenses", https://www.ai.gov/darpa-open-sources-resources-to-aid-evaluation-of-adversarial-ai-defenses/，访问时间：2022年9月11日。

2 "The legacy of the Cyberspace Solarium Commission", https://fcw.com/security/2021/12/legacy-cyberspace-solarium-commission/360244/，访问时间：2022年8月7日。

第三部分

2021 年 网 络 空 间
全球治理重要文件选编

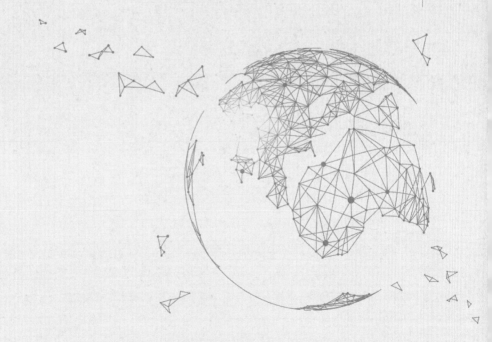

国际安全背景下信息和电信领域发展信息安全开放式工作组报告

A. 引言

1. 75年前，联合国正式成立。尽管此后世界经历了根本性改变，但联合国的宗旨和永恒的理想仍具有重要的现实意义。在重申其对基本人权的信念、承诺促进各国人民经济发展和社会进步，并为正义和尊重国际法创造条件的同时，各国决心齐心协力，维护国际和平与安全。[1]

2. 信息和通信技术的发展影响了联合国工作的三大支柱：和平与安全、人权以及可持续发展。信息和通信技术和全球互联互通一直在推动人类进步和发展，转变社会和经济，并扩大合作机会。

3. 在信息和通信技术环境中建立并维护国际和平、安全、合作与信任的迫切性从未如此明确。数字领域出现的负面趋势会破坏国际安全与稳定，给经济增长和可持续发展带来压力，并阻碍充分享有人权和基本自由。此类负面趋势包括越来越多恶意利用信息和通信技术的情况。

4. 当前的全球健康危机彰显了信息和通信技术的巨大好处以及我们对这一技术的依赖性，包括提供重要政务服务，传达重要公共安全信息，为确保业务连续性开发创新解决方案，加快研究，通过虚拟手段延续教育、保障社会凝聚力。在充满不确定性的时代，各国、商界、科学家和其他行为体均利用数字技术，将个人与社会联系起来，并确保各方面的健康。与此同时，新冠疫情表明，当社会面临巨大压力时，企图利用社会脆弱性开展恶意活动会带来一定的风险和后果。疫情也凸显了弥合数字鸿沟、为社会和各领域增强韧性，以及坚

---

1 《联合国宪章》序言。

持以人为本方法的必要性。

5. 鉴于信息和通信技术的使用可能会出于不符合维护国际和平、稳定与安全的目的，联合国大会认识到[1]，信息和通信技术的传播和使用事关整个国际社会的利益，广泛的国际合作可以带来最有效的对策。

6. 有鉴于此，根据大会第73/27号决议设立的联合国国际安全背景下信息和电信领域发展信息安全开放式工作组（OEWG）是推动审议这一重要问题的良机。该工作组提供了一个民主、透明和包容各方的平台，使所有国家都能参与信息和通信技术国际安全层面的有关工作、表达观点并扩大合作。联合国会员国的积极参与和其他利益相关方的参与，表明国际社会拥有人人享有和平、安全的信息和通信技术环境的共同愿望，符合集体利益，并决心合作实现这一目标。

7. 工作组的成立，是为营造开放、安全、稳定、无障碍、和平的信息和通信技术环境而开展国际合作的一个重大里程碑。自2003年以来，已六次成立政府专家组，研究信息安全领域现有和潜在的威胁，以及为应对威胁可以采取的合作措施。[2] 专家组通过三份循序渐进的共识报告（分别于2010、2013和2015年发布）[3]，针对负责任国家行为提出了11项不具约束力的自愿性规范，并提出随着时间推移，可以制定更多的规范。此外，专家组还建议采取具体措施，如信任建立、能力建设、开展合作。他们还重申，国际法，特别是《联合国宪章》适用于维护信息和通信技术环境中的和平、安全与稳定，且具有必要性。在联合国大会第70/237号决议中，会员国一致同意将政府专家组2015年的报告作为信息和通信技术使用指南，从而巩固了关于信息和通信技术使用的负责任国家行为初步框架。在这一方面，工作组还强调了联合国大会第73/27号和73/266号决议。

8. 在此基础上，工作组重申该框架，并就这一全球性问题寻求联合国所有会员国的共识与相互理解。工作组在章程范围内讨论了以下问题：信息安全领域现有和潜在的威胁，以及为应对威胁可以采取的合作措施；进一步制定负责任国家行为的规则、规范和原则；国际法应如何适用于国家使用信息和通信技术；建立信任措施；能力建设；在联合国主持下定期开展广泛参与的机构对

1　如见A/RES/53/70，序言部分第6段。

2　A/RES/58/32、A/RES/60/45、A/RES/66/24、A/RES/68/243、A/RES/70/237、A/RES/73/266。

3　A/65/201、A/68/98*和A/70/174。

话的可能性。在努力建立共识和促进国际和平、安全、合作与信任的过程中，工作组的讨论遵循包容性和透明度原则。

9. 联合国应继续发挥主导作用，促进各国开展信息和通信技术使用对话。工作组认可，联合国其他机构和论坛对数字技术各方面进行的专门讨论既至关重要，又可作为补充。

10. 各国负有维护国际和平与安全的主要责任，但所有利益相关方都有责任以不危及和平与安全的方式使用信息和通信技术。由于信息和通信技术的国际安全问题横跨多个领域与学科，因此，来自政府间组织、地区组织、民间团体、商界、学术界和技术界代表的专业知识、知识和经验均让工作组受益。2019年12月，工作组举行了为期三天的非正式协商会议。与会各国和各类利益相关方之间进行了内容丰富的讨论。[1]此外，利益相关方还通过提交书面材料、与工作组开展非正式交流等方式，提出具体提议和良好实践案例。一些代表团还主动开展涉及多个利益相关方的协商，向工作组建言献策。

11. 考虑到各国和各地区的不同情况、能力和重点事项，工作组承认，数字技术为各地带来的好处不一；通过普遍、包容和非歧视性的原则获取信息和通信技术、实现以互联互通等方式缩小数字鸿沟，依然是国际社会的当务之急。

12. 工作组欢迎女性代表参加会议，并在讨论中突出反映性别观点。工作组强调缩小"性别数字鸿沟"的重要性，并强调在国际安全背景下对信息和通信技术使用相关问题做决策的过程中，务必促进女性的有效和切实参与，发挥她们的领导作用。

13. 工作组强调，工作组章程的各个要素相互关联，相辅相成，共同促进营造开放、安全、稳定、无障碍、和平的信息和通信技术环境。

B. 结论和建议

14. 通过审议工作组章程的实质内容，回顾在联合国大会第73/27号决议中，对2010、2013和2015年联合国国际安全背景下信息和电信领域发展政府专

1　见"联合国信息安全开放式工作组闭会期间非正式协商会议主席摘要"，可查阅https://www.un.org/disarmament/open-ended-working-group/。

家组的有效工作以及秘书长转交的相关成果报告表示欢迎[1]，与会各国得出以下结论和建议，包括应对信息和通信技术威胁以及促进开放、安全、稳定、无障碍及和平的信息和通信技术环境的具体行动与合作措施。

现有和潜在威胁

15. 各国在结论中表示，各国越来越关注恶意使用信息和通信技术对维护国际和平与安全，进而对人权与发展造成的影响。各国尤其对以破坏国际和平与安全为目的发展信息和通信技术能力表示关切。有害的信息和通信技术事故发生频率越来越高，越来越复杂，且不断演变，变得更加多样。如果不采取相应措施确保信息和通信技术的安全，随着互联互通的增加，社会依赖信息和通信技术的程度加深，会产生意想不到的风险，使社会更容易遭受恶意信息和通信技术活动的伤害。尽管信息和通信技术给人类带来巨大的好处，但恶意使用该技术会产生重大而深远的负面影响。

16. 各国回顾，一些国家正出于军事目的发展信息和通信技术能力，在未来国家间冲突中使用信息和通信技术的可能性越来越大。国家和恐怖主义分子、犯罪集团等非国家行为体恶意使用信息和通信技术的事件持续增加，这种趋势令人不安。一些非国家行为体展现出以往只有国家才具备的信息和通信技术能力。

17. 各国认为，各国如不遵守在框架下（包括自愿规范、国际法和信任建立措施等）应承担的义务，违规使用信息和通信技术，将会破坏国际和平与安全、国家信任与稳定，并可能增加国家间未来冲突的可能性。

18. 各国认为，对于支持向公众提供基本服务的关键基础设施和关键信息基础设施而言，恶意信息和通信技术活动或会对安全、经济、社会和人道主义造成破坏性的后果。此类基础设施可能包括医疗设施、金融服务、能源、水、交通和卫生设施。不过，将哪些基础设施指定为关键基础设施仍由各国自行决定。针对关键基础设施和关键信息基础设施的恶意信息和通信技术活动是一个真实存在且日益严重的问题，会破坏人们对政治进程、选举进程及公共机构的

1　A/65/201、A/68/98和A/70/174。

信任和信心，影响互联网的普遍可用性或完整性。关键基础设施或由私营部门拥有、管理或运营，或与另一个国家共享或联网，或跨国运营。因此，为了确保关键基础设施健全完整、正常运行、可供使用，国家之间或公私部门之间必须开展合作。

19. 各国认为，开展违反国际法义务的信息和通信技术活动、蓄意破坏关键基础设施，或以其他方式损害向公众提供服务的关键基础设施的使用和运营，不仅可能对安全构成威胁，而且可能对国家主权、经济发展和生计构成威胁，并最终威胁到个人的安全与福祉。

20. 各国认为，由于所有国家日益依赖数字技术，无论是对恶意信息和通信技术活动的意识不足，还是检测、防御或应对能力的不足，都可能加剧国家的脆弱性。正如我们在当前全球卫生紧急情况中所看到的，既有的脆弱性在危机之时会进一步放大。

21. 各国认为，因数字化程度、能力、信息和通信技术的安全性与韧性、基础设施和发展程度不同，各国受到的威胁也可能不同。对于不同的群体和实体而言，这种威胁产生的影响也可能不同，包括青年、老年人、妇女和男子、弱势群体、特定职业群体、中小企业等。

22. 鉴于数字威胁问题日益令人担忧，且任何国家都无法避免受到威胁，各国强调，迫切需要落实并进一步制定合作措施，以应对威胁。与会者肯定，在可行的情况下，尽可能地采取共同行动，并以相互包容的方式采取行动，可以取得更有效、更具深远意义的成果。在这一方面，各国还强调，酌情进一步加强与民间团体、商界、学术界和技术界的合作具有宝贵价值。

23. 各国强调，信息和通信技术可为经济和社会带来机遇，并得出结论，技术滥用而非技术本身更值得关注。

负责任国家行为的规则、规范与原则

24. 自愿、不具约束力的负责任国家行为规范能够减少国际和平、安全与稳定所面临的风险，在提高可预测性和减少误解风险方面发挥重要作用，从而有助于预防冲突。各国强调，这些规范反映了国际社会对各国使用信息和通信技术行为的期望和标准，使国际社会能够评估各国活动。根据联合国大会第

70/237号决议，同时考量联合国大会第73/27号决议，呼吁各国避免使用或不使用不符合负责任国家行为规范的信息和通信技术。

25. 各国重申，此类规范并不取代或改变国家根据国际法应承担的约束性义务或权利，而是提供额外的具体指导，说明国家在使用信息和通信技术方面，什么是负责任行为。此类规范不寻求限制或禁止在其他方面符合国际法的行动。

26. 各国同意，有必要保护所有支持向公众提供基本服务的关键基础设施和关键信息基础设施，并努力确保互联网的普遍可用性和完整性。同时，各国进一步得出结论，新冠疫情有力证明，通过实施针对关键基础设施的规范（如联合国大会第70/237号决议以协商一致方式确认的规范）来保护医疗服务、医疗设备等医疗保健基础设施至关重要。

27. 各国重申，支持并进一步努力实施相关规范，为承诺在全球、地区和国家各级践行规范的国家提供指导至关重要。

28. 各国重申联合国大会第70/237号决议，同时考量联合国大会第73/27号决议，认为应该：采取合理措施，如制定客观的合作措施，确保供应链的完整性，确保终端用户对信息和通信技术产品的安全建立信任；努力防止恶意信息和通信技术工具和相关技术的扩散，尽力避免有害隐蔽功能的使用；并鼓励负责任地报告不足之处。

29. 鉴于信息和通信技术的独特属性，各国重申，考虑到工作组会上关于规范的提议，今后可以继续制定更多规范。各国还得出结论，进一步制定规范和落实现有规范并行不悖。

工作组建议

30. 各国自愿调查本国为实施规范所做的努力，积累并分享实施规范的经验和良好实践，并继续向秘书长通报本国在这一方面的看法和评估意见。

31. 各国不应违反国际法规定的义务，从事或故意支持蓄意破坏关键基础设施，或以其他方式损害为公众提供服务的关键基础设施使用和运行的信息和通信技术活动。此外，各国应继续强化措施，确保所有关键基础设施免受信息和通信技术威胁，并就关键基础设施保护方面的最佳实践加强交流。

32. 各国与包括联合国在内的有关组织合作，进一步支持所有国家实施和制定负责任国家行为规范。鼓励有能力提供专业知识或资源的国家参与进来。

33. 各国回顾联合国大会第70/237号决议，同时考量联合国大会第73/27号决议，注意到各国关于在联合国今后有关信息和通信技术的讨论中制定负责任国家行为规则、规范与原则的提议，并注意到，第75/240号决议设立了"2021—2025年信息和通信技术安全和使用开放式工作组"。

国际法

34. 各国认可联合国大会第70/237号决议，同时考量设立工作组的第73/27号决议，重申国际法，特别是《联合国宪章》适用于维护和平与稳定以及促进开放、安全、稳定、无障碍、和平的信息和通信技术环境，且具有必要性。在这一方面，呼吁各国避免采取或不采取任何不符合国际法，特别是《联合国宪章》的措施。各国还认为，需要就国际法如何适用于国家信息和通信技术的使用进一步达成共识。

35. 各国还重申，各国应通过谈判、调查、调解、和解、仲裁、司法解决，诉诸区域机构或安排，或自行选择其他和平手段，寻求和平解决争端。

36. 各国认为，考虑到信息和通信技术环境的独特属性，为了深化对国际法如何适用于国家信息和通信技术使用的共识，各国可就此交换意见，并确定需要在联合国内进一步深入讨论的具体国际法议题。

37. 为了让所有国家深入了解国际法如何适用于各国信息和通信技术使用，并推动国际社会内部建立一致共识、取得共同理解，各国认为，需要以客观中立的方式做出更大努力，增强国际法、国家立法和政策领域的能力建设。

工作组建议

38. 各国在自愿的基础上，继续向秘书长通报在国际安全背景下，本国对于国际法如何适用于国家信息和通信技术使用的看法和评估意见，并继续酌情通过其他途径自愿分享本国观点和做法。

39. 凡有能力做到的国家继续按照本报告第56段所载原则，支持以客观中立的方式做出更多努力，增强国际法、国家立法和政策领域的能力建设，使所有国家都能就国际法如何适用于国家信息和通信技术使用推动取得共同理解，并促进在国际社会上建立一致共识。

40. 各国继续在今后的联合国进程中就国际法如何适用于国家信息和通信技术使用开展研究和讨论，以此向澄清问题、深化共识迈出关键一步。

建立信任措施

41. 建立信任措施由透明度、合作及稳定措施构成，有助于预防冲突，避免误解误会，缓解紧张局势，是国际合作的一种具体表现。如果有必要的资源、能力及参与，建立信任措施可以加强信息和通信技术的整体安全、韧性及和平使用。由于建立信任措施可以增进信任，为各国使用信息和通信技术提供更高的清晰度、可预测性和稳定性，因此有助于落实负责任国家行为规范。此外，建立信任措施还能与负责任国家行为框架的其他支柱一起，推进各国形成共识，从而有助于营造更加和平的国际环境。

42. 由于建立信任措施是循序渐进自愿采用的，各国可以就涉及共同利益的共同目标建立沟通、架设桥梁、启动合作，在克服由误解造成的国家间不信任方面迈出第一步。因此，建立信任措施可以为今后扩大额外安排、签署更多协议奠定基础。

43. 各国认为，工作组内的对话本身就是一种建立信任措施，因为对话可以促进公开透明的意见交流，了解彼此对威胁和脆弱性的看法，了解各国和其他行为体的负责任行为和良好实践，最终为共同制定和实施信息和通信技术使用负责任国家行为框架提供支持。

44. 此外，各国认为，联合国在制定和支持实施全球建立信任措施方面具有至关重要的作用。在每一份政府专家组协商一致通过的报告中，都提出了切实的建立信任措施。除了针对信息和通信技术的具体建议外，联合国大会在协商一致的第43/78（H）号决议中赞同联合国裁军审议委员会制定的《建立信任措施准则》，其中概述了建立信任措施的重要原则、目标和特点，可用于制定针对信息和通信技术的新措施。

45. 各国认为，凭借各自在信任和伙伴关系方面的重要资产，区域和次区域组织已为制定建立信任措施做出重大努力，使之适应具体情况和重点事项，提高成员意识，并推动信息共享。此外，进行区域、跨区域和组织间交流能够为协作、合作与相互学习建立新的途径。由于并非所有国家都是区域组织成员，且并非所有区域组织都已建立信任措施，因此与会各国指出，这种措施只是对联合国及其他组织推动建立信任措施工作的补充。

46. 各国依据在工作组会上分享的经验教训和实践做法，得出结论认为，为确保建立信任措施达到预期目标，必须首先在国家和区域层面构建机制、搭建结构，并获取国家计算机应急响应小组等适当资源，建设相关能力。

47. 各国认为，建立国家联络点这一具体措施本身就是建立信任措施，也是落实许多其他建立信任措施的有益方法，在危机时刻具有宝贵价值。各国可能会发现，设立联络点对外交、政策、法律和技术交流、事件报告和应对等诸多方面也大有裨益。

工作组建议

48. 各国在自愿的基础上，继续向秘书长通报看法和评估意见，并补充说明双边、区域或多边各级在建立信任措施方面的经验教训和良好实践。

49. 各国自愿确定并考虑适合其具体情况的建立信任措施，并与其他国家合作实施此类措施。

50. 各国自愿实施透明度措施，酌情以自我选定的形式或在讨论会上分享相关信息和经验教训，例如通过联合国裁军研究所的网络政策门户网站进行分享。

51. 尚未采取相关行动的国家基于自身的不同能力，提名国家联络点，特别是在技术、政策和外交层面。鼓励各国继续考虑建立全球联络点名录的模式。

52. 各国考虑各区域具体情况和相关组织结构上的差异，探索建立相关机制，定期就建立信任措施经验教训和良好实践进行跨区域交流。

53. 各国继续在双边、区域和多边层面考虑建立信任措施。鼓励创造开展合作实施建立信任措施的机会。

能力建设

54. 国际社会能否预防或减轻恶意信息和通信技术活动的影响，取决于各个国家做好准备和进行应对的能力。这对发展中国家而言尤其具有现实意义，可以促进发展中国家真正参与国际安全背景下的信息和通信技术讨论，并提高发展中国家解决关键基础设施脆弱性的能力。能力建设有助于发展技能、开发人力资源、制定政策和建设机构，从而提高各国的韧性和安全程度，使之充分享受数字技术的好处。在促进遵守国际法、实施负责任国家行为规范、支持落实建立信任措施方面，能力建设发挥着重要的支持作用。在一个数字相互依存的世界里，能力建设不仅惠及最初的受援国，而且有助于为所有国家建立一个更安全、更稳定的信息和通信技术环境。

55. 确保信息和通信技术环境开放、安全、稳定、无障碍、和平，需要各国开展有效合作，降低国际和平与安全风险。能力建设是国际合作的一个重要方面，也是捐助国和受援国的自愿行为。

56. 考虑到公认原则，并就此展开进一步探讨后，各国得出结论，在国际安全背景下，国家使用信息和通信技术的能力建设应遵循以下原则：

进程和目的

· 能力建设应是一个可持续的过程，由不同行为体开展和为不同行为体开展的具体活动组成。
· 具体活动应有明确目的，并注重成果，同时可助力实现开放、安全、稳定、无障碍、和平信息和通信技术环境的共同目标。
· 能力建设活动应以证据为依据、政治中立、透明、负责任、无条件。
· 在开展能力建设时，应充分尊重国家主权原则。
· 可能需要为获取相关技术提供便利。

伙伴关系

· 能力建设应以相互信任为基础，以需求为导向，符合各国认定的需求和重点事项，并在充分承认国家所有权的情况下开展。能力建设的合作伙伴应自愿参与这项工作。

- 由于能力建设活动应根据具体需求和具体情况量身定制，因此，所有相关方都是积极的合作伙伴，负有共同但有区别的责任，包括在能力建设活动的设计、执行、监测和评价方面进行协作。

- 所有合作伙伴都应保护并尊重国家秘密政策和计划。

人民

- 能力建设工作应尊重人权和基本自由，对性别问题有敏感认识，具有性别包容性、普遍性和非歧视性。

- 应确保敏感信息的机密性。

57. 各国认为，能力建设是互利互惠的，即所谓的"双行道"。在此期间，参与者相互学习，各方都会受益于全球信息和通信技术安全的普遍改善。此外，各国回顾了南南合作、南北合作、三边合作和以区域为重点的合作所带来的价值。

58. 各国认为，能力建设应有助于将数字鸿沟转化为数字机遇。特别是，能力建设应旨在促进发展中国家真正参与相关讨论和论坛，并加强发展中国家在信息和通信技术环境中的韧性。

59. 各国认为，对于信息和通信技术安全性不足、国家层面技术能力和政策能力之间协调不足、不平等和数字鸿沟等相关挑战造成的系统性风险和其他风险，能力建设有助于增进各方理解并加强应对。各国认为，能力建设工作旨在使各国识别并保护国家关键基础设施，通过合作保护关键信息基础设施尤为重要。能力建设还有助于各国加深对国际法适用问题的理解。国家、区域和国际各级的信息共享和协调能增强能力建设活动的高效性和战略性，使之更符合国家的重点事项安排。

60. 除技术能力、机构建设与合作机制外，各国认为，迫切需要在外交、法律、政策、立法和监管等一系列领域积累专业知识。在这一方面，各国强调了发展外交能力、参与国际和政府间进程的重要性。

61. 各国回顾了针对能力建设采取以行动为导向的具体方法的必要性。各国认为，此类方法可包括在政策和技术两个层面提供支持，例如制定国家网络安全战略、提供取得相关技术的机会、支持计算机应急响应小组/计算机安全事件应急响应小组、设立"培训师培训"方案和专业认证等专门培训和定制课程等。各国还确认，建立涵盖法律和行政良好实践的信息交流平台好处良多，其他利益相关方对能力建设活动的宝贵贡献也大有裨益。

62. 各国认为，盘点各国就本报告结论和建议所做的努力，了解协商一致的第70/237号决议中的评估意见和建议（会员国商定受此指导），是一项有价值的工作，可确定进展情况，并确定需要进一步开展能力建设的方面。

工作组建议

63. 各国在国际安全领域进行信息和通信技术能力建设时，遵循第56段所载各项原则，并鼓励其他行为体在自身能力建设活动中将这些原则纳入考虑范围。

64. 各国在自愿的基础上，继续向秘书长通报国际安全背景下对信息和通信技术领域发展的看法和评估意见，并就能力建设方案和举措提供经验教训和良好实践的相关信息。

65. 各国在自愿的基础上，使用《联合国大会第70/237号决议执行情况全国调查》范本（可线上获取），协助开展能力建设工作。会员国可在自愿的基础上，在向秘书长通报看法和评估意见时，参考调查范本的结构提供上述材料。

66. 鼓励各国和其他有能力的行为体为能力建设提供财政、实物或技术援助，并进一步促进能力建设工作的相关协调和资源配置，包括相关组织与联合国之间的协调和资源配置。

67. 各国继续考虑在多边层面开展能力建设，交流意见、信息和良好实践等。

定期机制对话

68. 在联合国主持下，根据联合国大会第73/27号决议所设立的工作组，首次为所有国家提供一个专门的对话平台，讨论国际安全背景下的信息和通信技术发展问题。

69. 工作组的目标是谋求所有国家之间的共识，除此之外，促成搭建外交网络，增进参与方之间的信任。非政府利益相关方的广泛参与表明，更广泛的行为体愿利用专门知识，支持各国实现目标，营造开放、安全、稳定、无障碍、和平的信息和通信技术环境。工作组的讨论肯定了在联合国主持下就信息和通信技术使用问题进行经常性和结构化讨论的重要性。

70. 各国认为，通过在联合国主持下开展定期对话，有助于实现在信息和通信技术环境中加强国际和平、增强稳定和预防冲突的共同目标。各国还得出结论，鉴于我们对信息和通信技术的依赖性日益增强，恶意使用信息和通信技术将对全球造成巨大威胁，迫切需要继续增进共识，建立信任并加强国际合作。

71. 鉴于各国对国家安全、公共安全和法治负有主要责任，各国申明，定期进行政府间对话，并明确未来让其他利益相关方参与的适当机制至关重要。

72. 联合国对信息和通信技术发展和国际安全的考量更关注国际和平、稳定与冲突预防问题。各国认为，今后的定期机制对话不应与针对其他问题数字层面的《联合国宪章》、任务或活动发生重叠。[1] 各国认为，加强此类论坛与第一委员会所设进程之间的交流有助于强化协同作用、提高一致性，同时也要尊重各个机构的专家性质或特定任务。

73. 各国得出结论，今后关于国际安全背景下信息和通信技术国际合作的对话，尤其要提高认识、建立信任、增强信心，并鼓励对尚未形成共识的领域开展进一步的研究和讨论。各国认识到，有必要探索专门的机制，用于跟踪商定规范与规则的执行情况，并制定更多规范与规则。

74. 各国认为，今后在联合国主持下进行定期机构对话的任何机制，应是一个有具体目标且以行动为导向的进程，基于既往成果，包容、透明、以达成共识为导向、以结果为基础。

工作组建议

75. 各国继续积极参与联合国主持下的定期机制对话。

1　见工作组主席发布的背景文件，"与工作组感兴趣的信息和通信技术问题有关的联合国系统行为体、进程和活动初步概述，按主题分列"，2019年12月，https://unoda-web.s3.amazonaws.com/wp-content/uploads/2020/01/background-paper-on-existing-un-bodies-processes-related-to-mandate.pdf。

76. 各国确保在联合国主持下就国际安全背景下的信息和通信技术问题继续推进包容透明的谈判进程，包括根据联合国大会第75/240号决议设立的"2021—2025年信息和通信技术安全和使用开放式工作组"，并对工作组予以承认。

77. 各国注意到关于推进信息和通信技术中负责任国家行为的各种提议。这些建议尤其能够支持各国履行在信息和通信技术使用方面的承诺，特别是《行动纲领》。在审议这些提议时，应基于各国在联合国的平等参与，考虑所有国家的关切和利益。在这一方面，应在"根据大会第75/240号决议设立的开放式工作组"进程中等进一步阐释《行动纲领》。

78. 在今后联合国主持下的任何定期机制对话过程中，各国应将本报告的结论和建议纳入考虑范围。

79. 有能力的国家应考虑制定或支持赞助方案或其他机制，以确保广泛参与上述联合国进程。

C. 最终意见

80. 在整个工作组的进程中，各国始终积极参与，进行了极其丰富的意见交流。这种交流的部分价值在于，各国提出了不同观点、新的想法和重要建议，包括是否可能增加具有法律约束力的义务，尽管并非所有国家都赞同上述观点、想法和提议。不同观点载于附件的主席摘要中，总结了"规则、规范与原则"议程项目下的讨论和具体建议。在今后的联合国进程中，包括在"根据大会第75/240号决议设立的开放式工作组"中，应进一步审议这些观点。

从国际安全角度促进网络空间
负责任国家行为政府专家组的报告

摘要

随着世界对信息和通信技术（信通技术）的依赖程度不断增加，各国在使用信通技术方面的负责任行为对维护国际和平与安全至关重要。

根据大会第73/266号决议授权的任务规定，2019—2021年从国际安全角度促进网络空间负责任国家行为政府专家组继续研究应对信息安全领域现有和潜在威胁的可能合作措施，以增进共同认识和促进有效执行。

本报告载有专家组关于以下主题的结论意见：现有和新出现的威胁；各国负责任行为准则、规则和原则；国际法；建立信任措施；信通技术安全和能力建设方面的国际合作和援助。在每一个议题上，本报告都为往届政府专家组的结论意见和建议提供了更深一层的理解。

秘书长的前言

信息和通信技术（信通技术）仍在迅速改变各国社会，在提供众多机会的同时也带来了巨大的风险。2019冠状病毒病（COVID-19）大流行进一步加速了我们生活的诸多方面向数字空间的转移和对数字技术的依赖。

与此同时，数字监控和操纵行为正在增加，打造网络世界的方式并不总是符合公众利益。如果任其发展，可能会对社会和个人造成破坏性影响。我们比以往任何时候都更亟须应对这些挑战，利用信通技术带来的惠益，促进各国在国际安全方面的负责任行为。

为履行其任务，2019—2021年政府专家组在18个月的时间里进行了广泛的审议。区域一级的非正式协商和向所有会员国开放的非正式会议，也进一步充实了这方面的工作。该小组的报告与2021年3月通过共识报告的从国际安全角度看信息和电信领域的发展不限成员名额工作组的工作是相辅相成的。

近年来，各国和其他公共和私营利益攸关方越来越重视联合国促进和平利用信通技术的努力。本着这一精神，本报告是为促成开放、安全、稳定和无障碍的信通技术环境所作的贡献。报告也再次呼吁开展进一步合作，以减少国际和平与安全所面临的网络风险，并确保保护和促进网上和网下的人权和基本自由。

送文函

2021年5月28日

我谨转递从国际安全角度促进网络空间负责任国家行为政府专家组的共识报告。该专家组是根据大会第73/266号决议执行部分第3段于2018年设立的。

在该决议中，大会请将于2019年成立的基于公平区域分配的政府专家组从政府专家组2010、2013和2015年共识报告所载评估意见和建议出发，继续开展研究，以增进共同认识，有效执行应对国际信息安全领域现有和潜在威胁的可能合作措施，包括国家负责任行为的准则、规则和原则、建立信任措施、能力建设以及各国使用信息和通信技术时的国际法的适用。大会请秘书长向其第七十六届会议提交一份关于该研究结果的报告。

根据专家组的任务规定，将在联合国裁军事务厅的网站上以收到的原件语文提供关于各国使用信息和通信技术时的国际法的适用这一主题的国家自愿贡献的正式汇编（A/76/136）。

根据该决议的规定，任命了来自以下25个国家的专家：澳大利亚、巴西、中国、爱沙尼亚、法国、德国、印度、印度尼西亚、日本、约旦、哈萨克斯坦、肯尼亚、毛里求斯、墨西哥、摩洛哥、荷兰、挪威、罗马尼亚、俄罗斯联邦、新加坡、南非、瑞士、大不列颠及北爱尔兰联合王国、美利坚合众国和乌拉圭。

专家名单附于本报告之后。

专家组举行了四次正式会议：第一次于2019年12月9日至13日在联合国总部举行，第二次于2020年2月24日至28日在日内瓦举行，第三次于2021年4月5日至9日以虚拟形式举行，第四次于2021年5月24日至28日以虚拟形式举行。由于2019冠状病毒病大流行的影响，根据大会第75/551号决定，专家组第三次会议被推迟举行。尽管如此，专家组在此期间通过一系列闭会期间非正式磋商继续开展工作。根据其任务规定，专家组还与相关区域组织举行了一系列磋商，并与会员国举行了不限成员名额的磋商会议，以进行互动讨论和交流意见。

专家组对联合国裁军事务厅和联合国裁军研究所联合支助小组的贡献表示感谢。

我还要借此机会对巴西政府指定我担任主席表示感谢，并感谢专家组让我有幸担任主席。我还要感谢我的专家同行、我的巴西同事、联合支助小组成员和联合国秘书处，特别是裁军事务高级代表，感谢他们的支持，感谢他们本着建设性的参与精神分享他们丰富的专业知识。

专家组主席

吉列尔梅·德阿吉亚尔·帕特里奥塔

一、导言

1. 本报告反映了政府专家组根据题为"从国际安全角度促进网络空间国家负责任行为"的大会第73/266号决议进行的讨论的结果。专家组一个重要的工作组成部分是在2019冠状病毒病大流行期间展开的。疫情凸显了数字技术的巨大潜力，同时也加速了世界对数字技术的依赖，从而进一步突出了在国际安全背景下利用信通技术时采取负责任行为的重要性。

2. 本报告借鉴并重申了2010、2013和2015年联合国政府专家组共识报告中关于现有和新出现的威胁、国际法、负责任国家行为的准则、规则和原则、建立信任以及国际合作和能力建设的评估和建议，这些评估和建议共同构成在使用信通技术领域负责任国家行为不断演变的累积框架。专家组欢迎通过大会第

73/27号决议所设联合国从国际安全角度看信息和电信领域发展不限成员名额工作组的共识报告[1]，该报告重申并巩固了这一框架。

3. 专家组根据其任务规定的事项与国际和平与安全的相关性，对这些事项进行了审议。此外，政府专家组还试图为其先前报告中的评估和建议提供更深一层的理解，以为支持实施这些建议提供指导。这种更深一层的理解再次确认了专家组任务规定中不同实质性内容之间的联系，以及在各国执行这些建议的努力中让其他行为体参与进来的重要性，包括酌情让私营部门、民间社会、学术界和技术界参与进来。

4. 在推进政府专家组报告中的评估和建议、开发针对本区域的机制、加强能力建设工作以支持实施这些评估和建议方面，区域和次区域机构发挥着重要作用，专家组对这一作用表示认可。根据专家组的任务规定，在专家组与会员国在纽约举行的非正式磋商会议期间，以及通过与区域组织协作举行的一系列磋商，各方与专家组分享了这些和其他相关的见解和经验。[2]

5. 专家组重申，一个开放、安全、稳定、无障碍、和平的信通技术环境对所有国家都至关重要，需要各国开展有效合作，以降低对国际和平与安全的风险。促进将信通技术用于和平目的，符合所有行为体的利益，对共同利益至关重要。在这些努力中，对主权、人权和基本自由的尊重以及可持续数字发展仍然居于核心位置。

二、现有和新出现的威胁

6. 信通技术以及日益数字化和相互联通的世界，为全球各地的社会提供了巨大的机遇。但专家组确认，以往报告中指出的严重的信通技术威胁依然存在。涉及国家和非国家行为体恶意使用信通技术的事件，在范围、规模、严重性和复杂性上都有增加。虽然信通技术威胁在不同区域的表现形式各不相同，

---

1 A/75/816。

2 各次磋商的报告可在以下网址查阅：http://www.un.org/disarmament/wp-content/uploads/2019/12/gge-chair-summary-informal-consultative-meeting-5-6-dec-20191.pdf和https://www.un.org/disarmament/wp-content/uploads/2019/12/collated-summaries-regional-gge-consultations-12-3-2019.pdf。

但其影响也可能是全球性的。

7. 专家组强调2015年报告的评估意见，即一些国家正在发展用于军事目的的信通技术能力；在未来的国家间冲突中使用信通技术的可能性越来越大。

8. 包括国家和其他行为体在内的持续威胁行为体开展的恶意信通技术活动，对国际安全与稳定、经济和社会发展以及个人的安全和福祉构成重大威胁。

9. 此外，各国和其他行为体正在积极利用更复杂、更尖端的信通技术能力，用于政治和其他目的。另外，专家组还注意到，各国恶意利用信通技术促成的秘密宣传运动来影响另一国的进程、体制和整体稳定的情况有所增加，令人担忧。这些做法破坏信任，有可能造成升级，并可能威胁到国际和平与安全，并可能对个人造成直接和间接的伤害。

10. 在前几份专家组报告中，专家组讨论了针对在国内、区域或全球提供服务的关键基础设施实施的有害信通技术活动，这种攻击的可能性日趋严重。特别令人关切的是，恶意信通技术活动影响到关键的信息基础设施、向公众提供基本服务的基础设施、对互联网的普遍可用性或完整性至关重要的技术基础设施，以及卫生部门实体。2019冠状病毒病大流行表明，利用我们的社会面临巨大压力的时机企图浑水摸鱼的恶意信通技术活动，会带来怎样的风险和后果。

11. 新兴技术增加了促进发展的机遇，但其不断演变的属性和特征也扩大了攻击面，创造了新的载体和漏洞，可被恶意信通技术活动利用。确保经营性技术和构成物联网的互联计算设备、平台、机器或对象中的漏洞不被恶意利用，已经成为一项严峻的挑战。

12. 世界各国保障信息系统安全的能力仍然各不相同，发展应对能力、保护关键信息基础设施、识别威胁和及时应对威胁的能力也各不相同。这些能力和资源方面的差异，与利用信通技术有关的国家法律、规范和实践的差别，以及对可用于减轻、调查此类事件或从此类事件中恢复的现有区域和全球合作措施的认识和利用机会的不平等，增加了脆弱性和对所有国家的风险。

13. 专家组重申，除了把信通技术用于招募、筹资、培训和煽动等恐怖主义目的，还用于对信通技术或依赖这一技术的基础设施发动恐怖袭击等其他目的，正变得越来越有可能，如果置之不理，可能会威胁到国际和平与安全。

14. 专家组还重申，恶意的非国家行为体（包括犯罪集团和恐怖分子）多种多样，动机也各不相同，另外恶意信通技术行动的发生速度快，追踪信通技术事件源头的难度大，这些因素都增加了风险。

三、准则、规则和原则

15. 专家组重申，关于各国对信通技术的利用，对负责任的国家行为进行自愿的非约束性规范，可降低国际和平、安全与稳定所面临的风险。规范和现有的国际法是相辅相成的。规范无意限制或禁止在其他方面符合国际法的行动。规范反映了国际社会的期望，确立了负责任的国家行为标准。规范有助于防止信通技术环境中的冲突，促进和平利用信通技术，以便充分实现将信通技术用于加强全球社会和经济发展。

16. 专家组还强调规范与建立信任措施、国际合作和能力建设之间的相互关系。鉴于信通技术的独特属性，专家组重申2015年报告中的意见，即今后可以制定额外的准则，并另行指出，今后有可能酌情拟订具有约束力的补充义务。

17. 除了在联合国系统内开展的工作外，专家组还认可在区域一级执行规范所积累的宝贵经验，包括在纽约与会员国举行的非正式磋商期间以及根据其任务规定通过与区域组织合作分享的经验。专家组指出，今后在国际安全背景下开展的信通技术工作应考虑到这些努力。专家组还注意到中国、哈萨克斯坦、吉尔吉斯斯坦、俄罗斯联邦、塔吉克斯坦和乌兹别克斯坦提出的关于信息安全国际行为准则的建议（A/69/723）。

18. 协商一致通过的大会第70/237号决议促请会员国将政府专家组2015年报告作为使用信通技术的指南。该报告包括11条自愿、不具约束力的国家负责任行为规范。根据其促进负责任行为的任务规定，专家组对这些规范又增加了一层理解，强调这些规范对各国在国际和平与安全背景下使用信通技术的预期行为很有价值，并举例说明了各国可在国家和区域两级为支持执行规范所作出的各种体制安排。专家组提醒各国，应根据《联合国宪章》和其他国际法规定的义务开展这些努力，以维护一个开放、安全、稳定、无障碍和和平的信通技术环境。呼吁各国避免和不得以不符合负责任国家行为准则的方式利用信通技术。

规范13（a）：各国应遵循联合国宗旨，包括维持国际和平与安全的宗旨，合作制定和采取各项措施，加强信通技术使用的稳定性与安全性，并防止发生公认对国际和平与安全有害或可能对其构成威胁的信通技术做法。

19. 维护国际和平与安全、开展国际合作是联合国的创始宗旨之一。这一规范提醒人们，开展合作携手推动信通技术用于和平目的，并防止因滥用信通技术而出现冲突，是所有国家的共同愿望，符合所有国家的利益。

20. 在这方面，为了促进这一准则，专家组鼓励各国避免利用信通技术和信通技术网络开展可能威胁到维护国际和平与安全的活动。

21. 前几届政府专家组和不限成员名额工作组建议的措施，是利用信通技术的负责任国家行为的初步框架。为促进这种合作，并提供进一步的指导，专家组建议各国在国家一级建立或加强现有的机制、结构和程序，如相关政策、立法和相应的审查程序；危机和事件管理机制；整体政府合作和伙伴关系安排；以及与私营部门、学术界、民间社会和技术界的合作与对话安排。同时，鼓励各国汇编和精简其提交的关于规范执行情况的资料，包括自愿考察本国的努力和分享本国的经验。

规范13（b）：一旦发生信通技术事件，各国应考虑所有相关信息，包括所发生事件的大背景，信通技术环境中归责方面的困难，以及后果的性质和范围。

22. 这项规范承认，归责是一项复杂的工作，在确定信通技术事件的源头前，应考虑一系列因素。在这方面，本报告第71（g）段及专家组以往报告中呼吁采取的审慎态度，有助于避免国家之间发生误解和紧张局势升级。

23. 鼓励受到恶意信通技术活动影响的国家，以及此类恶意信通技术活动涉嫌源自其领土的国家，由有关主管当局进行相互协商。

24. 恶意信通技术事件的受害国在评估事件时应考虑所有方面。在确凿的事实证据支持下，这些方面可以包括事件的技术属性；事件的范围、规模和影响；更为宏观的背景，包括事件对国际和平与安全造成的影响；有关国家之间的协商结果。

25. 受影响国在应对可归于另一国的恶意信通技术活动时，应遵循《联合国宪章》和其他国际法规定的义务，包括与通过和平手段解决争端和国际不法行为有关的义务。各国还可以利用可供采用的各种外交、法律和其他协商备选方案，以及自愿机制和其他政治承诺，通过协商和其他和平手段解决分歧和争端。

26. 为了在国家一级落实这一规范、便利调查和解决涉及他国的信通技术事件，各国可建立或加强相关的国家结构、与信通技术有关的政策、程序、立法框架、协调机制以及与相关利益攸关方建立的伙伴关系和其他形式的接触形式，评估信通技术事件的严重性和可复制性。

27. 区域和国际层面的合作，包括国家计算机事件应急响应小组/计算机安全事件响应小组、各国信通技术主管部门和外交界之间的合作，可以加强各国发现和调查恶意信通技术事件以及在就事件得出结论之前证实本国关切和调查结果的能力。

28. 各国还可以利用多边、区域、双边和多利益攸关方平台，就各国处理归责问题的办法（包括如何区分不同类型的归责）以及信通技术威胁和事件交流做法、分享信息。专家组还建议，联合国在今后的工作中还可以考虑如何促进对归责问题的共同理解和实践交流。

规范13（c）：各国不应蓄意允许他人利用其领土使用信通技术实施国际不法行为。

29. 这项规范反映了如下期望，即一国若秉持善意得知或被告知，利用信通技术实施的国际不法行为源自其领土或从其领土过境，则该国将采取一切适当、合理可用和可行的步骤侦查、调查和处理这种情况。这项规范所蕴涵的理解是，一个国家不得允许另一个国家或非国家行为体利用其境内的信通技术实施国际不法行为。

30. 各国在考虑如何实现这项规范的目标时，应牢记以下几点：

（a）这项规范期望一个国家在其能力范围之内采取合理措施，以相称、适当和有效的手段以及符合国际法和国内法的方式制止本国领土上正在进行的活动。尽管如此，并不能指望各国能够或应该监测本国领土上的所有信通技术活动。

（b）一国若知晓他方利用信通技术在其境内从事国际不法行为，但却缺乏处理能力，可考虑以符合国际法和国内法的方式寻求他国或私营部门援助。建立相应的结构和机制来拟定和回应援助请求，可能有助于落实这一规范。各国在提供援助时应秉持善意并遵从国际法行事，不得乘机对寻求援助的国家或对第三国实施恶意活动。

（c）受影响国可通知不法活动的来源国。被通知国应确认收到通知，以促进合作和信任，并尽一切合理努力协助确定国际不法行为是否已经实施。确认收到这一通知，并不表示同意通知中所载的信息。

（d）源自第三国领土或基础设施的信通技术事件本身并不意味着该国对该事件负有责任。此外，通知一国其领土正被用于实施不法行为，本身并不意味着该国要对该行为本身负责。

规范13（d）：各国应考虑如何最好地合作交流信息，相互协助，起诉使用信通技术从事的恐怖主义和犯罪行为，并采取其他合作措施应对此类威胁。各国可能需要考虑是否需要在这方面制定新的措施。

31. 这项规范提醒各国，必须开展国际合作，以应对犯罪分子和恐怖分子利用互联网和信通技术构成的跨界威胁，包括用于招募、资助、培训和煽动目的，策划和协调袭击，宣传其思想和行动，以及本报告中强调的其他此类目的。这项规范确认，通过现有措施和其他措施，在应对涉及恐怖主义和犯罪集团和个人的这类威胁和其他此类威胁方面取得进展，有助于促进国际和平与稳定。

32. 遵守这一规范意味着需要具备相应的国家政策、立法、结构和机制，促成就相关的技术、执法、法律和外交事项开展跨境合作，打击利用信通技术从事犯罪和恐怖主义活动的行为。

33. 专家组鼓励各国加强和进一步发展可促进相关国家、区域和国际组织交流信息、开展援助的机制，目的是提高各国的信通技术安全意识，减少网络恐怖主义和犯罪活动的运作空间。此类机制可加强相关组织和机构的能力，同时在国家之间建立信任，强化负责任的国家行为。专家组还鼓励各国制定适当的规程和程序，收集、处理和存储利用信通技术从事犯罪和恐怖主义行为的相关网络证据，并及时协助调查，确保根据国际法所规定的国家义务采取此类行动。

34. 在联合国内部，一些专门的论坛、进程和决议专门探讨利用信通技术从事恐怖主义和犯罪行为所带来的威胁，以及应对这种威胁所需的合作办法。相关大会决议包括关于第十二届联合国预防犯罪和刑事司法大会的第65/230号决议，该决议决定设立一个不限成员名额政府间专家组，全面研究网络犯罪问题；关于促进技术援助和能力建设以加强打击为犯罪目的使用信通技术的国家措施和国际合作，包括信息共享的第74/173号决议，关于打击为犯罪目的使用信通技术的第74/247号决议。

35. 各国还可以利用现有的进程、举措和法律文书，并考虑增加程序或沟通渠道，促进信息交流和援助，打击利用信通技术从事犯罪和恐怖主义活动的行为。在这方面，专家组鼓励各国继续加强联合国和区域一级正在进行的努力，应对利用互联网和信通技术实施犯罪和从事恐怖主义的行为；鼓励各国为此目的与国际组织、行业行为体、学术界和民间社会发展合作伙伴关系。

规范13（e）：各国应在确保安全使用信通技术方面遵守人权理事会关于在互联网上增进、保护和享有人权的第20/8和26/13号决议，以及大会关于数字时代的隐私权的第68/167和69/166号决议，保证充分尊重人权，包括表达自由权。

36. 这项规范提醒各国根据各自的义务，尊重和保护网上和网下的人权和基本自由。在这方面，需要特别重视以下权利：表达自由权，包括不分国界寻求、接收和传递任何媒介形式信息的自由，以及《公民权利和政治权利国际公约》《经济、社会、文化权利国际公约》和《世界人权宣言》中的其他相关条款。遵守这项规范还有助于促进不歧视和缩小数字鸿沟，包括性别平等方面的数字鸿沟。

37. 通过该规范所述决议和此后的其他决议，既是对在国家使用信通技术问题上出现的新挑战与新困境的承认，也是对相应解决这些困境的必要性的承认。任意或非法的大规模监控等国家行为可能对行使和享有人权（特别是隐私权）产生特别不利的影响。

38. 各国在落实这项规范时，应考虑上述决议所载的具体指导意见。各国还应该注意到自2015年政府专家组报告以来通过的各项新决议，并对可能需要根据当前事态发展推进的新决议作出贡献。

39. 各国促进尊重人权和遵守人权准则、确保负责与安全使用信通技术的努力应相互补充、相互促进、相互依存。这种办法能够促成一个开放、安全、稳定、无障碍、和平的信通技术环境，也有助于实现可持续发展目标。

40. 专家组承认技术创新对所有国家至关重要，但新兴技术也可能对人权和信通技术安全产生重要影响。为解决这一问题，各国可考虑以更加包容、更加无障碍且不致负面影响单个社区或群体的方式，投资和推动指导信通技术发展和利用的技术措施和法律措施。

41. 专家组指出，联合国内部设有多个论坛专门处理人权问题。此外，专家组肯定了各类利益攸关方以不同方式推动保护和促进网上和网下人权和基本自由的做法。让这些群体参与有关信通技术安全的决策进程，可以推动促进、保护和享有网上人权的努力，并有助于阐明和最大限度地减少各项政策对民众（包括对弱势群体）的潜在负面影响。

规范13（f）：一国不应违反国际法规定的义务，从事或故意支持蓄意破坏关键基础设施或以其他方式损害为公众提供服务的关键基础设施的利用和运行的信通技术活动。

42. 关于这项规范，实施信通技术活动蓄意破坏关键基础设施，或以其他方式损害向公众提供服务的关键基础设施的使用和运营，可能产生国内、区域和全球的连带影响，给民众带来更大的伤害风险，并且可能会升级，可能引发冲突。

43. 这项规范还指出了关键基础设施作为国家资产的根本重要性，因为这些基础设施构成社会重要功能、服务和活动的支柱。倘若这些设施遭到严重损害或破坏，无论是人力代价，还是对一国经济、发展、政治与社会运作和国家安全的影响，都会是巨大的。

44. 正如规范13（g）指出，各国应采取适当措施保护本国关键基础设施。在这方面，每个国家根据本国的优先事项和关键基础设施分类方法，确定归本国管辖的哪些基础设施或部门应视为关键设施或部门。

45. 2019冠状病毒病大流行促使人们更深认识到，通过实施涉及关键基础设施的规范（如本规范及规范［g］和［h］）等方式，保护卫生保健和医疗基础设施和公共设施，具有极大的重要性。向公众提供基本服务的关键基础设施部门的其他实例还包括能源、发电、水和环境卫生、教育、商业金融服务、交通、电信等部门和选举进程。关键基础设施也可以指那些跨越多个国家提供服务的基础设施，例如对互联网的普遍可用性或完整性至关重要的技术基础设施。这类基础设施对国际贸易、金融市场、全球运输、通信、卫生或人道主义行动可能至关重要。强调这类基础设施作为例子，并不妨碍各国将其他基础设施指定为关键基础设施，也绝非纵容针对上文未提及的基础设施类别所实施的恶意活动。

46. 为支持落实这项规范，专家组鼓励各国除考虑上述因素外，还应在国家层面制定并依照其国际法律义务采用相关政策和立法措施，确保一国开展或支持的可能影响另一国关键基础设施或影响另一国提供基本公共服务的信通技术活动符合这项规范，并接受全面审查和监督。

规范13（g）：各国应考虑到大会第58/199号决议，采取适当措施，保护本国关键基础设施免受信通技术的威胁。

47. 这项规范重申了所有国家保护其管辖范围内的关键基础设施免受信通技术威胁的承诺，以及这方面开展国际合作的重要性。

48. 一个国家将某一基础设施或部门指定为关键基础设施或部门，可能有助于保护该设施或部门。各国除确定其认为关键的基础设施或基础设施部门外，还确定需要采取哪些必要的结构、技术、组织、立法和监管措施保护本国关键基础设施，并在发生事故时恢复功能。大会关于"创造全球网络安全文化及保护重要的信息基础设施"的第58/199号决议及其附件[1]强调了各国为此可在国家一级采取的行动。

49. 一些国家是提供区域或全球服务的基础设施的东道国，对此类基础设施的信通技术威胁可能会产生破坏稳定的影响。参与此类安排的国家可提倡与相关基础设施的所有者和运营者开展跨境合作，以加强针对此类基础设施的信通技术安全措施，并加强现有流程和程序或制定补充流程和程序，以发现影响此类基础设施的信通技术事件并减轻其影响。

50. 鼓励采取措施确保信通技术产品在其整个生命周期内的安全和保障，

---

1 A/RES/58/199，该决议是包括大会A/RES/57/239和A/RES/64/211号决议在内的一揽子三项决议之一。

或根据其规模和严重程度对信通技术事件进行分类，也将有助于实现本规范的目标。

规范13（h）：各国应对关键基础设施遭到恶意使用信通技术行为破坏的另一国提出的适当援助请求作出回应。各国还应回应另一国的适当请求，减轻源自其领土的针对该国关键基础设施的恶意信通技术活动，同时考虑到适当尊重主权。

51. 这项规范提醒各国，在回应关键基础设施受到恶意信通技术行为影响的另一国的援助请求时，国际合作、对话以及对所有国家主权的应有尊重至关重要。在处理那些有可能威胁到国际和平与安全的行为时，这项规范尤为重要。

52. 在收到援助请求后，各国应在其能力和资源范围内提供在当时情况下合理可用和切实可行的一切援助。一国可选择寻求双边援助，或通过区域或国际安排寻求援助。各国还可以请私营部门提供服务，协助回应援助请求。

53. 建立必要的国家结构和机制，发现可能威胁国际和平与安全的信通技术事件并减轻其影响，有助于切实落实这一规范。此类机制是对现有的日常信通技术事件管理和解决机制的补充。例如，希望请求他国援助的国家若能知晓应与谁联系、应使用何种适当的沟通渠道，会很有帮助。收到援助请求的国家需要顾及请求的紧迫性和敏感性，尽可能透明及时地确定本国是否有能力、人力和资源提供所请求的援助。不应期望收到请求援助的国家保证实现特定的结果或成果。

54. 在请求另一国提供援助和回应援助请求方面建立共同、透明的流程和程序，能够为该规范所述的合作提供便利。在这方面，制定提出援助请求和回应援助请求的通用模板，可确保援助请求国向其寻求援助的国家提供尽可能完整、准确的信息，为开展合作和及时作出回应提供便利。此类模板可由双边、多边或区域一级自愿制定。回应援助请求的通用模板可包含以下内容：确认收到请求；若可以提供援助，应说明可提供的援助的时间框架、性质、范围和条件。

55. 若恶意活动源自某一特定国家的领土，则该国主动提供所请求的援助并开展此类援助，会有助于最大限度地减少破坏、避免误解、降低升级风险、帮助恢复信任。参与合作性机制，确定危机沟通的手段和模式以及管控和解决事件的手段和模式，有助于促进遵守该规范。

规范13（i）：各国应采取合理步骤，确保供应链的完整性，以便最终用户能够对信通技术产品的安全抱有信心。各国应设法防止恶意信通技术工具及技术的扩散以及有害隐蔽功能的使用。

56. 这项规范确认有必要促进最终用户对开放、安全、稳定、无障碍和和平的信通技术环境的信心和信任。确保信通技术供应链的完整性和信通技术产品的安全性，防止恶意信通技术工具及技术的扩散以及有害隐蔽功能的使用，对于这方面以及国际安全、数字经济发展和更广义的经济发展越来越重要。

57. 全球信通技术供应链分布广泛，日益复杂，相互依存，并且涉及多方。可采取以下合理步骤促进开放性，确保供应链的完整性、稳定性和安全性：

（a）在符合一国国际义务的前提下，建立全面、透明、客观、公正的国家一级供应链风险管理框架与机制。此类框架可包括风险评估，其中应考虑到各种因素，包括新技术的裨益和风险。

（b）制定政策和方案，以便客观促进采购信通技术设备和系统的供应商和供货商采用良好做法，以便在国际上建立对信通技术产品和服务的完整性和安全性的信心，提高质量，促进选择。

（c）在国家政策中，以及在与各国和相关行为体在联合国和其他场合的对话中，更加关注如何确保所有国家能够平等开展竞争和创新，以便充分实现将信通技术用于加强全球社会和经济发展，促进维护国际和平与安全，同时保障国家安全和公共利益。

（d）采取合作措施，如在双边、区域和多边层面交流供应链风险管理方面的良好做法；制定和实施全球可互操作的供应链安全共同规则和标准；制定其他旨在减少供应链脆弱性的方法。

58. 为防止恶意信通技术工具及技术的开发和扩散以及有害隐蔽功能（包括后门程序）的使用，各国可考虑在国家一级：

（a）采取措施加强供应链的完整性，包括要求信通技术供应商将安全和保障纳入信通技术产品的设计、开发和整个生命周期。为此，各国还可考虑建立独立、公正的认证程序。

（b）采取旨在加强数据保护和隐私的立法和其他保障措施。

（c）采取措施，禁止在信通技术产品中植入有害隐蔽功能，禁止利用可能损害系统和网络（包括关键基础设施）保密性、完整性和可用性的漏洞。

59. 除上述步骤和措施外，各国还应继续鼓励私营部门和民间社会发挥适当作用，改善信通技术及其使用的安全性，包括改善信通技术产品的供应链安全，从而促进实现这项规范的目标。

规范13（j）：各国应鼓励负责任地报告信通技术的漏洞，分享关于这些漏洞的现有补救办法的相关资料，以限制并可能消除信通技术和依赖信通技术的基础设施所面临的潜在威胁。

60. 这一规范提醒各国，必须确保信通技术漏洞得到迅速解决，以减少恶意行为体利用信通技术的可能性。及时发现和负责任地披露和报告信通技术漏洞，可以防止有害或威胁性做法，增强信任和信心，减少对国际安全与稳定的相关威胁。

61. 漏洞披露政策和计划及相关的国际合作旨在为此类披露工作的常态化提供一个可靠和一致的程序。协调一致的漏洞披露程序可以最大限度地减少脆弱产品对社会造成的危害，并促使国家和应急小组之间报告信通技术漏洞和请求援助的工作实现系统化。此类程序应与国内立法保持一致。

62. 在国家、区域和国际一级，各国可以考虑出台公正的法律框架、政策和方案，为处理信通技术漏洞的决策提供指导，并遏制其商业传播，以防止任何滥用技术漏洞的做法可能对国际和平与安全或人权和基本自由构成风险。各国还可以考虑为研究人员和渗透测试者提供法律保护。

63. 此外，各国还可与相关行业和其他信通技术安全行为体协商，根据相关国际技术标准，制定有关以下问题的指导和激励措施：负责任地报告和管理漏洞以及不同利益攸关方在报告过程中各自的作用和责任；待披露或公开分享的技术信息的类型，包括分享关于严重信通技术事故的技术信息；以及如何处理敏感数据，确保信息的安全性和机密性。

64. 往届政府专家组关于建立信任与国际合作、援助和能力建设的建议，特别有助于就各国可以出台哪些机制和程序促进负责任地披露漏洞达成共识。各国可以考虑利用现有的多边、区域和次区域机构以及涉及不同利益攸关方的其他相关渠道和平台来实现这一目标。

规范13（k）：各国不应开展或蓄意支持损害另一国授权应急小组（有时称为计算机应急小组或网络安全事件应急小组）信息系统的活动。一国不应利用授权的应急小组从事恶意的国际活动。

65. 这项规范反映了这样一个事实，即计算机应急响应小组/计算机安全事件响应小组或其他经授权的应急机构在管控和解决信通技术事件方面负有独特的责任和职能，因而在促进维护国际和平与安全方面发挥着重要作用。它们对于有效发现和缓解信通技术事件的直接和长期负面影响至关重要。损害应急小组的做法可能会破坏信任，妨碍它们履行职能的能力，并可能产生更广泛的、往往是不可预见的跨部门后果，并可能对国际和平与安全造成影响。专家组强调必须避免将计算机应急小组/计算机安全事件响应小组政治化，必须尊重其职能的独立性。

66. 许多国家认识到，计算机应急小组/计算机安全事件响应小组在保护国家安全、保护公众和防止信通技术相关事件造成经济损失方面发挥着关键作用，因此将其归入本国关键基础设施的一部分。

67. 在考虑其涉及应急小组的行动如何有助于实现国际和平与安全方面，各国可以公开宣布或采取措施，申明不会利用获授权的应急小组从事恶意的国际活动，并认可和尊重获授权的应急小组工作的行动领域和指导性道德原则。专家组注意到这方面新出现的举措。

68. 各国还可以考虑制定其他措施，例如建立国家信通技术安全事件管控框架，并指定相关部门的角色和责任，包括计算机应急小组/计算机安全事件响应小组的角色和责任，以促进计算机应急小组/计算机安全事件响应小组与其他相关安全和技术机构在国家、区域和国际各级的合作与协调。此种框架可以包括各种政策、监管措施或程序，明确规定计算机应急小组/计算机安全事件响应小组的地位、权限和任务，并将计算机应急小组/计算机安全事件响应小组的独特职能与政府的其他职能区分开来。

四、国际法

69. 国际法是各国共同致力于预防冲突和维护国际和平与安全的基础，也是增强国家间信任的关键。在审议国际法如何适用于各国使用信通技术的问题时，专家组重申前几届政府专家组在其报告中提出的关于国际法的评估和建议，特别是：国际法，尤其是整个《联合国宪章》，对维护和平与稳定以及促进开放、安全、稳定、无障碍、和平的信通技术环境是适用和不可或缺的。这些评估和建议与以往报告的其他实质性内容都强调，各国遵守国际法，特别是《宪章》规定的义务，是它们使用信通技术的重要行动框架。

70. 在这方面，专家组还重申各国承诺遵守下列《宪章》宗旨和国际法原则：主权平等；通过和平手段以不危及国际和平与安全和正义的方式解决国际争端；在国际关系中不对任何国家的领土完整或政治独立使用武力或以武力相威胁，或采用不符合联合国宗旨的任何其他方式；尊重人权和基本自由；不干涉他国内政。

71. 在往届专家组工作的基础上，以及在《宪章》和大会第73/266号决议规定的任务指导下，本届专家组对2015年政府专家组报告中关于国际法如何适用于各国使用信通技术的评估和建议提出了更深一层的理解，具体如下：

（a）专家组指出，根据《联合国宪章》第二条第三款和第六章规定的义务，对于任何国际争端，包括涉及使用信通技术并且继续使用可能危及维护国际和平与安全的国际争端，当事方应首先寻求以《联合国宪章》第三十三条所述以下途径解决争端：谈判、调查、调停、和解、公断、司法解决、区域机关或区域办法之利用，或各国自行选择之其他和平方法。专家组还指出，《联合国宪章》中与和平解决争端有关的其他条款也很重要。

（b）专家组重申，国家主权和源自主权的国际规范和原则适用于国家进行的信通技术活动，以及国家在其领土内对信通技术基础设施的管辖权。国际法规定的现有义务适用于国家的信通技术相关活动。根据这些义务，各国可以通过制定政策和法律，建立必要的机制，保护其境内的信通技术基础设施免受与信通技术有关的威胁，借此对其境内的信通技术基础设施行使管辖权。

（c）根据不干涉他国内政原则，任何国家都无权直接或间接干涉另一国的内部事务，包括通过信通技术进行干涉。

（d）根据《联合国宪章》，各国在使用信通技术时，在国际关系中应避免以武力相威胁或使用武力，或以与联合国宗旨不符的任何其他方式侵害任何国家的领土完整或政治独立。

（e）专家组强调了国际社会对和平利用信通技术促进人类共同利益的愿望，回顾《联合国宪章》全部内容的适用性，再次指出各国拥有采取符合国际法和得到《宪章》承认的措施的固有权利，并指出需要继续研究该事项。

（f）专家组指出，国际人道法仅适用于武装冲突局势。专家组回顾2015年报告中注意到既定的国际法律原则，包括在适用情况下的人道原则、必要性原则、相称性原则和区分原则。专家组认识到，需要进一步研究这些原则如何以及何时适用于各国对信通技术的利用，并强调回顾这些原则绝不是要给冲突披上合法外衣或鼓励冲突。

（g）专家组重申，各国必须就按照国际法归咎于它们的国际不法行为履行国际义务。专家组还重申，各国不得利用代理人利用信通技术实施国际不法行为，并应努力确保非国家行为体不利用其领土实施此类行为。同时，专家组回顾说，如果有迹象表明一项信通技术活动是从一国领土或信通技术基础设施发起或以其他方式产生的，这本身可能不足以将该活动归于该国；专家组指出，对国家提出的组织和实施不法行为的指控应得到证实。援引国家对国际不法行为的责任涉及复杂的技术、法律和政治考量。

72. 在不妨碍现有国际法和国际法今后进一步发展的情况下，专家组认识到，各国在联合国就国际法的具体规则和原则如何适用于各国使用信通技术的问题继续进行集体讨论和交换意见，对于加深共同理解、避免误解、提高可预测性和稳定性而言是不可或缺的。各国之间的区域和双边意见交流，可以为此类讨论提供参考和支持。

73. 根据专家组的任务规定，将在联合国裁军事务厅的网站上提供关于各国使用信通技术时的国际法的适用这一主题的国家自愿贡献的正式汇编（A/76/136）。专家组鼓励所有国家继续通过联合国秘书长并酌情通过其他渠道自愿分享其国家观点和评估意见。

五、建立信任措施

74. 专家组指出，通过促进信任、合作、透明度和可预测性，建立信任措施可以促进稳定，有助于减少误解，降低冲突的风险。建立信任是一项长期和渐进的承诺，需要各国持续参与。联合国、区域和次区域机构以及其他利益攸关方的支持有助于建立信任措施的有效运作和巩固。

75. 为支持各国努力建立信任和确保和平的信通技术环境，专家组鼓励各国公开重申其对第2段所述负责任国家行为框架的承诺，并依照该框架行事。专家组还鼓励各国考虑到联合国裁军审议委员会1988年通过并经大会第43/78（H）号决议一致核可的建立信任措施准则，并考虑区域和次区域一级与建立信任措施及其运作相关的新做法。

合作措施

联络人

76. 在政策和技术层面确定适当的联络人有助于各国之间直接进行安全的沟通，帮助预防和处理严重的信通技术事件，缓解危机情况中的紧张局势。联络人之间的沟通有助于缓解紧张局势，防止因信通技术事件而可能产生的误解和错误认知，包括那些影响关键基础设施和造成国家、区域或全球影响的事件。沟通还可以增加信息共享，使各国能够更有效地管控和解决信通技术事件。

77. 在建立联络人或参与联络人网络时，各国不妨考虑：

（a）在政策、外交和技术层面指定专门的联络人，并就联络人的具体属性提供指导，包括预期的角色和职责、协调职能和就绪要求。

（b）制定政府间和政府内部程序，以确保危机期间联络人之间的有效沟通。标准化模板可以注明所需信息的类型，包括技术数据和请求的性质，但要有足够的灵活性，以便在无法获得某些信息的情况下也能进行沟通。

（c）借鉴区域联络人网络的经验教训和良好做法，包括讨论、制定和实施在国家、区域和国际范围内利用联络人网络的实际方法，包括及早测知严重信通技术事件的方法，以期加强指定联络人网络之间的协调和信息共享。

78. 由于应对全球信通技术安全威胁还需要具有包容性和普遍性的全球办法，各国可以请联合国秘书长促成所有会员国之间就区域和次区域一级业已存在的与联络人网络相关的经验教训、良好做法和指导意见进行自愿交流。此类工作可能有助于促进在全球一级建立此类中央联络人名录的相关讨论。

对话和协商

79. 通过双边、次区域、区域和多边协商和接触进行对话可以增进国家之间的理解，鼓励增进信任，并有助于各国在缓解信通技术事件影响方面开展更密切的合作，同时降低误解和升级的风险。私营部门、学术界、民间社会和技术界等其他利益攸关方可以为促进此类协商和参与作出重大贡献。

80. 区域机构在制定和实施建立信任措施方面采取了重要步骤，这些步骤可以减少信通技术事件可能引发的错误认知、升级和冲突等风险。参与这些区域集团有助于重点突出本区域的特点和关切，而区域间的交流则有助于这些组织之间相互学习。专家组鼓励各国继续这项工作，并与目前尚不是相关区域或次区域组织成员的国家积极接触。

81. 为继续加强与国家计算机应急小组和其他授权机构有关的合作措施，各国可鼓励通过现有的区域和全球应急组织和网络，分享和传播关于建立和维持计算机应急小组/计算机安全事件响应小组以及关于事件管控的信息和良好做法。给予计算机应急小组/计算机安全事件响应小组的此类鼓励和支持，还将有助于提高各国对其根据规范13（k）就计算机应急小组/计算机安全事件响应小组和其他相关机构作出的承诺的认识。

透明度措施

82. 通过交流各国对信通技术安全事件和其他相关威胁的看法和做法，并公开提供信通技术安全咨询、指导、证据基础和决策支持数据，这些提高透明度的自愿措施，对于建立信任、打造可预测性、减少误解和升级的可能性以及帮助各组织和机构作出良好的风险管理决策非常重要。

83. 为进一步提高国家行为的透明度和可预测性，提供获得更广泛的意见和经验的机会，加强国家准备状态，及早意识到日益严重的威胁，各国可考虑利用双边、次区域、区域和多边论坛和非正式协商，自愿分享关于现有和新出现的与信通技术安全有关的威胁和事件、信通技术产品脆弱性分析的国家战略和标准、关于风险管理和预防冲突的国家和区域办法的信息和良好做法、经验教训或白皮书，包括分享根据信通技术事件的规模和严重性对事件进行分类的国家做法。

84. 各国还可以利用这些现有论坛阐明立场，并自愿就以下问题交流信息：有关信通技术安全的国家办法；数据保护；对信通技术支持的关键基础设施的保护；信通技术安全机构的任务和职能，以及国家或组织层面的信通技术战略及其运作所依据的法律和监督制度。

85. 政府专家组以往报告中关于建立信任措施的建议，为应对关键基础设施面临的日益增长的威胁和执行相关规范提供了合作基础。专家组鼓励各国继续提高对关键基础设施保护重要性的认识，促进关键基础设施利益攸关方之间的信息共享，分享良好做法和指导意见。在适当情况下，各国可以利用现有平台和报告方式（见下文第86段）自愿分享如何对关键国家基础设施和在区域或国际上提供基本服务的关键基础设施进行分类、相关国家政策和立法、风险评估框架以及如何对影响关键基础设施的信通技术事件进行识别、分类和管理的本国观点。

86. 各国还可以利用联合国资源，如向秘书长自愿报告、联合国裁军研究所（裁研所）的网络政策门户网站，以及其他相关国际和区域组织的资源，以整合各国自愿提供的关于解决涉及国际安全和稳定的信通技术安全问题的国家战略、政策、立法和方案的信息和良好做法。

六、信通技术安全和能力建设方面的国际合作和援助

87. 专家组强调在信通技术安全和能力建设领域开展合作和提供援助的重要性，并强调这对于专家组任务全部内容而言十分重要。加大合作力度，同时在涉及私营部门、学术界、民间社会和技术界等其他利益攸关方的信通技术安全领域提高援助和能力建设的有效性，有助于各国运用负责任使用信通技术的国家行为框架。这些建议对于弥合国家内部和国家之间在与信通技术安全有关的政策、法律和技术问题上的现有分歧至关重要。这些建议可能还有助于实现

国际社会的其他目标，如可持续发展目标。

88. 信通技术安全和能力建设方面的国际合作和援助可以提高各国发现、调查和应对威胁的能力，并确保所有国家都有能力负责任地使用信通技术。这些合作和援助还有助于确保所有国家实现关键基础设施的必要保护水平和必要安全水平，具备足够的事件管控能力，并能够在发生源自其领土或影响其领土的恶意信通技术活动时请求援助或回应援助请求。

89. 专家组建议进一步加强信通技术安全和能力建设方面的国际合作和援助，为各国在以下领域的努力提供支持：

（a）制定和实施国家信通技术政策、战略和方案。

（b）建立和加强计算机应急小组/计算机安全事件响应小组的能力，并加强计算机应急小组/计算机安全事件响应小组之间的合作安排。

（c）提高关键基础设施的安全性和复原力，并改进对关键基础设施的保护。

（d）建设或加强各国发现、调查和解决信通技术事件的技术、法律和政策能力，包括通过投资开发人力资源、机构以及具有复原力的技术和教育方案。

（e）加深对国际法如何适用于各国使用信通技术的共识，并促进各国在这方面的交流，包括通过在联合国举行的讨论。

（f）加强所有国家的技术和法律能力，以调查和解决严重的信通技术事件。

（g）落实商定的自愿、非约束性负责任国家行为规范。

（h）为此目的，并作为评估本国优先事项、需求和资源的一种手段，鼓励各国使用联合国不限成员名额工作组建议的国家执行情况自愿调查。

90. 为了弥合数字鸿沟，并确保所有国家从此类及其他援助和能力建设领域受益，专家组鼓励各国尽可能承诺提供财政资源及技术和政策专门知识，以支持请求援助的国家努力加强信通技术安全。

91. 在推进信通技术安全和能力建设方面的国际合作和援助方面，专家组强调能力建设的自愿、政治中立、互利和互惠性质。在这方面，本专家组欢迎开放式工作组建议的关于进程、目的、伙伴关系和人员的能力建设原则，并鼓励所有国家在努力推进合作和援助时遵循这些原则。

92. 促进共识和相互学习也可以加强信通技术安全和能力建设领域的国际合作和援助。各国应考虑以多学科、多利益攸关方、模块化和可衡量的方式开展信通技术安全和能力建设方面的合作。通过与联合国和其他全球、区域和次区域机构以及其他相关利益攸关方合作推动有效协调和实施能力建设方案，通过鼓励提高透明度，分享有关能力建设方案有效性的信息，这一点是可以做到的。

七、结论和对今后工作的建议

93. 随着各国对信通技术的依赖性与日俱增，在国际安全背景下利用信通技术时遵守负责任国家行为的共同框架，对于所有国家从这些技术中获益、保护这些技术免遭滥用和应对滥用行为至关重要。

94. 专家组将重点放在促进共识和有效执行上，并在以往报告建议的基础上，确定和进一步明确了各国可以采用的方法并就其提供指导，以确保合作措施能够有效应对信通技术安全领域现有和潜在的威胁。这些方法在报告以下章节中有明确的概述：负责任国家行为的规则、规范和原则；国际法；建立信任；国际合作和能力建设，其中每一章节都体现了政府专家组以往报告中提出的负责任国家行为的基本要素。

95. 专家组还确定了未来工作的可能领域，包括但不限于：

（a）加强双边、区域和多边层面的合作，以促进就恶意使用信通技术构成的现有威胁和新威胁、对国际和平与安全构成的潜在风险以及信通技术支持的基础设施的安全问题达成共识。

（b）进一步分享和交流关于以下内容的意见：负责任国家行为的规范、规则和原则；执行规范和建立信任措施的国家和区域做法；国际法如何适用于国家对信通技术的使用，包括确定具体的国际法专题以供进一步深入讨论。

（c）在考虑到上文第90段的情况下，围绕本报告中的评估和建议进一步加强国际合作和能力建设，以确保所有国家都能为维护国际和平与安全作出贡献。

（d）酌情确定能够促进其他重要利益攸关方，包括私营部门、学术界、民间社会和技术界参与实施负责任行为框架的机制。

（e）要求为所有会员国服务的裁研所并鼓励其他适当的智囊团和研究机构就本报告讨论的议题开展相关研究。

96. 专家组鼓励继续推进在联合国主持下从国际安全角度看信通技术问题的包容各方和透明的谈判进程，其中包括根据大会第75/240号决议设立的2021—2025年信息和通信技术安全和使用问题不限成员名额工作组并对工作组加以肯定。专家组建议今后的工作以政府专家组和不限成员名额工作组的累积工作为基础。

97. 专家组鼓励各国继续努力，在联合国及其他区域和多边论坛内推进负责任国家行为框架，以包容各方、协商一致、务实和透明的方式支持定期对话、协商和能力建设。在这方面，根据不限成员名额工作组的成果，专家组注意到关于推进信通技术中负责任国家行为的各种建议，这些建议将支持各国履行其在信通技术使用方面的承诺（尤其是《行动纲领》）的能力。在审议这些建议时，应通过各国在联合国的平等参与来考虑所有国家的关切和利益。在这方面，应进一步制定《行动纲领》，包括在根据大会第75/240号决议设立的不限成员名额工作组进程中。

98. 专家组建议会员国以本报告和往届政府专家组的评估和建议以及不限成员名额工作组最后报告（A/75/816）中的结论和建议为指导，并考虑如何进一步发展和实施这些结论和建议。

附件

从国际安全角度促进网络空间负责任
国家行为政府专家组成员名单

澳大利亚

Johanna Weaver

澳大利亚外交贸易部网络事务大使特别顾问

巴西

Guilherme de Aguiar Patriota

大使，巴西驻孟买总领事

中国

王磊

外交部网络事务协调员

爱沙尼亚

Heli Tiirmaa-Klaar

网络外交无任所大使，外交部网络外交司司长

法国

Henri Verdier

欧洲与外交部数字事务大使

德国

Regine Grienberger（第三和第四次会议）

联邦外交部网络外交政策大使

Wolfram von Heynitz（第一和第二次会议）

联邦外交部国际网络政策协调参谋

印度

S. Janakiraman

外交部电子政务、信息技术和网络外交司司长兼联合秘书

印度尼西亚

Rolliansyah Soemirat（第三和第四次会议）

外交部国际安全和裁军司司长

Harditya Suryawto（第二次会议）

外交部国际安全和裁军司负责网络技术和网络问题参赞

Grata Endah Werdaningtyas（第一次会议）

外交部国际安全与裁军司国际安全与裁军问题主任

日本

赤堀毅

外务省联合国事务和网络政策大使

约旦

Feras Mohammad Abdallah Alzoubi

约旦武装部队国家网络安全计划部主任

哈萨克斯坦

Asset Nussupov

哈萨克斯坦共和国总统办公厅部门负责人

肯尼亚

Katherine Getao

信通技术管理局首席执行官

毛里求斯

Kaleem Ahmed Usmani

毛里求斯计算机应急小组负责人

墨西哥

Gerardo Isaac Morales Tenorio

外交部多层面安全协调员

摩洛哥

Abdellah Boutrig

上校，国防部信息系统安全总局援助、培训、控制和专门知识主任

荷兰

Carmen Gonsalves

外交部国际网络政策负责人

挪威

Simen Ekblom（第三和第四次会议）

外交部网络政策协调员

Anniken Krutnes（第一和第二次会议）

外交部安全政策和高北纬地区司副司长

罗马尼亚

Mihaela-Ionelia Popescu

外交部网络政策协调员

俄罗斯联邦

Andrey Krutskikh

俄罗斯联邦总统信息安全领域国际合作特别代表，外交部国际信息安全司司长

Vladimir Shin（第三和第四次会议）

外交部国际信息安全司副司长

新加坡

David Koh

新加坡网络安全局首席执行官兼网络安全专员

南非

Doc Mashabane

司法和宪法发展部总干事

Moliehi Makumane（第三和第四次会议）

南非政府专家组代表特别顾问

瑞士

Nadine Olivieri Lozano

大使，联邦外交部国际安全司司长

联合王国

Kathryn Jones

外交、联邦和发展事务部国家安全局国际网络治理负责人

Alexander Evans（第一次会议）

外交、联邦和发展事务部前网络事务主任

美国

Michele Markoff

美国国务院网络问题代理协调员

乌拉圭

Noelia Martínez Franchi（第三和第四次会议）

外交部多边事务主任

Alejandra Erramuspe（第一和第二次会议）

总统办公厅电子政务和信息社会机构高级干事

联合国大会

第七十五届会议

议程项目112

打击为犯罪目的使用信息和通信技术行为

［未经发交主要委员会而通过（A/75/L.87/Rev.1和A/75/L.87/Rev.1/Add.1）］

打击为犯罪目的使用信息和通信技术行为
（2021）

大会遵循《联合国宪章》所载宗旨和原则，注意到信息和通信技术虽然具有促进各国发展的巨大潜力，却为犯罪分子创造了新的机会，可能导致犯罪率和复杂性上升，回顾其2019年12月27日第74/247号决议，其中大会决定，拟订一项关于打击为犯罪目的使用信息和通信技术行为的全面国际公约特设委员会应商定其进一步活动的纲要和方式，提交大会第七十五届会议审议和核准：

1. 欢迎拟订一项关于打击为犯罪目的使用信息和通信技术行为的全面国际公约特设委员会2021年5月10日组织会议选举主席团成员；[1]

2. 决定联合国毒品和犯罪问题办公室继续担任特设委员会秘书处；

3. 赞赏地注意到2021年5月10日至12日在纽约召开的特设委员会组织会议；

4. 决定，从2022年1月开始，特设委员会应至少召开六届会议，每届为期十天，其后结束工作以便向大会第七十八届会议提交公约草案；

5. 又决定，特设委员会将在纽约举行第一、第三和第六届谈判会议，在维也纳举行第二、第四和第五届谈判会议，并采用大会议事规则，同时委员会所有未能以协商一致方式核准的关于实质性事项的决定均应以出席并参加表

---

1 法乌齐亚·布迈扎·迈贝基女士（阿尔及利亚）担任主席；阿尔西·德维努格拉·菲尔道希先生（印度尼西亚）担任报告员；埃米勒·司多詹诺瓦斯基先生（澳大利亚）、吴海文先生（中国）、克劳迪奥·佩格罗·卡斯蒂略先生（多米尼加共和国）、穆罕默德·哈姆迪·埃勒穆拉先生（埃及）、马尔科·库纳普先生（爱沙尼亚）、清水知足先生（日本）、萨卜拉·阿毛里·穆里略·森特诺女士（尼加拉瓜）、泰卢蒙·乔治-马里亚·蒂恩代兹瓦先生（尼日利亚）、多米妮卡·克罗伊斯女士（波兰）、安东尼奥·德阿尔梅达·里贝罗先生（葡萄牙）、德米特里·布金先生（俄罗斯联邦）、基蒂·斯韦布女士（苏里南）和詹姆斯·沃尔什先生（美利坚合众国）担任副主席。

决的代表的三分之二多数作出，在此之前，主席应根据主席团的决定通知委员会，已竭尽全力寻求以协商一致方式达成协议；

6. 还决定，特设委员会将在纽约举行最后一届会议，以便通过公约草案；

7. 决定酌情邀请感兴趣的全球和区域政府间组织的代表，包括联合国机构、专门机构和基金的代表，以及经济及社会理事会各职司委员会的代表作为观察员出席特设委员会的实质性会议；

8. 重申根据理事会1996年7月25日第1996/31号决议，具有经济及社会理事会咨商地位的非政府组织的代表可向秘书处登记，以便参加特设委员会的届会；

9. 请特设委员会主席与联合国毒品和犯罪问题办公室协商，拟订一份可参加特设委员会的其他相关非政府组织、民间社会组织、学术机构和私营部门的代表名单，包括具有网络犯罪领域专门知识的代表，同时兼顾透明度和公平地域代表性原则，并适当考虑到性别均等，将这份拟议名单提交给会员国，供其在无异议基础上审议，此外提请特设委员会注意该名单，由特设委员会就参与问题作最后决定；

10. 鼓励特设委员会主席主持闭会期间协商，以征求各利益攸关方对该公约草案制定工作的意见；

11. 重申特设委员会应充分考虑到关于打击为犯罪目的使用信息和通信技术行为的现有国际文书及国家、区域和国际各级现有努力，特别是全面研究网络犯罪问题不限成员名额政府间专家组的工作和成果；

12. 请秘书长在联合国方案预算内分配必要资源，以便组织和支持特设委员会的工作；

13. 敦促会员国向联合国毒品和犯罪问题办公室提供预算外自愿捐款，确保提供资助，以便发展中国家代表，特别是那些在维也纳没有驻地代表的国家代表，参加特设委员会的工作，包括支付其旅费和住宿费用；

14. 决定在其第七十六至七十八届会议临时议程中列入题为"打击为犯罪目的使用信息和通信技术行为"的项目。

2021年5月26日

第71次全体会议

人工智能伦理问题建议书

序言

联合国教育、科学及文化组织（教科文组织）大会于2021年11月9日至24日在巴黎召开第四十一届会议，

认识到人工智能（AI）从正负两方面对社会、环境、生态系统和人类生活包括人类思想具有深刻而动态的影响，部分原因在于人工智能的使用以新的方式影响着人类的思维、互动和决策，并且波及教育、人文科学、社会科学和自然科学、文化、传播和信息，

忆及教科文组织根据《组织法》，力求通过教育、科学、文化以及传播和信息促进各国间之合作，对和平与安全作出贡献，以增进对正义、法治及所确认之世界人民均享人权与基本自由之普遍尊重，

深信在此提出的建议书，作为以国际法为依据、采用全球方法制定且注重人的尊严和人权以及性别平等、社会和经济正义与发展、身心健康、多样性、互联性、包容性、环境和生态系统保护的准则性文书，可以引导人工智能技术向着负责任的方向发展，

遵循《联合国宪章》的宗旨和原则，

考虑到人工智能技术可以对人类大有助益并惠及所有国家，但也会引发根本性的伦理关切，例如：人工智能技术可能内嵌并加剧偏见，可能导致歧视、不平等、数字鸿沟和排斥，并对文化、社会和生物多样性构成威胁，造成社会或经济鸿沟；算法的工作方式和算法训练数据应具有透明度和可理解性；人工智能技术对于多方面的潜在影响，包括但不限于人的尊严、人权和基本自由、性别平等、民主、社会、经济、政治和文化进程、科学和工程实践、动物福利以及环境和生态系统，

又认识到人工智能技术会加深世界各地国家内部和国家之间现有的鸿沟和不平等，必须维护正义、信任和公平，以便在公平获取人工智能技术、享受这些技术带来的惠益和避免受其负面影响方面不让任何国家和任何人掉队，同时认识到各国国情不同，并尊重一部分人不参与所有技术发展的意愿，

意识到所有国家都正值信息和通信技术及人工智能技术使用的加速期，对于媒体与信息素养的需求日益增长，且数字经济带来了重大的社会、经济和环境挑战以及惠益共享的机会，对于中低收入国家（LMIC）——包括但不限于最不发达国家（LDC）、内陆发展中国家（LLDC）和小岛屿发展中国家（SIDS）而言尤为如此，需要承认、保护和促进本土文化、价值观和知识，以发展可持续的数字经济，

还认识到人工智能技术具备有益于环境和生态系统的潜能，要实现这些惠益，不应忽视而是要去应对其对环境和生态系统的潜在危害和负面影响，

注意到应对风险和伦理关切的努力不应妨碍创新和发展，而是应提供新的机会，激励合乎伦理的研究和创新，使人工智能技术立足于人权和基本自由、价值观和原则以及关于道义和伦理的思考，

又忆及教科文组织大会在2019年11月第四十届会议上通过了第40C/37号决议，授权总干事"以建议书的形式编制一份关于人工智能伦理问题的国际准则性文书"，提交2021年大会第四十一届会议，

认识到人工智能技术的发展需要相应提高数据、媒体与信息素养，并增加获取独立、多元、可信信息来源的机会，包括努力减少错误信息、虚假信息和仇恨言论的风险以及滥用个人数据造成的伤害，

认为关于人工智能技术及其社会影响的规范框架应建立在共识和共同目标的基础上，以国际和国家法律框架、人权和基本自由、伦理、获取数据、信息和知识的需求、研究和创新自由、人类福祉、环境和生态系统福祉为依据，将伦理价值观和原则与同人工智能技术有关的挑战和机遇联系起来，

又认识到伦理价值观和原则可以通过发挥指引作用，帮助制定和实施基于权利的政策措施和法律规范，以期加快技术发展步伐，

又深信全球公认的、充分尊重国际法特别是人权法的人工智能技术伦理标准可以在世界各地制定人工智能相关规范方面发挥关键作用，

铭记《世界人权宣言》（1948年），国际人权框架文书，包括《关于难民地位的公约》（1951年）、《就业和职业歧视公约》（1958年）、《消除一切形式种族歧视国际公约》（1965年）、《公民及政治权利国际公约》（1966年）、《经济社会文化权利国际公约》（1966年）、《消除对妇女一切形式歧视公约》（1979年）、《儿童权利公约》（1989年）和《残疾人权利公约》（2006年）、《反对教育歧视公约》（1960年）、《保护和促进文化表现形式多样性公约》（2005年），以及其他一切相关国际文书、建议书和宣言，

又注意到《联合国发展权利宣言》（1986年）；《当代人对后代人的责任宣言》（1997年）；《世界生物伦理与人权宣言》（2005年）；《联合国土著人民权利宣言》（2007年）；2014年联合国大会关于信息社会世界峰会审查的决议（A/RES/70/125）（2015年）；联合国大会关于《变革我们的世界：2030年可持续发展议程》的决议（A/RES/70/1）（2015年）；《关于保存和获取包括数字遗产在内的文献遗产的建议书》（2015年）；《与气候变化有关的伦理原则宣言》（2017年）；《关于科学和科学研究人员的建议书》（2017年）；互联网普遍性指标（2018年获得教科文组织国际传播发展计划认可），包括立足人权、开放、人人可及和多利益攸关方参与原则（2015年获得教科文组织大会认可）；人权理事会关于"数字时代的隐私权"的决议（A/HRC/RES/42/15）（2019年）；以及人权理事会关于"新兴数字技术与人权"的决议（A/HRC/RES/41/11）（2019年），

强调必须特别关注中低收入国家，包括但不限于最不发达国家、内陆发展中国家和小岛屿发展中国家，这些国家具备能力，但在人工智能伦理问题辩论中的代表性不足，由此引发了对于地方知识、文化多元化、价值体系以及应对人工智能技术的正负两方面影响需要实现全球公平的要求受到忽视的关切，

又意识到在人工智能技术的伦理和监管方面，目前存在许多国家政策以及由联合国相关实体、政府间组织（包括地区组织）和由私营部门、专业组织、非政府组织和科学界制定的其他框架和倡议，

还深信人工智能技术可以带来重大惠益，但实现这些惠益也会加剧围绕创新产生的矛盾冲突、知识和技术获取不对称（包括使公众参与人工智能相关议题的能力受限的数字和公民素养赤字）以及信息获取障碍、能力亦即人员和机构能力差距、技术创新获取障碍、缺乏适当的实体和数字基础设施以及监管框架

（包括与数据有关的基础设施和监管框架）的问题，所有这些问题都需要解决，

强调需要加强全球合作与团结，包括通过多边主义，以促进公平获取人工智能技术，应对人工智能技术给文化和伦理体系的多样性和互联性带来的挑战，减少可能的滥用，充分发挥人工智能可能给各个领域特别是发展领域带来的潜能，确保各国人工智能战略以伦理原则为指导，

充分考虑到人工智能技术的快速发展对以合乎伦理的方式应用和治理人工智能技术以及对尊重和保护文化多样性提出了挑战，并有可能扰乱地方和地区的伦理标准和价值观，

1. 兹于2021年11月23日通过这份《人工智能伦理问题建议书》；

2. 建议会员国在自愿基础上适用本建议书的各项规定，特别是根据各自国家的宪法实践和治理结构采取适当步骤，包括必要的立法或其他措施，依照包括国际人权法在内的国际法，使建议书的原则和规范在本国管辖范围内生效；

3. 又建议会员国动员包括工商企业在内的所有利益攸关方，确保他们在实施本建议书方面发挥各自的作用，并提请涉及人工智能技术的管理部门、机构、研究和学术组织，公共、私营和民间社会机构和组织注意本建议书，使人工智能技术的开发和应用做到以健全的科学研究以及伦理分析和评估作为指导。

Ⅰ. 适用范围

1. 本建议书述及与人工智能领域有关且属于教科文组织职责范围之内的伦理问题。建议书以能指导社会负责任地应对人工智能技术对人类、社会、环境和生态系统产生的已知和未知影响并相互依存的价值观、原则和行动构成的不断发展的整体、全面和多元文化框架为基础，将人工智能伦理作为一种系统性规范考量，并为社会接受或拒绝人工智能技术提供依据。建议书将伦理视为对人工智能技术进行规范性评估和指导的动态基础，以人的尊严、福祉和防止损害为导向，并立足于科技伦理。

2. 本建议书无意对人工智能作出单一的定义，这种定义需要随着技术的发展与时俱进。建议书旨在探讨人工智能系统中具有核心伦理意义的特征。因此，本建议书将人工智能系统视为有能力以类似于智能行为的方式处理数据和

信息的系统，通常包括推理、学习、感知、预测、规划或控制等方面。这种方式有三个重要因素：

（a）人工智能系统是整合模型和算法的信息处理技术，这些模型和算法能够生成学习和执行认知任务的能力，从而在物质环境和虚拟环境中实现预测和决策等结果。在设计上，人工智能系统借助知识建模和知识表达，通过对数据的利用和对关联性的计算，可以在不同程度上实现自主运行。人工智能系统可以包含若干种方法，包括但不限于：

（i）机器学习，包括深度学习和强化学习；

（ii）机器推理，包括规划、调度、知识表达和推理、搜索和优化。

人工智能系统可用于信息物理系统，包括物联网、机器人系统、社交机器人和涉及控制、感知及处理传感器所收集数据的人机交互以及人工智能系统工作环境中执行器的操作。

（b）与人工智能系统有关的伦理问题涉及人工智能系统生命周期的各个阶段，此处系指从研究、设计、开发到配置和使用等各阶段，包括维护、运行、交易、融资、监测和评估、验证、使用终止、拆卸和终结。此外，人工智能行为者可以定义为在人工智能系统生命周期内至少参与一个阶段的任何行为者，可指自然人和法人，例如研究人员、程序员、工程师、数据科学家、终端用户、工商企业、大学和公私实体等。

（c）人工智能系统引发了新型伦理问题，包括但不限于其对决策、就业和劳动、社交、卫生保健、教育、媒体、信息获取、数字鸿沟、个人数据和消费者保护、环境、民主、法治、安全和治安、双重用途、人权和基本自由（包括表达自由、隐私和非歧视）的影响。此外，人工智能算法可能复制和加深现有的偏见，从而加剧已有的各种形式歧视、偏见和成见，由此产生新的伦理挑战。其中一些问题与人工智能系统有能力完成此前只有生物才能完成，甚至在有些情况下只有人类才能完成的任务有关。这些特点使得人工智能系统在人类实践和社会中以及在与环境和生态系统的关系中，可以发挥意义深远的新作用，为儿童和青年的成长、培养对于世界和自身的认识、批判性地认识媒体和信息以及学会作出决定创造了新的环境。从长远看，人工智能系统可能挑战人类特有的对于经验和能动作用的感知，在人类的自我认知、社会、文化和环境的互动、自主性、能动性、价值和尊严等方面引发更多关切。

3. 秉承教科文组织世界科学知识与技术伦理委员会（COMEST）在2019年《人工智能伦理问题初步研究》中的分析，本建议书特别关注人工智能系统与教育、科学、文化、传播和信息等教科文组织核心领域有关的广泛伦理影响：

（a）教育，这是因为鉴于对劳动力市场、就业能力和公民参与的影响，生活在数字化社会需要新的教育实践、伦理反思、批判性思维、负责任的设计实践和新的技能。

（b）科学，系指最广泛意义上的科学，包括从自然科学、医学到社会科学和人文科学等所有学术领域，这是由于人工智能技术带来了新的研究能力和方法，影响到我们关于科学认识和解释的观念，为决策创建了新的基础。

（c）文化特性和多样性，这是由于人工智能技术可以丰富文化和创意产业，但也会导致文化内容的供应、数据、市场和收入更多地集中在少数行为者手中，可能对语言、媒体、文化表现形式、参与和平等的多样性和多元化产生负面影响。

（d）传播和信息，这是由于人工智能技术在处理、组织和提供信息方面起到日益重要的作用；很多现象引发了与信息获取、虚假信息、错误信息、仇恨言论、新型社会叙事兴起、歧视、表达自由、隐私、媒体与信息素养等有关的问题，而自动化新闻、通过算法提供新闻、对社交媒体和搜索引擎上的内容进行审核和策管只是其中几个实例。

4. 本建议书面向会员国，会员国既是人工智能行为者，又是负责制定人工智能系统整个生命周期的法律和监管框架并促进企业责任的管理部门。此外，建议书为贯穿人工智能系统生命周期的伦理影响评估奠定了基础，从而为包括公共和私营部门在内的所有人工智能行为者提供伦理指南。

Ⅱ. 宗旨和目标

5. 本建议书旨在提供基础，让人工智能系统可以造福人类、个人、社会、环境和生态系统，同时防止危害。它还旨在促进和平利用人工智能系统。

6. 本建议书的目的是在全球现有人工智能伦理框架之外，再提供一部全球公认的准则性文书，不仅注重阐明价值观和原则，而且着力于通过具体的政策建议切实落实这些价值观和原则，同时着重强调包容、性别平等以及环境和生态系统保护等问题。

7. 由于与人工智能有关的伦理问题十分复杂，需要国际、地区和国家各个层面和各个部门的众多利益攸关方开展合作，故而本建议书的宗旨是让利益攸关方能够在全球和文化间对话的基础上共同承担责任。

8. 本建议书的目标如下：

（a）依照国际法，提供一个由价值观、原则和行动构成的普遍框架，指导各国制定与人工智能有关的法律、政策或其他文书；

（b）指导个人、团体、社群、机构和私营部门公司的行动，确保将伦理规范嵌入人工智能系统生命周期的各个阶段；

（c）在人工智能系统生命周期的各个阶段保护、促进和尊重人权和基本自由、人的尊严和平等，包括性别平等；保障当代和后代的利益；保护环境、生物多样性和生态系统；尊重文化多样性；

（d）针对与人工智能系统有关的伦理问题，推动多利益攸关方、多学科和多元化对话并建立共识；

（e）促进对人工智能领域进步和知识的公平获取以及惠益共享，特别关注包括最不发达国家、内陆发展中国家和小岛屿发展中国家在内的中低收入国家的需求和贡献。

Ⅲ. 价值观和原则

9. 首先，人工智能系统生命周期的所有行为者都应尊重下文所载的价值观和原则，并在必要和适当的情况下，通过修订现行的和制定新的法律、法规和业务准则来促进这些价值观和原则。这必须遵守国际法，包括《联合国宪章》和会员国的人权义务，并应符合国际商定的社会、政治、环境、教育、科学和经济可持续性目标，例如联合国可持续发展目标。

10. 价值观作为催人奋进的理想，在制定政策措施和法律规范方面发挥着强大作用。下文概述的一系列价值观可以激发理想的行为并为各项原则奠定基础，而各项原则则更为具体地阐明作为其根本的价值观，以便更易于在政策声明和行动中落实这些价值观。

11. 下文概述的所有价值观和原则本身都是可取的，但在任何实际情况下这些价值观和原则之间都可能会有矛盾。在特定情况下，需要根据具体情况进行评估以管控潜在的矛盾，同时考虑到相称性原则并尊重人权和基本自由。在所有情况下，可能对人权和基本自由施加的任何限制均必须具有合法基础，而且必须合理、必要和相称，符合各国依据国际法所承担的义务。要做到明智而审慎地处理这些情况，通常需要与广泛的相关利益攸关方合作，同时利用社会对话以及伦理审议、尽职调查和影响评估。

12. 人工智能系统生命周期的可信度和完整性，对于确保人工智能技术造福人类、个人、社会、环境和生态系统，并且体现出本建议书提出的价值观和原则至关重要。在采取适当措施降低风险时，人们应有充分理由相信人工智能系统能够带来个人利益和共享利益。具有可信度的一个基本必要条件是，人工智能系统在整个生命周期内都受到相关利益攸关方适当的全面监测。由于可信度是本文件所载各项原则得到落实的结果，本建议书提出的政策行动建议均旨在提升人工智能系统生命周期各个阶段的可信度。

Ⅲ.1 价值观

尊重、保护和促进人权和基本自由以及人的尊严

13. 每个人与生俱来且不可侵犯的尊严，构成了人权和基本自由这一普遍、不可分割、不可剥夺、相互依存又彼此相关的体系的基础。因此，尊重、保护和促进包括国际人权法在内的国际法确立的人的尊严和权利，在人工智能系统的整个生命周期内都至关重要。人的尊严系指承认每个人固有和平等的价值，无论种族、肤色、血统、性别、年龄、语言、宗教、政治见解、民族、族裔、社会出身、与生俱来的经济或社会条件、残障情况或其他状况如何。

14. 在人工智能系统生命周期的任何阶段，任何人或人类社群在身体、经济、社会、政治、文化或精神等任何方面，都不应受到损害或被迫居于从属地位。在人工智能系统的整个生命周期内，人类生活质量都应得到改善，而"生活质量"的定义只要不侵犯或践踏人权和基本自由或人的尊严，应由个人或群体来决定。

15. 在人工智能系统的整个生命周期内，人会与人工智能系统展开互动，接受这些系统提供的帮助，例如照顾弱势者或处境脆弱群体，包括但不限于儿童、老年人、残障人士或病人。在这一互动过程中，人绝不应被物化，其尊严不应以其他任何方式受到损害，人权和基本自由也不应受到侵犯或践踏。

16. 在人工智能系统的整个生命周期内，必须尊重、保护和促进人权和基本自由。各国政府、私营部门、民间社会、国际组织、技术界和学术界在介入与人工智能系统生命周期有关的进程时，必须尊重人权文书和框架。新技术应为倡导、捍卫和行使人权提供新手段，而不是侵犯人权。

环境和生态系统蓬勃发展

17. 应在人工智能系统的整个生命周期内确认、保护和促进环境和生态系统的蓬勃发展。此外，环境和生态系统也是关乎人类和其他生物能否享受人工智能进步所带来惠益的必要条件。

18. 参与人工智能系统生命周期的所有行为者都必须遵守适用的国际法以及国内立法、标准和惯例，例如旨在保护和恢复环境和生态系统以及促进可持续发展的预防措施。这些行为者应减少人工智能系统对环境的影响，包括但不限于碳足迹，以确保将气候变化和环境风险因素降到最低，防止会加剧环境恶化和生态系统退化的对自然资源的不可持续开采、使用和转化。

确保多样性和包容性

19. 在人工智能系统的整个生命周期内，应依照包括人权法在内的国际法，确保尊重、保护和促进多样性和包容性。为此，可以促进所有个人或群体的积极参与，无论种族、肤色、血统、性别、年龄、语言、宗教、政治见解、民族、族裔、社会出身、与生俱来的经济或社会条件、残障情况或其他状况如何。

20. 对于生活方式的选择范围、信仰、意见、表达形式或个人经验，包括对于人工智能系统的任选使用以及这些架构的共同设计，在人工智能系统生命周期的任何阶段都不应受到限制。

21. 此外，应作出努力，包括开展国际合作，以弥补而绝非利用某些社区所面临的必要的技术基础设施、教育和技能以及法律框架缺乏的情况，特别是在中低收入国家、最不发达国家、内陆发展中国家和小岛屿发展中国家。

生活在和平、公正与互联的社会中

22. 人工智能行为者应为确保建设和平与公正的社会发挥参与和促进作用，这种社会的根基是惠及全民、符合人权和基本自由的互联的未来。在和平与公正的社会中生活的价值观表明，人工智能系统在整个生命周期内都有可能为所有生物之间及其与自然环境之间的互联作出贡献。

23. 人与人之间互联的概念是基于这样一种认识，即每个人都属于一个更大的整体，当这个整体中的组成部分都能够繁荣兴旺时，整体才会蒸蒸日上。在和平、公正与互联的社会中生活，需要一种有机、直接、出自本能的团结纽带，其特点是不懈地寻求和平关系，倾向于在最广泛的意义上关爱他人和自然环境。

24. 这一价值观要求在人工智能系统的整个生命周期内促进和平、包容与正义、公平和互联，人工智能系统生命周期的各种进程不得隔离或物化人类和社区或者削弱其自由、自主决策和安全，不得分裂个人和群体或使之相互对立，也不得威胁人类、其他生物和自然环境之间的共存。

Ⅲ.2 原则

相称性和不损害

25. 应该认识到，人工智能技术本身并不一定能确保人类、环境和生态系统蓬勃发展。况且，与人工智能系统生命周期有关的任何进程都不得超出实现合法目的或目标所需的范围，并应切合具体情况。在有可能对人类、人权和基本自由、个别社区和整个社会，或者对环境和生态系统造成损害时，应确保落实风险评估程序并采取措施，以防止发生此类损害。

26. 应从以下方面证明选择使用人工智能系统和选用哪种人工智能方法的合理性：（a）所选择的人工智能方法对于实现特定合法目标应该是适当的和相称的；（b）所选择的人工智能方法不得违背本文件提出的基本价值观，特别是其使用不得侵犯或践踏人权；（c）人工智能方法应切合具体情况，并应建立在严谨的科学基础上。在所涉决定具有不可逆转或难以逆转的影响或者在涉及生死抉择的情况下，应由人类作出最终决定。人工智能系统尤其不得用于社会评分或大规模监控目的。

安全和安保

27. 在人工智能系统的整个生命周期内，应避免并解决、预防和消除意外伤害（安全风险）以及易受攻击的脆弱性（安保风险），确保人类、环境和生态系统的安全和安保。通过开发可持续和保护隐私的数据获取框架，促进利用优质数据更好地训练和验证人工智能模型，可以实现有安全和安保保障的人工智能。

公平和非歧视

28. 人工智能行为者应根据国际法，促进社会正义并保障一切形式的公平和非歧视。这意味着要采用包容性方法确保人工智能技术的惠益人人可得可及，同时又考虑到不同年龄组、文化体系、不同语言群体、残障人士、女童和妇女以及处境不利、边缘化和弱势群体或处境脆弱群体的具体需求。会员国应努力让包括地方社区在内的所有人都能够获取提供本地相关内容和服务且尊重多语言使用和文化多样性的人工智能系统。会员国应努力消除数字鸿沟，并确保对人工智能发展的包容性获取和参与。在国家层面，会员国应努力在人工智能系统生命周期的准入和参与问题上促进城乡之间的公平，以及所有人之间的公平，无论种族、肤色、血统、性别、年龄、语言、宗教、政治见解、民族、族裔、社会出身、与生俱来的经济或社会条件、残障情况或其他状况如何。在国际层面，技术最先进的国家有责任支持最落后的国家，确保共享人工智能技术的惠益，使得后者能够进入和参与人工智能系统生命周期，从而推动构建在信息、传播、文化、教育、研究、社会经济和政治稳定方面更加公平的世界秩序。

29. 人工智能行为者应尽一切合理努力，在人工智能系统的整个生命周期内尽量减少和避免强化或固化带有歧视性或偏见的应用程序和结果，确保人工智能系统的公平。对于带有歧视性和偏见的算法决定，应提供有效的补救办法。

30. 此外，在人工智能系统的整个生命周期内，需要解决国家内部和国家之间的数字和知识鸿沟，包括根据相关的国家、地区和国际法律框架解决技术和数据获取及获取质量方面的鸿沟，以及在连接性、知识和技能以及受影响社区的切实参与方面的鸿沟，以便让每个人都得到公平对待。

可持续性

31. 可持续社会的发展，有赖于在人类、社会、文化、经济和环境等方面实现一系列复杂的目标。人工智能技术的出现可能有利于可持续性目标，但也可能阻碍这些目标的实现，这取决于处在不同发展水平的国家如何应用人工智能技术。因此，在就人工智能技术对人类、社会、文化、经济和环境的影响开展持续评估时，应充分考虑到人工智能技术对于作为一套涉及多方面的动态目标（例如目前在联合国可持续发展目标中认定的目标）的可持续性的影响。

隐私权和数据保护

32. 隐私权对于保护人的尊严、自主权和能动性不可或缺，在人工智能系统的整个生命周期内必须予以尊重、保护和促进。重要的是，人工智能系统所用数据的收集、使用、共享、归档和删除方式，必须符合国际法，契合本建议书提出的价值观和原则，同时遵守相关的国家、地区和国际法律框架。

33. 应在国家或国际层面采用多利益攸关方办法，建立适当的数据保护框架和治理机制，将其置于司法系统保护之下，并在人工智能系统的整个生命周期内予以保障。数据保护框架和任何相关机制应参鉴有关收集、使用和披露个人数据以及数据主体行使其权利的国际数据保护原则和标准，同时确保对个人数据的处理具有合法的目的和有效的法律依据，包括取得知情同意。

34. 需要对算法系统开展充分的隐私影响评估，其中包括使用算法系统的社会和伦理考量以及通过设计方法对于隐私的创新使用。人工智能行为者需要确保他们对人工智能系统的设计和实施负责，以确保个人信息在人工智能系统的整个生命周期内受到保护。

人类的监督和决定

35. 会员国应确保始终有可能将人工智能系统生命周期的任何阶段以及与人工智能系统有关的补救措施的伦理和法律责任归属于自然人或现有法人实体。因此，人类监督不仅指个人监督，在适当情况下也指范围广泛的公共监督。

36. 在某些情况下，出于效率性的考虑，人类有时选择依赖人工智能系统，但是否在有限情形下出让控制权依然要由人类来决定，这是由于人类在决策和行动上可以借助人工智能系统，但人工智能系统永远无法取代人类的最终责任和问责。一般而言，涉及生死抉择的情况，不应任由人工智能系统决定。

透明度和可解释性

37. 人工智能系统的透明度和可解释性往往是确保人权、基本自由和伦理原则得到尊重、保护和促进的必要先决条件。透明度是相关国家和国际责任制度有效运作的必要因素。缺乏透明度还可能削弱对根据人工智能系统产生的结果所作决定提出有效质疑的可能性，进而可能侵犯获得公平审判和有效补救的权利，并限制这些系统的合法使用领域。

38. 在人工智能系统的整个生命周期内都需要努力提高人工智能系统（包括那些具有域外影响的系统）的透明度和可解释性，以支持民主治理，但透明度和可解释性的程度应始终切合具体情况并与其影响相当，因为可能需要在透明度和可解释性与隐私、安全和安保等其他原则之间取得平衡。在所涉决定系参考或依据人工智能算法作出的情况下，包括在所涉决定关乎民众安全和人权的情况下，民众应充分知情，并且在此类情况下有机会请求相关人工智能行为者或公共部门机构提供解释性信息。此外，对于影响其权利和自由的决定，个人应能够了解据以作出该决定的理由，并可以选择向能够审查和纠正该决定的私营部门公司或公共部门机构指定工作人员提出意见。对于由人工智能系统直接提供或协助提供的产品或服务，人工智能行为者应以适当和及时的方式告知用户。

39. 从社会—技术角度来看，提高透明度有助于建设更加和平、公正、民主和包容的社会。提高透明度有利于开展公众监督，这可以减少腐败和歧视，还有助于发现和防止对人权产生的负面影响。透明度的目的是为相关对象提供适当的信息，以便他们理解和增进信任。具体到人工智能系统，透明度可以帮助人们了解人工智能系统各个阶段是如何按照该系统的具体环境和敏感度设定的。透明度还包括深入了解可以影响特定预测或决定的因素，以及了解是否具备适当的保证（例如安全或公平措施）。在存在会对人权产生不利影响的严重威胁的情况下，透明度要求可能还包括共享代码或数据集。

40. 可解释性是指让人工智能系统的结果可以理解，并提供阐释说明。人工智能系统的可解释性也指各个算法模块的输入、输出和性能的可解释性及其如何促成系统结果。因此，可解释性与透明度密切相关，结果和导致结果的子过程应以可理解和可追溯为目标，并且应切合具体情况。人工智能行为者应致力于确保开发出的算法是可以解释的。就对终端用户所产生的影响不是暂时的、容易逆转的或低风险的人工智能应用程序而言，应确保为导致所采取行动的任何决定提供有意义的解释，以便使这一结果被认为是透明的。

41. 透明度和可解释性与适当的责任和问责措施以及人工智能系统的可信度密切相关。

责任和问责

42. 人工智能行为者和会员国应根据国家法律和国际法，特别是会员国的人权义务，以及人工智能系统整个生命周期的伦理准则，包括在涉及其有效疆域和实际控制范围内的人工智能行为者方面，尊重、保护和促进人权和基本自由，并且还应促进对环境和生态系统的保护，同时承担各自的伦理和法律责任。以任何方式基于人工智能系统作出的决定和行动，其伦理责任和义务最终都应由人工智能行为者根据其在人工智能系统生命周期中的作用来承担。

43. 应建立适当的监督、影响评估、审计和尽职调查机制，包括保护举报者，确保在人工智能系统的整个生命周期内对人工智能系统及其影响实施问责。技术和体制方面的设计都应确保人工智能系统（的运行）可审计和可追溯，特别是要应对与人权规范和标准之间的冲突以及对环境和生态系统福祉的威胁。

认识和素养

44. 应通过由政府、政府间组织、民间社会、学术界、媒体、社区领袖和私营部门共同领导并虑及现有的语言、社会和文化多样性的开放且可获取的教育、公民参与、数字技能和人工智能伦理问题培训、媒体与信息素养及培训，促进公众对人工智能技术和数据价值的认识和理解，以确保公众的有效参与，让社会所有成员都能够就使用人工智能系统作出知情决定，避免受到不当影响。

45. 了解人工智能系统的影响，应包括了解、借助以及促进人权和基本自由。这意味着在接触和理解人工智能系统之前，应首先了解人工智能系统对人权和权利获取的影响，以及对环境和生态系统的影响。

多利益攸关方与适应性治理和协作

46. 对数据的使用必须尊重国际法和国家主权。这意味着各国可根据国际法，对在其境内生成或经过其国境的数据进行监管，并采取措施，力争在依照国际法尊重隐私权以及其他人权规范和标准的基础上对数据进行有效监管，包括数据保护。

47. 不同利益攸关方对人工智能系统整个生命周期的参与，是采取包容性方法开展人工智能治理、使惠益能够为所有人共享以及推动可持续发展的必要因素。利益攸关方包括但不限于政府、政府间组织、技术界、民间社会、研究人员和学术界、媒体、教育、政策制定者、私营部门公司、人权机构和平等机构、反歧视监测机构以及青年和儿童团体。应采用开放标准和互操作性原则，以促进协作。应采取措施，兼顾技术的变化和新利益攸关方群体的出现，并便于边缘化群体、社区和个人切实参与，同时酌情尊重土著人民对其数据的自我管理。

Ⅳ. 政策行动领域

48. 以下政策领域所述的政策行动，是对本建议书提出的价值观和原则的具体落实。主要行动是会员国出台有效措施，包括政策框架或机制等，并通过开展多种行动，例如鼓励所有利益攸关方根据包括联合国《工商企业与人权指导原则》在内的准则制定人权、法治、民主以及伦理影响评估和尽职调查工具，确保私营部门公司、学术和研究机构以及民间社会等其他利益攸关方遵守这些框架或机制。此类政策或机制的制定过程应包括所有利益攸关方并应考虑到各会员国的具体情况和优先事项。教科文组织可以作为合作伙伴，支持会员国制定、监测和评估政策机制。

49. 教科文组织认识到，各会员国在科学、技术、经济、教育、法律、规范、基础设施、社会、文化和其他方面，处于实施本建议书的不同准备阶段。需要指出的是，这里的"准备"是一种动态。因此，为切实落实本建议书，教科文组织将：（1）制定准备状态评估方法，以协助有关会员国确定其准备进程各个方面在特定时刻所处的状态；（2）确保支持有关会员国制定教科文组织人工智能技术伦理影响评估（EIA）方法，分享最佳做法、评估准则以及其他机制和分析工作。

政策领域1：伦理影响评估

50. 会员国应出台影响评估（例如伦理影响评估）框架，以确定和评估人工智能系统的惠益、关切和风险，并酌情出台预防、减轻和监测风险的措施以及其他保障机制。此种影响评估应根据本建议书提出的价值观和原则，确定对人权和基本自由（特别是但不限于边缘化和弱势群体或处境脆弱群体的权利、劳工权利）、环境和生态系统产生的影响以及伦理和社会影响，并促进公民参与。

51. 会员国和私营部门公司应建立尽职调查和监督机制，以确定、防止和减轻人工智能系统对尊重人权、法治和包容性社会产生的影响，并说明如何处理这些影响。会员国还应能够评估人工智能系统对贫困问题产生的社会经济影响，确保人工智能技术在目前和未来的大规模应用不会加剧各国之间以及国内的贫富差距和数字鸿沟。为做到这一点，尤其应针对信息（包括私营实体掌握的涉及公共利益的信息）获取，实行可强制执行的透明度协议。会员国、私营部门公司和民间社会应调查基于人工智能的建议对人类决策自主权的社会学和心理学影响。对于经确认对人权构成潜在风险的人工智能系统，在投放市场之前，作为伦理影响评估的一部分，人工智能行为者应对其进行广泛测试，包括必要时在真实世界的条件下进行测试。

52. 会员国和工商企业应采取适当措施，监测人工智能系统生命周期的各个阶段，包括用于决策的算法的性能、数据以及参与这一过程的人工智能行为者，特别是在公共服务领域和需要与终端用户直接互动的领域，以配合开展伦理影响评估。人工智能系统评估的伦理方面应包含会员国的人权法义务。

53. 各国政府应采用监管框架，其中特别针对公共管理部门提出人工智能系统伦理影响评估程序，以预测后果、减少风险、避免有害后果、促进公民参与和应对社会挑战。评估还应确立能够对算法、数据和设计流程加以评估并包括对人工智能系统的外部审查的适当监督机制，包括确定可审计性、可追溯性和可解释性。伦理影响评估应透明，并酌情向公众开放。此类评估还应具备多学科、多利益攸关方、多文化、多元化和包容等特性。应要求公共管理部门通过引入适当的机制和工具，监测这些部门实施和/或部署的人工智能系统。

政策领域2：伦理治理和管理

54. 会员国应确保人工智能治理机制具备包容、透明、多学科、多边（包括跨界减轻损害和作出补救的可能性）和多利益攸关方等特性。特别是，治理应包括预测、有效保护、监测影响、执行和补救等方面。

55. 会员国应通过实施有力的执行机制和补救行动，确保人工智能系统造成的损害得到调查和补救，从而确保人权和基本自由以及法治在数字世界与现实世界中同样得到尊重。此类机制和行动应包括私营部门公司和公共部门公司提供的补救机制。为此，应提升人工智能系统的可审计性和可追溯性。此外，会员国应加强履行这项承诺的机构能力，并应与研究人员和其他利益攸关方合作调查，防止并减少对于人工智能系统的潜在恶意使用。

56. 鼓励会员国根据应用领域的敏感程度，对人权、环境和生态系统的预期影响以及本建议书提出的其他伦理考量，制定国家和地区人工智能战略，并考虑多种形式的柔性治理，例如人工智能系统认证机制和此类认证的相互承认。此类机制可以包括针对系统、数据以及伦理准则和伦理方面的程序要求的遵守情况开展不同层面的审计。同时，此类机制不得因行政负担过重而妨碍创新，或者让中小企业或初创企业、民间社会以及研究和科学组织处于不利地位。这些机制还应包括定期监测，以便在人工智能系统的整个生命周期内确保系统的稳健性、持续完整性和遵守伦理准则，必要时可要求重新认证。

57. 会员国和公共管理部门应对现有和拟议的人工智能系统进行透明的自我评估，其中尤其应包括对采用人工智能是否适当进行评估，如果适当则应为确定适当的方法开展进一步评估，并评估采用这种方法是否会导致违反或滥用会员国的人权法义务，如果会导致则应禁止采用。

58. 会员国应鼓励公共实体、私营部门公司和民间社会组织让不同利益攸关方参与其人工智能治理工作，并考虑增设一个独立的人工智能伦理干事岗位或某种其他机制，负责监督伦理影响评估、审计和持续监测工作，确保对于人工智能系统的伦理指导。鼓励会员国、私营部门公司和民间社会组织在教科文组织的支持下，创设独立的人工智能伦理干事网络，以便在国家、地区和国际层面为这一进程给予支持。

59. 会员国应促进数字生态系统的发展和获取，以便在国家层面以合乎伦理和包容各方的方式发展人工智能系统，包括消除在人工智能系统生命周期准入方面的差距，同时推动国际合作。此类生态系统尤其包括数字技术和基础设施，在适当情况下还包括人工智能知识共享机制。

60. 会员国应与国际组织、跨国公司、学术机构和民间社会合作建立机制，以确保所有会员国积极参与关于人工智能治理的国际讨论，特别是中低收入国家，尤其是最不发达国家、内陆发展中国家和小岛屿发展中国家。可以通过提供资金、确保平等的地区参与或任何其他机制来实现这一目标。此外，为确保人工智能论坛的包容性，会员国应为人工智能行为者的出入境提供便利，特别是中低收入国家，尤其是最不发达国家、内陆发展中国家和小岛屿发展中国家的行为者，以便其参加这些论坛。

61. 修正现行的或制定新的有关人工智能系统的国家立法，必须遵守会员国的人权法义务，并在人工智能系统的整个生命周期内促进人权和基本自由。随着人工智能技术的发展，还应采取以下形式促进人权和基本自由：治理举措；关于人工智能系统的合作实践的良好范例；国家及国际技术和方法准则。包括私营部门在内的各个部门在其关于人工智能系统的实践中必须利用现有的和新的文书以及本建议书，尊重、保护和促进人权和基本自由。

62. 为人权敏感用途（例如执法、福利、就业、媒体和信息提供者、卫生保健和独立司法系统等）配置人工智能系统的会员国应提供机制，由独立的数据保护机关、行业监督机构和负责监督的公共机构等适当监督部门监测人工智能系统的社会和经济影响。

63. 会员国应增强司法机构根据法治以及国际法和国际标准作出与人工智能系统有关决定（包括在其审议中使用人工智能系统的决定）的能力，同时确保坚持人类监督原则。司法机关如若使用人工智能系统，则需要有足够的保障措施，以便尤其确保对基本人权的保护、法治、司法独立以及人类监督原则，并确保司法机关对人工智能系统的开发和使用值得信赖、以公共利益为导向且以人为本。

64. 会员国应确保政府和多边组织在保障人工智能系统的安全和安保方面发挥主导作用，并吸收多利益攸关方参与其中。具体而言，会员国、国际组织和其他相关机构应制定国际标准，列出可衡量及可检测的安全和透明度等级，以便能够客观评估人工智能系统并确定合规水平。此外，会员国和工商企业应对人工智能技术潜在安全和安保风险的战略研究提供持续支持，并应鼓励对透明度、可解释性、包容和素养问题开展研究，在不同方面和不同层面（例如技术语言和自然语言）为这些领域投入更多资金。

65. 会员国应实施政策，在人工智能系统的整个生命周期内确保人工智能行为者的行动符合国际人权法、标准和原则，同时充分考虑到当前的文化和社会多样性，包括地方习俗和宗教传统，并适当考虑到人权的优先性和普遍性。

66. 会员国应建立机制，要求人工智能行为者披露并打击人工智能系统的结果和数据中任何类型的陈规定型观念，无论是设计使然还是出于疏忽，确保人工智能系统的训练数据集不会助长文化、经济或社会不平等和偏见，不会散播虚假信息和错误信息，也不会干扰表达自由和信息获取。应特别关注数据匮乏地区。

67. 会员国应实施政策，促进并提高人工智能开发团队和训练数据集的多样性和包容性，以反映其人口状况，确保人工智能技术及其惠益的平等获取，特别是对农村和城市地区的边缘化群体而言。

68. 会员国应酌情制定、审查并调整监管框架，在人工智能系统生命周期的不同阶段对其内容和结果实施问责制和责任制。会员国应在必要时出台责任框架或澄清对现有框架的解释，确保为人工智能系统的结果和性能确定责任归属。此外，会员国在制定监管框架时，应特别考虑到最终责任和问责必须总是落实到自然人或法人身上，且人工智能系统本身不应被赋予法人资格。为确保这一点，此类监管框架应符合人类监督原则，并确立着眼于人工智能系统生命周期不同阶段的人工智能行为者和技术流程的综合性方法。

69. 为在空白领域确立规范或调整现有的法律框架，会员国应让所有人工智能行为者（包括但不限于研究人员、民间社会和执法部门的代表、保险公司、投资者、制造商、工程师、律师和用户）参与其中。这些规范可以发展成为最佳做法、法律和法规。进一步鼓励会员国采用政策原型和监管沙箱等机制，以便加快制定与新技术的飞速发展相适应的法律、法规和政策，包括对其进行定期审查，确保法律法规在正式通过之前能够在安全环境下进行测试。会员国应支持地方政府制定符合国家和国际法律框架的地方政策、法规和法律。

70. 会员国应对人工智能系统的透明度和可解释性提出明确要求，以协助确保人工智能系统整个生命周期的可信度。此类要求应包括影响机制的设计和实施，其中要考虑到每个特定人工智能系统的应用领域的性质、预期用途、目标受众和可行性。

政策领域3：数据政策

71. 会员国应努力制定数据治理战略，确保对人工智能系统训练数据的质量进行持续评估，包括数据收集和选择过程的充分性、适当的数据安全和保护措施以及从错误中学习和在所有人工智能行为者之间分享最佳做法的反馈机制。

72. 会员国应采取适当的保障措施，根据国际法保护隐私权，包括应对人们对于监控等问题的关切。会员国尤其应通过或实施可以提供适当保护并符合国际法的法律框架。会员国应大力鼓励包括工商企业在内的所有人工智能行为者遵守现行国际标准，特别是在伦理影响评估中开展适当的隐私影响评估，其中要考虑到预期数据处理产生的更广泛的社会经济影响，并从其系统设计开始即实施保护隐私原则。在人工智能系统的整个生命周期内应尊重、保护和促进隐私。

73. 会员国应确保个人可以保留对于其个人数据的权利并得到相关框架的保护，此类框架尤其应预见到以下问题：透明度；对于处理敏感数据的适当保障；适当程度的数据保护；有效和实际的问责方案和机制；除符合国际法的某些情况外，数据主体对访问和删除其在人工智能系统中个人数据的权利和能力的充分享有；数据用于商业目的（例如精准定向广告）或跨境转移时完全符合数据保护立法的适度保护；切实有效的独立监督，作为推动个人掌控其个人数据并促进国际信息自由流通（包括数据获取）之惠益的数据治理机制的一部分。

74. 会员国应制定数据政策或等效框架，或者加强现有政策或框架，以确保个人数据和敏感数据的充分安全，这类数据一旦泄露，可能会给个人造成特殊损害、伤害或困难。相关实例包括：与犯罪、刑事诉讼、定罪以及相关安全措施有关的数据；生物识别、基因和健康数据；与种族、肤色、血统、性别、年龄、语言、宗教、政治见解、民族、族裔、社会出身、与生俱来的经济或社会条件、残障情况或任何其他特征有关的个人数据。

75. 会员国应促进开放数据。在这方面，会员国应考虑审查其政策和监管框架，包括关于信息获取和政务公开的政策和监管框架，以便反映出人工智能特有的要求，并促进相关机制，例如为由公共资金资助或公共持有的数据和源代码以及数据信托建立开放式存储库，以支持安全、公平、合法与合乎伦理的数据分享等。

76. 会员国应推动和促进将优质和稳健的数据集用于训练、开发和使用人工智能系统，并在监督数据集的收集和使用方面保持警惕。这包括在可能和可行的情况下投资建立黄金标准数据集，包括开放、可信、多样化、建立在有效的法律基础上并且按法律要求征得数据主体同意的数据集。应鼓励制定数据集标注标准，包括按性别和其他标准分列数据，以便于确定数据集的收集方式及其特性。

77. 按照联合国秘书长数字合作高级别小组报告的建议，会员国应在联合国和教科文组织的支持下，酌情采用数字共享方式处理数据，提高工具、数据集和数据托管系统接口的互操作性，并鼓励私营部门公司酌情与所有利益攸关方共享其收集的数据，以促进研究、创新和公共利益。会员国还应促进公共和私营部门建立协作平台，在可信和安全的数据空间内共享优质数据。

政策领域4：发展与国际合作

78. 会员国和跨国公司应优先考虑人工智能伦理，在相关国际、政府间和多利益攸关方论坛上讨论与人工智能有关的伦理问题。

79. 会员国应确保人工智能在教育、科学、文化、传播和信息、卫生保健、农业和食品供应、环境、自然资源和基础设施管理、经济规划和增长等发展领域的应用符合本建议书提出的价值观和原则。

80. 会员国应通过国际组织，努力为人工智能促进发展提供国际合作平台，包括提供专业知识、资金、数据、领域知识和基础设施，以及促进多利益攸关方之间的合作，以应对具有挑战性的发展问题，特别是针对中低收入国家，尤其是最不发达国家、内陆发展中国家和小岛屿发展中国家。

81. 会员国应努力促进人工智能研究和创新方面的国际合作，包括可以提升中低收入国家和其他国家（包括最不发达国家、内陆发展中国家和小岛屿发展中国家）研究人员的参与度和领导作用的研究和创新中心及网络。

82. 会员国应通过吸收国际组织、研究机构和跨国公司参与，促进人工智能伦理研究，可以将这些研究作为公共和私营实体以合乎伦理的方式使用人工智能系统的基础，包括研究具体伦理框架在特定文化和背景下的适用性，以及根据这些框架开发技术上可行的解决方案的可能性。

83. 会员国应鼓励在人工智能领域开展国际合作与协作，以弥合地缘技术差距。应在充分尊重国际法的前提下，在会员国与其民众之间、公共和私营部门之间以及技术上最先进和最落后的国家之间，开展技术交流和磋商。

政策领域5：环境和生态系统

84. 在人工智能系统的整个生命周期内，会员国和工商企业应评估对环境产生的直接和间接影响，包括但不限于其碳足迹、能源消耗以及为支持人工智能技术制造而开采原材料对环境造成的影响，并应减少人工智能系统和数据基础设施造成的环境影响。会员国应确保所有人工智能行为者遵守有关环境的法律、政策和惯例。

85. 会员国应在必要和适当时引入激励措施，确保开发并采用基于权利、合乎伦理、由人工智能驱动的解决方案抵御灾害风险；监测和保护环境与生态系统，并促进其再生；保护地球。这些人工智能系统应促进地方和土著社区参与人工智能系统整个生命周期，并应支持循环经济做法以及可持续的消费和生产模式。例如，在必要和适当时可将人工智能系统用于以下方面：

（a）支持对自然资源的保护、监测和管理。

（b）支持与气候有关问题的预测、预防、控制和减缓。

（c）支持更加高效和可持续的粮食生态系统。

（d）支持可持续能源的加速获取和大规模采用。

（e）促成并推动旨在促进可持续发展的可持续基础设施、可持续商业模式和可持续金融主流化。

（f）检测污染物或预测污染程度，并协助相关利益攸关方确定、规划并实施有针对性的干预措施，以防止并减少污染及暴露风险。

86. 会员国在选择人工智能方法时，鉴于其中一些方法可能具有数据密集型或资源密集型特点以及对环境产生的不同影响，应确保人工智能行为者能够根据相称性原则，倾向于使用数据、能源和资源节约型人工智能方法。应制定要求，确保有适当证据表明一项人工智能应用程序将产生这种预期效果，或一项人工智能应用程序的附加保障措施可以为使用该应用程序的合理性提供支撑。假如做不到这一点，则必须遵循预防原则，而且在会对环境造成极其严重的负面影响的情况下，不得使用人工智能。

政策领域6：性别

87. 会员国应确保数字技术和人工智能促进实现性别平等的潜能得到充分发挥，而且必须确保在人工智能系统生命周期的任何阶段，女童和妇女的人权和基本自由及其安全和人格不受侵犯。此外，伦理影响评估应包含横向性别平等视角。

88. 会员国应从公共预算中划拨专项资金，用于资助促进性别平等的计划，确保国家数字政策包含性别行动计划，并制定旨在支持女童和妇女的相关政策，例如劳动力教育政策，以确保她们不会被排除在人工智能驱动的数字经济之外。应考虑并落实专项投资，用于提供有针对性的计划和有性别针对性的语言，从而为女童和妇女参与科学、技术、工程和数学（STEM）领域，包括信息和通信技术（信通技术）学科，以及为她们的就业准备、就业能力、平等的职业发展和专业成长，提供更多机会。

89. 会员国应确保人工智能系统推动实现性别平等的潜能得到实现。会员国应确保这些技术不会加剧模拟世界多个领域中已经存在的巨大性别差距，而是消除这些差距。这些差距包括：性别工资差距；某些职业和活动中不平等的代表性；人工智能领域高级管理职位、董事会或研究团队中的代表性缺失；教育差距；数字和人工智能的获取、采用、使用和负担能力方面的差距；以及无偿工作和照料责任在社会中的不平等分配。

90. 会员国应确保性别陈规定型观念和歧视性偏见不会被移植入人工智能系统，而且还应对其加以鉴别和主动纠正。必须努力避免技术鸿沟对以下方面产生复合性负面影响：实现性别平等和避免暴力侵害，例如针对妇女和女童以及代表性不足群体的骚扰、欺凌和贩运，包括在线上领域。

91. 会员国应鼓励女性创业、参与并介入人工智能系统生命周期的各个阶段，具体做法是提供并促进经济和监管方面的激励措施以及其他激励措施和支持计划，以及制定目的是在学术界的人工智能研究方面实现性别均衡的参与，在数字和人工智能公司高级管理职位、董事会和研究团队中实现性别均衡的代表性的政策。会员国应确保（用于创新、研究和技术的）公共资金流向具有包容性和明确性别代表性的计划和公司，并利用平权行动原则鼓励私人资金朝着类似方向流动。应制定并执行关于无骚扰环境的政策，同时鼓励传播关于如何在人工智能系统的整个生命周期内促进多样性的最佳做法。

92. 会员国应促进学术界和产业界人工智能研究领域的性别多样性，具体做法包括为女童和妇女进入该领域提供激励措施，建立机制消除人工智能研究界的性别陈规定型观念和骚扰行为，以及鼓励学术界和私营实体分享关于如何提高性别多样性的最佳做法。

93. 教科文组织可以协助建立最佳做法资料库，以鼓励女童、妇女和代表性不足的群体参与人工智能系统生命周期的各个阶段。

政策领域7：文化

94. 鼓励会员国酌情将人工智能系统纳入物质、文献和非物质文化遗产（包括濒危语言以及土著语言和知识）的保护、丰富、理解、推广、管理和获取工作，具体做法包括酌情出台或更新与在这些领域应用人工智能系统有关的教育计划，以及确保采用针对机构和公众的参与式方法。

95. 鼓励会员国审查并应对人工智能系统产生的文化影响，特别是自动翻译和语音助手等自然语言处理（NLP）应用程序给人类语言和表达的细微差别带来的影响。此类评估应为设计和实施相关战略提供参考，通过弥合文化差距、增进人类理解以及消除因减少使用自然语言等因素造成的负面影响，最大限度地发挥人工智能系统的惠益。减少使用自然语言可能导致濒危语言、地方方言以及与人类语言和表达有关的语音和文化差异的消失。

96. 随着人工智能技术被用于创造、生产、推广、传播和消费多种文化产品和服务，会员国应促进针对艺术家和创意专业人员的人工智能教育和数字培训，以评估人工智能技术在其专业领域的适用性，并推动设计和应用适当的人工智能技术，同时铭记保护文化遗产、多样性和艺术自由的重要性。

97. 会员国应促进当地文化产业和文化领域的中小企业对于人工智能工具的认识和评价，避免文化市场集中化的风险。

98. 会员国应吸收技术公司和其他利益攸关方参与进来，促进文化表现形式的多样化供应和多元化获取，特别要确保算法建议可以提高本地内容的知名度和可见性。

99. 会员国应促进在人工智能和知识产权的交叉领域开展新的研究，例如确定是否或如何对通过人工智能技术创作的作品给予知识产权保护。会员国还应评估人工智能技术如何影响作品被用于研究、开发、培训或实施人工智能应用程序的知识产权所有者的权利或利益。

100. 会员国应鼓励国家级博物馆、美术馆、图书馆和档案馆使用人工智能系统，以突出其藏品，强化其图书馆、数据库和知识库，并允许用户访问。

政策领域8：教育和研究

101. 会员国应与国际组织、教育机构、私营实体和非政府实体合作，在各个层面向所有国家的公众提供充分的人工智能素养教育，以增强人们的权能，减少因广泛采用人工智能系统而造成的数字鸿沟和数字获取方面的不平等。

102. 会员国应促进人工智能教育"必备技能"的掌握，例如基本读写、计算、编码和数字技能、媒体与信息素养、批判性思维和创意思维、团队合作、沟通、社会情感技能和人工智能伦理技能，特别是在这些技能的教育存在明显差距的国家及国内地区或区域。

103. 会员国应促进关于人工智能发展的一般性宣传计划，其中包括数据、人工智能技术带来的机会和挑战、人工智能系统对人权（包括儿童权利）的影响及其意义。这些计划对于非技术群体和技术群体而言都应方便可及。

104. 会员国应鼓励开展关于以负责任和合乎伦理的方式将人工智能技术应用于教学、教师培训和电子学习等方面的研究活动，以增加机会，并减轻这一领域的挑战和风险。在开展这些研究活动的同时，应充分评估教育质量以及人工智能技术的应用对于学生和教师的影响。会员国还应确保人工智能技术可以增强师生的权能和体验，同时铭记关系和社交层面以及传统教育形式的价值对于师生关系以及学生之间的关系至关重要，在讨论将人工智能技术应用于教育时应考虑到这一点。当涉及监测、评估能力或预测学习者的行为时，用于学习的人工智能系统应符合严格的要求。人工智能应依照相关的个人数据保护标准支持学习过程，既不降低认知能力，也不提取敏感信息。在学习者与人工智能系统的互动过程中收集到的为获取知识而提交的数据，不得被滥用、挪用或用于犯罪，包括用于商业目的。

105. 会员国应提升女童和妇女、不同族裔和文化、残障人士、边缘化和弱势群体或处境脆弱群体、少数群体以及没能充分得益于数字包容的所有人在各级人工智能教育计划中的参与度和领导作用，监测并与其他国家分享这方面的最佳做法。

106. 会员国应根据本国教育计划和传统，为各级教育开发人工智能伦理课程，促进人工智能技术技能教育与人工智能教育的人文、伦理和社会方面的交叉协作。应以当地语言（包括土著语言）开发人工智能伦理教育的在线课程和数字资源，并考虑到环境多样性，特别要确保采用残障人士可以使用的格式。

107. 会员国应促进并支持人工智能研究，特别是人工智能伦理问题研究，具体做法包括投资于此类研究或制定激励措施推动公共和私营部门投资于这一领域等，同时承认此类研究可极大地推动人工智能技术的进一步发展和完善，以促进落实国际法和本建议书中提出的价值观和原则。会员国还应公开推广以合乎伦理的方式开发人工智能的研究人员和公司的最佳做法，并与之合作。

108. 会员国应确保人工智能研究人员接受过研究伦理培训，并要求他们将伦理考量纳入设计、产品和出版物中，特别是在分析其使用的数据集、数据集的标注方法以及可能投入应用的成果的质量和范围方面。

109. 会员国应鼓励私营部门公司为科学界获取其数据用于研究提供便利，特别是在中低收入国家，尤其是最不发达国家、内陆发展中国家和小岛屿发展中国家。这种获取应遵守相关隐私和数据保护标准。

110. 为确保对人工智能研究进行批判性评估并适当监测可能出现的滥用或负面影响，会员国应确保人工智能技术今后的任何发展都应建立在严谨和独立的科学研究基础上，并通过吸收除科学、技术、工程和数学之外的其他学科，例如文化研究、教育、伦理学、国际关系、法律、语言学、哲学、政治学、社会学和心理学等，促进开展跨学科的人工智能研究。

111. 认识到人工智能技术为助力推进科学知识和实践提供了巨大机会，特别是在传统上采用模型驱动方法的学科中，会员国应鼓励科学界认识到使用人工智能的惠益、局限和风险；这包括努力确保通过数据驱动的方法、模型和处理方式得出的结论完善可靠。此外，会员国应欢迎并支持科学界在推动政策和促进人们认识到人工智能技术的优缺点方面发挥作用。

政策领域9：传播和信息

112. 会员国应利用人工智能系统改善信息和知识的获取。这可包括向研究人员、学术界、记者、公众和开发人员提供支持，以加强表达自由、学术和科学自由、信息获取，加大主动披露官方数据和信息的力度。

113. 在自动内容生成、审核和策管方面，会员国应确保人工智能行为者尊重并促进表达自由和信息获取自由。适当的框架，包括监管，应让线上传播和信息运营商具有透明度，并确保用户能够获取多样化的观点，以及迅速告知用户为何对内容进行删除或其他处理的相关程序和让用户能够寻求补救的申诉机制。

114. 会员国应投资于并促进数字以及媒体与信息素养技能，以加强理解人工智能系统的使用和影响所需的批判性思维和能力，从而减少和打击虚假信息、错误信息和仇恨言论。此种努力应包括加强对推荐系统的积极和潜在有害影响的了解和评估。

115. 会员国应为媒体创造有利的环境，使媒体有权利和资源切实有效地报道人工智能系统的利弊，并鼓励媒体在其业务中以合乎伦理的方式使用人工智能系统。

政策领域10：经济和劳动

116. 会员国应评估并处理人工智能系统对所有国家劳动力市场的冲击及其对教育要求的影响，同时特别关注经济属于劳动密集型的国家。这可以包括在各级教育中引入更广泛的跨学科"核心"技能，为当前的劳动者和年轻世代提供可以在飞速变化的市场中找到工作的公平机会，并确保他们对人工智能系统的伦理问题有所认识。除专业技术技能和低技能任务之外，还应教授"学会如何学习"、沟通、批判性思维、团队合作、同理心以及在不同领域之间运用知识的能力等技能。关键是在有关高需求技能方面保持透明度，并围绕这些技能更新学校课程。

117. 会员国应支持政府、学术机构、职业教育与培训机构、产业界、工人组织和民间社会之间的合作协议，以弥合技能要求方面的差距，让培训计划和战略与未来工作的影响和包括中小企业在内的产业界的需求保持一致。应促进以项目为基础的人工智能教学和学习方法，以便公共机构、私营部门公司、大学和研究中心之间能够建立伙伴关系。

118. 会员国应与私营部门公司、民间组织和其他利益攸关方（包括劳动者和工会）合作，确保有风险的员工可以实现公平转型。这包括实施技能提升计划和技能重塑计划，建立在转型期内留住员工的有效机制，以及为无法得到再培训的员工探索"安全网"计划。会员国应制订并实施计划，以研究和应对已确定的各项挑战，其中可能包括技能提升和技能重塑、加强社会保障、积极的行业政策和干预措施、税收优惠、新的税收形式等。会员国应确保有足够的公共资金来支持这些计划。应仔细审查并在必要时修改税制等相关法规，消解基于人工智能的自动化造成的失业后果。

119. 会员国应鼓励并支持研究人员分析人工智能系统对于当地劳动环境的影响，以预测未来的趋势和挑战。这些研究应采用跨学科方法，调查人工智能系统对经济、社会和地域因素，以及人机互动和人际关系产生的影响，以便就技能重塑和重新部署的最佳做法提出建议。

120. 会员国应采取适当措施，确保竞争性市场和消费者保护，同时考虑可在国家、地区和国际各级采取何种措施和机制来防止在人工智能系统的整个生命周期内滥用与人工智能系统有关的市场支配地位，包括垄断，无论是数据、研究、技术，还是市场垄断。会员国应防止由此造成的不平等，评估相关市场，并促进竞争性市场。应适当考虑中低收入国家，尤其是最不发达国家、内陆发展中国家和小岛屿发展中国家，这些国家由于缺乏基础设施、人力资源能力和规章制度等要素，面临滥用市场支配地位行为的风险更大，也更容易因之受到影响。在已制定或通过人工智能伦理标准的国家从事人工智能系统开发的人工智能行为者，在出口这些产品以及在可能没有此类标准的国家开发或应用其人工智能系统时，应遵守这些标准，并遵守适用的国际法以及这些国家的国内立法、标准和惯例。

政策领域11：健康和社会福祉

121. 会员国应努力利用有效的人工智能系统来改善人类健康并保护生命权，包括减少疾病的暴发，同时建立并维护国际团结，以应对全球健康风险和不确定性，并确保在卫生保健领域采用人工智能系统的做法符合国际法及其人权法义务。会员国应确保参与卫生保健人工智能系统的行为者会考虑到患者与家属的关系以及患者与医护人员关系的重要性。

122. 会员国应确保与健康，特别是精神健康有关的人工智能系统的开发和部署适当关注儿童和青年，并受到监管，使其做到安全、有效、高效、经过科学和医学证明并能促进循证创新和医学进步。此外，在数字健康干预的相关领域，大力鼓励会员国主动让患者及其代表参与系统开发的所有相关步骤。

123. 会员国应特别注意通过以下方式规范人工智能应用程序中用于卫生保健的预测、检测和治疗方案：

（a）确保监督，以尽可能减少和减轻偏见；

（b）在开发算法时，确保在所有相关阶段将专业人员、患者、护理人员或服务用户作为"领域专家"纳入团队；

（c）适当注意因可能需要医学监测而产生的隐私问题，并确保所有相关的国家和国际数据保护要求得到满足；

（d）确保建立有效机制，让个人数据被分析的人了解对其个人数据的使用和分析并给予知情同意，同时又不妨碍其获取卫生保健服务；

（e）确保人工护理以及最终的诊断和治疗决定一律由人类作出，同时认可人工智能系统也可以协助人类工作；

（f）必要时确保人工智能系统在投入临床使用之前由伦理研究委员会进行审查。

124. 会员国应研究人工智能系统对心理健康的潜在危害所产生的影响及如何加以调控的问题，例如深度抑郁、焦虑、社会隔离、成瘾、贩运、激进化和误导等。

125. 会员国应在研究的基础上，针对机器人的未来发展，制定关于人机互动及其对人际关系所产生影响的准则，并特别关注人类身心健康。尤其应关注应用于卫生保健以及老年人和残障人士护理的机器人、应用于教育的机器人、儿童用机器人、玩具机器人、聊天机器人以及儿童和成人的陪伴机器人的使用问题。此外，应利用人工智能技术的协助来提高机器人的安全性，增进其符合人体工程学的使用，包括在人机工作环境中。应特别注意到利用人工智能操控和滥用人类认知偏差的可能性。

126. 会员国应确保人机互动遵守适用于任何其他人工智能系统的相同价值观和原则，包括人权和基本自由、促进多样性和保护弱势群体或处境脆弱群体。应考虑与人工智能驱动的神经技术系统和脑机接口有关的伦理问题，以维护人的尊严和自主权。

127. 会员国应确保用户能够轻松识别与自己互动的对象是生物，还是模仿人类或动物特征的人工智能系统，并且能够有效拒绝此类互动和要求人工介入。

128. 会员国应实施政策，提高人们对于人工智能技术以及能够识别和模仿人类情绪的技术拟人化的认识，包括在提及这些技术时所使用的语言，并评估这种拟人化的表现形式、伦理影响和可能存在的局限性，特别是在人机互动的情况下和涉及儿童时。

129. 会员国应鼓励并促进关于人与人工智能系统长期互动所产生影响的合作研究，特别注意这些系统对儿童和青年的心理和认知可能产生的影响。在开展此类研究时，应采用多种规范、原则、协议、学科方法，评估行为和习惯的改变，并认真评估下游的文化和社会影响。此外，会员国应鼓励研究人工智能技术对卫生系统的业绩和卫生成果产生的影响。

130. 会员国和所有利益攸关方应建立机制，让儿童和青年切实参与到关于人工智能系统对其生活和未来所产生影响的对话、辩论和决策中。

V. 监测和评估

131. 会员国应根据本国具体国情、治理结构和宪法规定，采用定量和定性相结合的方法，以可信和透明的方式监测和评估与人工智能伦理问题有关的政策、计划和机制。为支持会员国，教科文组织可以从以下方面作出贡献：

（a）制定以严谨的科学研究为基础且以国际人权法为根据的教科文组织人工智能技术伦理影响评估（EIA）方法，关于在人工智能系统生命周期各个阶段实施该方法的指南，以及用于支持会员国对政府官员、政策制定者和其他相关人工智能行为者进行伦理影响评估方法培训的能力建设材料；

（b）制定教科文组织准备状态评估方法，协助会员国确定其准备进程各个方面在特定时刻所处的状态；

（c）制定教科文组织关于在事先和事后对照既定目标评估人工智能伦理政策和激励政策效力和效率的方法；

（d）加强关于人工智能伦理政策的基于研究和证据的分析和报告；

（e）收集和传播关于人工智能伦理政策的进展、创新、研究报告、科学出版物、数据和统计资料，包括通过现有举措，以支持最佳做法分享和相互学习，推动实施本建议书。

132. 监测和评估进程应确保所有利益攸关方的广泛参与，包括但不限于弱势群体或处境脆弱群体。应确保社会、文化和性别多样性，以期改善学习过程，加强调查结果、决策、透明度和成果问责制之间的联系。

133. 为促进与人工智能伦理有关的最佳政策和做法，应制定适当的工具和指标，以便根据商定的标准、优先事项和具体目标，包括关于处境不利者、边缘化群体和弱势群体或处境脆弱群体的具体目标，评估此类政策和做法的效力和效率，以及人工智能系统在个人和社会层面产生的影响。人工智能系统及相关人工智能伦理政策和做法的影响监测和评估，应以与有关风险相称的系统方法持续开展。这项工作应以国际商定的框架为基础，涉及对于私营和公共机构、提供方和计划的评估，包括自我评估，以及开展跟踪研究和制定一系列指标。数据收集和处理工作应遵守国际法、关于数据保护和数据隐私的国家立法以及本建议书概述的价值观和原则。

134. 尤其是，会员国不妨考虑可行的监测和评估机制，例如伦理问题委员会、人工智能伦理问题观察站、记录符合人权且合乎伦理的人工智能系统发展情况或在教科文组织各职能领域通过恪守伦理原则为现有举措作出贡献的资料库、经验分享机制、人工智能监管沙箱和面向所有人工智能行为者的评估指南，以评估会员国对于本文件所述政策建议的遵守情况。

Ⅵ. 本建议书的使用和推广

135. 会员国和本建议书确定的所有其他利益攸关方，应尊重、促进和保护本建议书提出的人工智能伦理价值观、原则和标准，并应采取一切可行步骤，落实本建议书的政策建议。

136. 会员国应与在本建议书的范围和目标范畴内开展活动的所有相关国家和国际政府组织及非政府组织、跨国公司和科学组织合作，努力扩大并充实围绕本建议书采取的行动。制定教科文组织伦理影响评估方法和建立国家人工智能伦理委员会，可以作为这方面的重要手段。

Ⅶ.本建议书的宣传

137. 教科文组织是负责宣传和传播本建议书的主要联合国机构，因此将与其他相关联合国实体合作开展工作，同时尊重它们的任务授权并避免工作重复。

138. 教科文组织，包括其世界科学知识与技术伦理委员会（COMEST）、国际生物伦理委员会（IBC）和政府间生物伦理委员会（IGBC）等机构，还将与其他国际、地区和分地区政府组织和非政府组织开展合作。

139. 尽管在教科文组织范围内，促进和保护任务属于各国政府和政府间机构的职权范围，但民间社会仍将是倡导公共部门利益的重要行为者，因此教科文组织需要确保和促进其合法性。

Ⅷ.最后条款

140. 应将本建议书作为一个整体来理解，各项基本价值观和原则应被视为相互补充、相互关联。

141. 本建议书中的任何内容既不得解释为取代、改变或以其他方式损害各国根据国际法所负义务或所享权利，也不得解释为允许任何国家，其他政治、经济或社会行为者，群体或个人参与或从事任何有悖人权、基本自由、人的尊严以及对生物和非生物的环境与生态系统所抱之关切的活动或行为。

二十国集团数字经济部长宣言：
数字化促进韧性、强劲、可持续和包容性复苏

2021年8月5日，二十国集团数字部长会议在意大利里雅斯特召开，会议以线上线下相结合的方式进行。我们围绕数字化议题展开了进一步的对话与合作，认识到数字化可以从经济、社会和环境三个维度推动实现联合国可持续发展目标，是二十国集团2021年重点工作方向"人、地球与繁荣"的应有之义。

考虑到历届主席国的成果与承诺，以及新冠危机对经济、就业和社会民生的影响，我们讨论了如何迎接机遇，如何应对挑战和风险，以期进一步发挥数字化的潜力，促进韧性、强劲、可持续和包容性复苏，同时试图解决不平等问题。数字化为经济和社会带来了深刻变革，各国政府应紧跟这一时代步伐。我们以数字经济为大框架开展重点工作，并特别关注数字政府。

鉴于数字化对经济和社会的影响日益扩大，数字经济任务组采用多利益攸关方工作机制，组织参与小组磋商和多利益攸关方论坛。借此机遇，我们可以深入开展各项重点工作，交流观点，分享知识和实践，使我们的未来愿景更具价值。

数字经济

新冠疫情背景下，数字化对经济和社会的益处日益凸显：数字化有助于推动就业及卫生、教育事业发展（人），促进可持续发展（地球），增强企业的经济韧性（繁荣）。

与此同时，数字技术的广泛使用及其在各行业的高速扩散也带来了诸多挑战，例如：企业和职工需要适应新的生产方式，需要弥合数字鸿沟以免遭到社会排斥，需要加强应对企业和公民在数字环境中面临的数字安全挑战等。其中，发展中国家还额外面临着关于数字基础设施部署的挑战。

考虑到各国的发展水平存在差异，如今，我们迫切需要加快数字化转型，思考如何从发展中受益，同时应对未来的挑战。

我们认识到，有必要制定相关政策，打造有利、包容、开放、公平、非歧视的数字经济，从而推动新技术的应用，促进企业蓬勃发展。

一、生产数字化转型促进可持续增长

2016年，杭州峰会通过了《二十国集团新工业革命行动计划》。此后，二十国集团领导人认识到，生产数字化推动了生产流程和商业模式的转型，为工业发展带来了机遇，促进了经济增长。

在新冠疫情背景下，数字化转型发挥着日益重要的作用，有助于增强企业韧性，优化商品和服务的交付。同时，疫情也加速了先进数字技术在全行业的扩散。然而，各国、各行业、各企业之间及其内部层面从数字化转型中的受益并不均衡。微型、小型和中型企业（以下简称中小微企业）以及发展中国家的大型企业在数字技术应用方面仍然落后。相关国际数据显示，企业间生产力的差距日益增大；其中，中小微企业和大型企业间的差距尤为明显。

我们认识到，企业必须做好准备，迎接业内"新常态"，为进一步技术变革做好准备，以应对未来挑战，实现经济的可持续、开放性、共享性、创新性发展。我们认为，有必要为中小微企业提供支持，帮助它们提升数字经济包容性；同时，需要着力制定以人为本的数字经济发展路线，顾及传统弱势群体的需求和态度。

我们可以通过制定政策，推动全行业的技术开发、部署和扩散，鼓励对硬件、软件、互补性无形资产、专门知识和研发等领域的数字化投资；通过对人力资本、能力建设、数字素养和技能进行投资，帮助职工、管理人员和企业家适应数字化变革和新的就业形式。新的商业模式既是机遇也是挑战，对不具有数字化先天优势的现存中小微企业尤为如此。为推动进一步变革，我们可以制定政策，培育创新生态系统，提升产业供应链的稳定性，发展创新型初创企业，推动公私营部门在有效识别和技术信息分享等方面开展合作；同时鼓励负责任、以人为本的新技术使用方式，建立新的商业模式。

我们认识到，数据驱动创新至关重要，整个社会对数据的需求日益增长。我们应建设统一的数据治理框架，以负责任的形式为数据再利用、数据共享提供指导。在考虑到各国法律制度差异的前提下，该框架应确保树立对数据问题的信心，维持安全、隐私的个人数据保护，明确知识产权的保护和行使。同时，我们可以制定政策，鼓励投资数据基础设施建设和架构，推动全行业和整个社会的发展。我们还应着力提升政府数据的开放程度，增进数据获取的便利性，以此鼓励创新，特别是中小微企业的创新。

使用数字技术可以推动向可持续发展的过渡，帮助行业保护环境，改进流程，提高能源效率，管理原料使用，减少原料耗费。但与此同时，也有一些数字技术会耗费大量能源和资源，可能对环境产生负面影响，我们需要对这些技术的使用进行限制。

数字经济中的安全问题十分关键。企业应完善供应链中的基础设施和数字流程，保证产品和服务的安全。安全威胁会危及创新进程，减缓新技术的应用，尤其是中小微企业对新技术的应用；数据外泄会损害公众对机构和技术的信任。因此，我们应制定政策，打造数字经济中的安全诉求，鼓励企业履行应注意义务。根据相关国际机构的倡导，此类义务包括将数字经济安全风险纳入风险管理策略，通过产品及服务设计、生命周期管理来保证安全性等。我们在制定政策时，应避免影响机构对数据和个人信息的保护。

我们应采用统一标准来推动信息和通信技术安全行业的发展，采用基于风险的信息和通信技术安全认证制度，组织职工培训，提高管理人员的安全意识，加强行业与研究中心的合作，以期为大型企业和中小微企业打造安全的数字环境。我们还应提高公众意识，帮助其了解数字化转型和数字经济过渡的相关安全风险，从而树立公众对信息和通信技术及数字技术的信心，保证相关技术的安全使用。

展望未来，在我们的政策基础上，二十国集团数字部长承诺将采取更多措施，制定更多政策来推动生产数字化发展。我们承诺会进一步加强国际合作，促进经济复苏，以具有韧性、强劲、可持续和包容性的方式加速发展，使所有人从中受益。

我们认为，2021年6月举行的"生产数字化转型促进可持续增长多利益攸关方论坛"具有重大意义。论坛进一步推动了多方对话，发布了《关于生产数字化转型促进可持续增长的关键信息》，为加快数字化进程和提升中小微企业的包容性提供了指导。

二、可信任的人工智能促进中小微企业包容性提升和初创企业发展

我们重申，我们愿发展可信任的人工智能，承诺以人为本。2019年，日本担任主席国期间，根据基于经济合作与发展组织《人工智能发展建议》的《二十国集团人工智能原则》，我们首次做出这一决定。2020年，主席国沙特阿拉伯主持发布了《国家政策案例》，我们将以此为基础，进一步推进落实《二十国集团人工智能原则》。

目前，总体而言，企业对人工智能的接受程度仍较低；大型企业和中小微企业在人工智能技术的开发和使用方面仍然存在巨大差距，这一点在发展中国家尤为明显。同时，在二十国集团成员内部，人工智能初创企业的数量和企业家性别比例也存在很大差异。实际上，创新型初创企业有潜力推动人工智能的应用，提出新创意，抓住机遇扩大规模。中小微企业可以利用人工智能带来的机遇获得诸多收益，例如开拓创新，提高生产力，或改进商业模式和内部实践，提升现有模式效率等。

在设计政策时，我们考虑到中小微企业和初创企业的具体需求，推动发展以人为本、公平、透明、稳健、清晰、负责任、安全可靠、保护隐私的可信任人工智能应用，以鼓励竞争和创新提升多样性和包容性。

我们认识到，有必要提升中小微企业的人工智能相关能力，包括数据使用、资金获取、机会分享、技术人才培养等方面。可以制定相关政策，提升人工智能技术和网络获取的便利性，推动大型企业和中小微企业开展合作，支持初创企业获得创新公共采购机会。

可制定惠及中小微企业的人工智能政策、准则、标准和法规，采用敏捷的人工智能监管方法培育有利于人工智能发展的商业环境，如采用监管沙箱鼓励试验，推动负责任的人工智能应用。此外，还可结合安全、社会可持续发展和创新知识产权保护予以辅助。

为增进对现有方法和实践的了解，我们编写了《二十国集团关于鼓励中小微企业和初创企业应用人工智能的政策案例》（附件1）。我们相信，国际合作有助于鼓励知识分享，促进相互学习，进而提升中小微企业包容性。我们承诺将进一步推进落实《二十国集团人工智能原则》。

三、数字经济的测度、实践和影响

基于历届二十国集团主席国所开展的工作，且根据沙特阿拉伯担任主席国期间制定的《二十国集团迈向数字经济测度共同框架路线图》，我们进一步鼓励改进数字经济测度，支持就其发展动态进行进一步讨论，为相关政策制定提供实证数据。

我们支持就测度问题开展包容性多利益攸关方对话，认可2021年2月"二十国集团数字经济测度专家研讨会"取得的成果。我们认为，应加强二十国集团成员各国统计局之间的合作，以及其与国际组织、其他利益攸关方的统计合作，鼓励经验分享，了解数字经济测度现状，并进行相应改进。相关优先领域包括将数字经济纳入宏观经济统计、数据价值分析、人工智能、数字鸿沟，特别是性别鸿沟及其潜在原因等。

我们认为，有必要改进人工智能测度，特别应关注人工智能在各行业的扩散和影响、人工智能指标的国际可比性等问题。由于人工智能仍处于快速发展阶段，相关措施需要具有一定的灵活性。因此，我们鼓励各国和国际组织之间进一步分享经验，共谋进步。

我们注意到，关于数字性别鸿沟的比较数据和研究尚不充足，需要更全面地了解相关政策挑战，包括相关交叉性问题。我们可以通过改进测度，发起、加强政策讨论，关注女性在数字经济中的作用。我们呼吁，各国应进行密切协调，优化统计指导，从对数字性别鸿沟的结果测度转向对利弊因素的分析。

为此，我们认为建设健全统计基础设施至关重要。应鼓励各国进行专门的统计调查，建立适当法律技术框架，以推动国内、国家和国际数据获取和使用，同时注重保护个人数据和隐私；提升国家统计局使用关联数据的能力，提高开放数据的可用性；通过与私营部门和相关利益攸关方合作，探索替代数据源及数据收集方法。

我们重申，基于"2020年路线图"，二十国集团成员和国际组织可确保将数字经济测度列为重点工作，为其落实投入充分资源。我们重视优秀实践分享，也关注对二十国集团以外的数字经济发展情况进行跟踪调查。

四、全球数字经济中的消费者意识与保护

自2017年起，二十国集团部长开始逐步关注数字经济中的消费者保护问题。2018年，《保护数字消费者工具包》于阿根廷发布。

为提高数字市场的透明度，应着力解决个人交易中的不对称问题，同时提高消费者意识，强化赋权，促进消费者发挥积极作用，助力经济的可持续发展。

新冠疫情期间，网上交易和电子商务快速发展。在此背景下，基于二十国集团的以往成果，我们承诺将采取行动提高消费者意识，为消费者提供教育支持。我们将开展关于数字经济的数字扫盲计划，保护消费者权益免遭损害，保证产品质量安全，保障消费者的隐私和个人数据安全，避免消费者遭受不公平商业行为的影响。在此期间，我们将特别关注弱势消费群体。我们认为，有必要研究数字经济中的消费者保护问题，并进行适当干预，以防技术发展对公民造成不利影响，助力其紧跟技术发展步伐。

我们提倡加强消费者保护机构之间的国际合作，鼓励多利益攸关方积极参与和协调。我们认可国际社会目前努力的价值，例如经济合作与发展组织的"全球召回门户网站"以及其他现有的消费者保护工具和准则，都发挥了重要作用。

我们认为，2021年5月举行的"关于数字经济中的消费者意识、保护和区块链可追溯性的多利益攸关方论坛"具有重大意义。在此呼吁加强国际合作与实践分享，以推进消费者保护，促进数字经济增长。我们希望在未来几年内继续定期进行广泛而开放的磋商，对该领域的问题进行探讨。

主席国在论坛结束后主持编写了《全球价值链中的区块链：二十国集团实践与案例集》。案例集中指出，各国可以鼓励在全球价值链中使用区块链等分布式账本技术提高消费透明度和清晰度。但企业在采用该技术解决方案时仍面临障碍，其中，中小微企业会遇到更多障碍。我们已经明确，使用分布式账本技术具备相关机遇和现存挑战，发展中国家所面临的挑战尤甚。这一举措有助于揭示二十国集团成员、国际组织、企业和其他利益攸关方的经验和相关实践。

五、数字环境中的儿童保护和赋权

我们荣幸宣布"数字环境中的儿童保护和赋权"将首次列为二十国集团数字经济重点工作。

我们认为，数字环境为儿童带来了多重机遇，例如推动儿童教育事业发展，提高儿童创造力，保障儿童的公民自由，提供社会文化机会，拓展娱乐活动，提升线下体验等。

但与此同时，数字环境也极其复杂。受到快速发展的影响，数字环境会以多种方式塑造、重塑儿童的生活，包括其成年后的生活。数字技术的广泛使用，特别是在新冠疫情期间的广泛使用，将儿童暴露于一系列风险之中。儿童可能比成年人更易受到这些风险的影响。相关风险包括：有害和非法内容、人际关系和行为风险，以及儿童作为消费者所面临的风险，如产品安全、人权、人身安全，以及个人数据保护和隐私等。

网络霸凌和性诱骗等风险早已出现。它们在数字时代发生性质转变后继续以新形式存在，这可能对儿童的身心健康造成严重影响。在使用互联网、移动设备和媒体设备的过程中，包括使用人工智能、物联网等新兴数字技术，大量个人信息和数据经过处理，进行共享，使得儿童面临的隐私风险加剧，且进一步复杂化。在新冠疫情的背景下，这些风险进一步激化。

我们强调，各利益攸关方应承担共同责任，营造一个既为儿童赋权又能保护儿童的数字环境。其中，数字服务和产品提供者的努力尤为重要，这些参与人包括政府、企业、父母、监护人、民间团体、教师、代表小组和儿童自身。

我们认为，提供内容分享平台或为儿童提供服务的企业或者网络空间（包括但不限于网络游戏、社交媒体平台，以及儿童可能使用的产出工具和服务）应在开发产品和服务时重点关注对儿童用户的保护及其隐私安全，并应提供相关安全措施，如对适龄儿童的安全隐私保护等，以确保儿童免遭非法和有害内容活动的影响。

我们将采用积极的多利益攸关方机制，为儿童创造安全、可靠、包容、透明、有益的数字环境，推广适龄高质量网络内容，提高儿童及其父母、监护人、看护人和教师的意识，促进相关赋权。

基于联合国《儿童权利公约》的重要指导价值，我们关注到国际政府间和非政府论坛正在开展重要工作，推动该领域的发展。例如，2020年，国际电信联盟发布了《保护上网儿童业界指南》。我们承诺会加强数字环境中的儿童保护和赋权，遵循基于经济合作与发展组织《关于数字环境中儿童的建议》的非约束性《二十国集团数字环境中的儿童保护和赋权高级原则》（附件2）。

六、鼓励智慧城市和社区创新

2019年，二十国集团主席国日本发起了"全球智慧城市联盟"倡议，强调了基于标准的互操作开放数字城市平台的重要作用。2020年，主席国沙特阿拉伯主持发布了《二十国集团智慧出行实践》，鼓励整合关于智慧城市和社区的其他要素。

公共部门是商品和服务的主要消费者，可以大幅刺激需求，鼓励创新，围绕安全、透明、韧性、隐私、公民参与、效率、技术中立和互操作性的相关层面开展创新探索。公共采购是推动城市数字化和可持续转型的重要手段，通过高性价比解决方案实现公共服务现代化，提高公民的生活质量，让中小微企业参与到数字价值链当中。

公共采购有助于推进智慧城市创新，推动实现公共服务和基础设施现代化。然而，事实证明，由于智慧城市规模大、功能多，落实具有挑战性。因此，我们强调，政府部门应进行相应能力建设，对基于标准的开放智慧城市数字解决方案进行适当的采购和管理。此外，提升城市福祉也至关重要。我们重申，将持续开展国际合作，在二十国集团成员间分享实践，进一步促进智慧城市对话，探讨参与模式实践的推广，以期实现智慧城市的包容性全面发展。

有鉴于此，我们认为在意大利担任主席国期间发布的《二十国集团智慧城市和社区创新公共采购实践》具有重要意义。该文件有利于我们督促相互学习，进行知识共享。

七、互联互通和社会包容

基于二十国集团多年来取得的成就，我们重申自己的承诺，要弥合连接差距，鼓励在2025年前实现"让所有人获得可负担的普遍连接"这一目标。

目前，我们迎来了前所未有的数字加速时代。未来，数字技术将在工作、教育、健康、政府服务、社会互动等方面发挥更为重要的作用。因此，我们认为有必要确保所有人都能够获得普遍、安全、便捷、可负担的连接。

关乎未来发展的高质量数字服务需要以安全、具有韧性的基础设施为前提，例如高性能的数字连接。我们可以通过实现互联互通，最大限度减少劳动力中断，支持线上学习工作；提升公共服务获取和智慧健康系统接入便捷性；加强地域凝聚力，推动落实各地全员工作技能提升和再培训计划，助力未来发展在劳动力方面做好准备。

我们认识到，有必要推动以人为本的包容性数字技术的部署和应用，完善数字接入，制定针对全民的数字解决方案；同时应考虑到残疾人、老年人等弱势和边缘群体所面临的障碍，重点关注偏远地区、农村等服务匮乏地区。

我们认识到，提升城市、偏远地区、农村人口和难民的数字技能和数字素养至关重要；同时，对多样化数字劳动力的需求也在日益增加。我们可以通过推动这一领域的发展，确保公民可平等获得更加高效的服务，保证消费者拥有更多选择，促进企业获得更多机会和市场。我们认为，应推动信息和通信技术和数字技术的应用，鼓励提升数字技能，从多方面促进性别平等和社会包容。

我们认为，应推动国际层面的合作与实践分享，加强与利益攸关方的互动，以期实现互联互通和社会包容。在2021年4月举办的"互联互通和社会包容论坛"上，二十国集团成员、国际组织和其他利益攸关方进行了开放对话，关键议题包括通过互联互通促进创新、增长和包容，通过互联互通应对全球挑战，以及全民互联互通最佳实践分享等。

我们认为，有必要刺激融资，优化国内环境，吸引对数字基础设施的投资。二十国集团财长和央行行长在这一方面做出了重要努力，二十国集团基础设施工作组对这一问题给予了重点关注。

八、基于信任的数据自由流动和跨境数据流动

2020年，数字经济部长认识到，基于信任的数据自由流动和跨境数据流动

带来了许多机遇和挑战。为此，我们需要在适用的法律框架下应对这些挑战，着力解决隐私、数据保护、知识产权和安全等相关问题，例如，我们需要明确现有的可信任跨境数据流动模式和手段间的共同点。在此背景下，基于日本和沙特阿拉伯担任主席国期间所完成的工作和取得的成就，我们认为经济合作与发展组织在"调查跨境数据传输监管模式共同点"方面所做的工作具有重大意义。该调查指明了不同模式间的"共同点、互补性和趋同因素"[1]。我们可以利用这些共同点，进一步提升该领域的互操作性。

数字政府

在数字化转型的加速发展中，各级政府除了应扮演好促进者和监管者的角色，还应转变运作方式，为整个社会服务。公民的数字服务体验不断增多，在新冠危机期间增幅尤为明显。这一现象提高了人们的期望值，同时也对公共部门提出了挑战，要求其着力提高效率，落实以人为本的理念，提升服务的便利度和包容度，做到能快速响应，并勇于承担责任。

"数字政府"不仅应完成数字化转型，还应为公民和企业提供积极主动、以人为本、用户导向、安全可靠、易于使用、惠及全民的数字服务，保证残疾人和老年人、偏远地区和农村社区居民，以及弱势群体也能够获得此类服务。

就此而言，在数字化转型当中，政府应着力为所有企业和公民提供更加优质的服务，同时保留传统形式的公共服务。

在数字化转型中，政府不应排斥对数字公共服务有抵触心理或无法使用该类服务的企业和公民，应继续为其提供传统公共服务。

同时，数字政府还应着力保护公民和企业的个人数据和隐私，以增进其对数字服务的信任。

九、公共服务的数字工具及其延续性

2018年，主席国阿根廷主持制定了《二十国集团数字政府原则》。这一成

1　可参见https://doi.org/10.1787/ca9f974e-en。

果有助于促进数字工具和数据使用，从而更好地满足全民需求。在新冠疫情的背景下，各级数字政府的重要性进一步凸显。我们认识到，政府需要提升其技术部署能力，在有效处理数据的同时保护个人数据和隐私，保证公共服务的延续性、安全性、保障性和韧性。

此外，随着新兴技术的快速发展，二十国集团政府也获得了转型机遇，以便设计和提供公共政策和服务。

我们重申我们的承诺，应优化所需条件，提升所需能力，利用好数字技术和数据，以确保政府具备韧性、安全性、以人为本的理念和可持续性。同时，我们着力应对围绕安全、数据保护（包括个人数据保护）、隐私等方面的风险，控制算法偏见。我们将特别注意弥合各类数字鸿沟。

我们认为，在经济合作与发展组织支持下制定的《二十国集团使用数字工具促进公共服务延续性纲要》具有重大意义。该纲要呈现出相关的国家和国际实践，帮助我们理解数字技术和数据对有关新冠疫情的公共服务提供的支持，同时为未来的复苏奠定了基础。我们承诺，将在所有相关国际组织的支持下继续努力，保证服务质量，确保惠及全民，重点关注残疾人和老年人，着力提高公务员的技能水平。我们将继续收集切实可行的解决方案来指导各级政府，以期提供以权利为基础、以人为本、用户导向、透明安全、可靠有韧性、积极主动、合乎道德、具备包容性的综合公共服务。我们重申采用参与式的包容性程序的重要性，将进一步鼓励民间社会组织、学术界和不同利益攸关方的参与。最后，我们认识到，开放源代码软件在公共部门的工作中发挥了重要作用，该类软件有助于驱动创新，推动国际合作。

十、数字身份

我们认为，二十国集团成员应采用易于使用、安全可靠、便携可信的数字身份解决方案，保证隐私，保护个人数据，从而满足公私营部门用户的需求和期望，降低各类社会福利的获取难度。我们注意到，新冠疫情期间，各国使用数字身份的频率均有所提升，以此提供更加便利的公私营部门服务。我们支持在国内适用的法律框架内采用适当的技术解决方案，保证用户在知情的基础上对具体事项做出自主性同意，保护公民的隐私和个人数据。我们认识到，通过数字身份接受政府服务不应完全取代其他服务获取方式，这样才能确保公民真正认同数字身份使用。联合国可持续发展目标16.9要求"为所有人提供法律身份"。虽然互联互通仍为主要推动因素，但我们也认识到，数字身份解决方案也有助于各国实现这一目标。

我们会同经济合作与发展组织合作编写了《二十国集团数字身份实践集》。鼓励通过此类方式分享实践，收集经验，关注如何利用好可互操作、可重复使用的便携数字身份，方便公民及时获取应得的福利和服务，进而推动关于数字身份的国际对话。

通过此类分享学习，我们可以更好地认识到如何发展和完善国家公民网络电子身份标识体系，进一步讨论统一数字身份标准和法规的议题。这些工作均有助于实现不同平台和框架间的互操作，同时确保适当的数据保护，优先考虑用户的隐私安全。我们将继续开展工作，寻找适用于人道主义、紧急情况等互联网匮乏环境的技术解决方案，为公民提供数字身份。

十一、敏捷监管

随着数字化和技术创新的发展，世界各国政府面临着新的治理挑战和监管挑战。我们应紧跟这一发展步伐，促进增长和创新，同时顾及全部利益攸关方，防止道德风险，为公民提供保障，巩固社会价值观，推动全球发展。我们应采用配合数字时代的治理框架和监管模式，以此支持创新，推动经济增长，应对最紧迫的社会和环境挑战。

我们注意到，二十国集团成员和嘉宾国均已采取各种行动，采用多种试验性监管措施，包括监管沙箱及预见方法（如地平线扫描、情景分析和战略展望活动）、鼓励多利益攸关方共用准则和标准、推进国际倡议等，促使治理和监管方法向敏捷灵活、更具韧性的方向发展。我们还注意到，"敏捷国家"政府间网络已邀请二十国集团成员加入。我们认为，在敏捷的监管和解决方案中，任何一方的权利都不应遭到忽视。

我们认识到，《二十国集团成员敏捷监管调查》以及经济合作与发展组织正在编写的《敏捷监管治理促进创新原则和政策建议》具有重大意义。其他国际组织也为此提供支持，参与配合，如联合国工业发展组织发起了关于技术预见的全球倡议，国际电信联盟发布了《2020年全球信息和通信技术监管展望》。

我们鼓励分享优秀实践和共同方法，以期创造出更加敏捷的创新治理和监管模式。

未来发展

我们将继续推动数字化发展，促进经济复苏以韧性、强劲、可持续和包容性的方式进行。我们认识到，各参与小组、国际组织和其他利益攸关方均发挥了关键作用，作出了重要贡献。

我们认同下一届主席国印度尼西亚提出的建议，以本宣言为基础继续开展工作，促进后新冠疫情时期的复苏，推动提升数字技能，落实数字扫盲，继续讨论可信任的数据自由流动和跨境数据流动的相关问题。

我们向2021年二十国集团数字经济任务组工作的所有参与成员表示感谢。该任务组汇集了二十国集团全部成员，以及二十国集团2021年嘉宾国，包括东南亚国家联盟主席国文莱达鲁萨兰国、非洲联盟主席国刚果民主共和国、荷兰、非洲发展新伙伴计划主席国卢旺达、新加坡，以及二十国集团永久嘉宾国西班牙。

我们还应感谢2021年知识伙伴联合国工业发展组织，联合国贸易和发展会议，联合国教育、科学及文化组织，经济合作与发展组织，联合国粮食及农业组织，国际电信联盟，联合国欧洲经济委员会，联合国难民事务高级专员公署，联合国统计司，世界银行，参与小组B20、C20、L20、T20、W20、Y20，以及其他为对话作出贡献的企业和民间团体代表。

数字经济对经济和社会发展的重要性日益凸显，且将长久持续。在此背景下，通过自2020年沙特阿拉伯担任主席国期间开始的讨论，我们决定将数字经济任务组升级为数字经济工作组。数字经济工作组将根据《二十国集团数字经济工作组工作职责》（附件3）开展工作，并根据主席国决定的议程，每年至少举办两次会议。

二十国集团关于鼓励中小微企业和
初创企业应用人工智能的政策案例

提升中小微企业的人工智能相关能力

中小微企业需要具备一定的战略资源和能力以进行创新开发，将创新应用于生产，包括人工智能方面的创新。其中，技能、资金和无形资产（如数据、技术和网络）对开发和应用人工智能创新至关重要，而中小微企业通常较难获得、利用这类资源和能力。

增强意识，培养人才和技能

企业需要意识到人工智能带来的可能性、机遇和挑战，从而对人工智能进行开发和部署，这一需求对发展中国家的企业尤为重要。企业家和管理人员应知悉人工智能系统的能力范围，及其最能弥补人力不足的功能领域，且需了解使用人工智能系统带来的相关挑战。

中小微企业应了解二十国集团成员在《二十国集团人工智能原则》中鼓励的人工智能总体模式。

我们需要帮助职工掌握人工智能方面的使用技能，鼓励他们尝试新的工作方式。中小微企业也需要掌握专门的人工智能技能，用以开发人工智能产品和服务，推动人工智能相关知识竞争市场的发展。

人才发展和培养有助于推动中小微企业和创新型初创企业取得成功，实现包容性、可持续增长。因此，我们需要提供高质量的多学科教育，包括科学、技术、工程和数学（STEM）及社会和人文科学教育。这也有助于推动以人为本的可信任人工智能发展，缓解科技行业内女性领导的初创企业缺乏的状况，弥合STEM领域整体性别差距，解决有关其他未被充分代表群体的问题。

应对这些挑战的政策案例包括：

提高中小微企业中企业家和管理人员、首席执行官和职工的意识，帮助其进一步认识人工智能优势及企业实践中的数据管理，推广负责任人工智能开发和使用氛围，例如在编写中小微企业专门指南时，将中小微企业视为人工智能技术的生产者、服务提供者和使用者。

培养不同类型企业家和职工在开发、采用、使用人工智能时所需的不同技能，例如支持对教育和技能的投入，鼓励中小微企业参与相关培训课程，打通建设中小微企业和学术机构间的技能人才输送渠道。

数据获取

促进数据获取有助于释放人工智能潜力。中小微企业往往缺少数据获取资源，缺乏寻找、分析、利用或评估相关数据的技能。体量较小的企业虽然可能会生产、处理大量数据，但通常缺乏组织、管理和保护数据的能力。即使它们具备此类能力，其数据在质量或数量上也可能无法满足相关分析需求。此外，中小微企业需要处理大量细化数据，这可能使其面临更大的数据外泄风险。如发生数据误用，则会为其带来不利影响。应对这些挑战的政策案例包括：

- 为健康、研究、人工智能培训数据等某些类别的相关数据设立公共标准，建设基础设施（如数据中心），以支持中小微企业对其进行获取、使用和分享。
- 明确机制，支持数据使用，鼓励大型企业与中小微企业开展合作，同时中小微企业之间也应开展合作。例如，可采用相关鼓励措施及合作体系，以满足具体行业和价值链中的数据需求。
- 通过制定竞争政策等方式促进数据市场竞争，为人工智能相关中小微企业提供公平竞争的环境，特别是关注数据获取的成本和条件等方面。

资金获取

人工智能技术的采用和推广可能成本高昂，发展中国家的中小微企业尤其面临这一问题。此外，人工智能的使用和转型可能不会带来即时收益，这也会延长中小微企业的获利周期。中小微企业同时还面临其他障碍，如现金储备及借贷能力有限、难以获得适当形式的资金等。因此，高准入成本及不确定性可能进一步抬高小体量企业的人工智能创新和采用成本。再者，由于在实现收入增长之前需要大量的前期投资，初创企业会更加依赖外部资金。应对这些挑战的政策案例包括：

- 改善中小微企业的人工智能无形资产（技能、数据、软件、流程创新、组织变革）融资。例如，分享不同类型中小微企业的人工智能成本效益数据，完善无形资产抵押，支持其他来源的资金获取，如天使投资、风险投资、股权众筹、私募股权等。
- 建立公共体系，鼓励私人投资者参与公共初创筹资计划，利用私人伙伴风险分担和缓解机制，为中小微企业的人工智能投资提供资金。
- 加强对早期阶段和风险投资的公私支持，简化初创企业、分拆企业和中小微企业的知识产权抵押。将针对初创企业的股权投资与研发支持体系（如拨款、税收抵免）相结合，形成全面创新加速体系，加强研究与产业之间的联系，鼓励政产研联合进行技术开发。

人工智能技术和网络的获取

中小微企业往往比大型企业更依赖外部知识来源。建立供应关系、合作协议和平台等商业联系，或是融入全球价值链，均有利于促进数据交换和知识传播，从而推动技术扩散。然而，中小微企业较少融入创新网络，并且可能缺乏吸收能力，难以从人工智能的相关应用中获益。应对这些挑战的政策案例包括：

- 制定方案，鼓励中小微企业使用人工智能。例如利用中介机构，或对中小微企业的人工智能系统的培训、测试和试验环境进行管控。
- 改进技术扩散机构供应交付人工智能相关服务和实践的方式，例如完善相关研究及高等教育机构的人工智能相关技术转让。
- 建设人工智能相关合作基础设施，制定开放性创新方案，加强中小微企业等行为者之间的正式联系，推动人工智能生态系统的发展。
- 加强企业网络内的人工智能相关合作，鼓励大型企业、跨国公司和中小微企业开展合作，改进实践和政策。支持大型企业和中小微企业建立人工智能相关关系，如建立数据获取或知识产权相关协议关系。

· 帮助中小微企业人工智能开发者获取专门硬件，关注落后行业地区。

· 利用竞争、奖励或挑战，推动中小微企业人工智能相关创新。同时，加强人工智能相关公共采购，将中小微企业纳入采购流程，如接触多家人工智能供应商，制定符合比例原则的要求，避免不必要的行政负担。

打造有利于人工智能发展的商业环境

中小微企业通常比大型企业更依赖商业生态系统，且可能需要在行政方面投入比大型竞争对手更多的内部资源。因此，包括初创企业在内的中小微企业更易受到如框架缺陷、行政监管负担、基础设施薄弱、市场失灵、经济冲击等方面的影响。人工智能对中小微企业和初创企业的商业环境提出了挑战，包括支持可信任人工智能的政策和实践。应对这些挑战的政策案例包括：

· 基于《二十国集团人工智能原则》，打造有利于人工智能发展的商业环境，例如制定有利于中小微企业发展的人工智能准则、标准和法规。

· 采取敏捷的人工智能监管方法，考虑不同市场和行业内中小微企业的特殊性，例如使用监管沙箱或其他灵活性结果导向的监管措施，兼顾安全、社会可持续发展和创新。

· 提供公平竞争的环境，助力人工智能初创企业的准入和发展，推动新兴人工智能市场中相关商业的动态发展，以此鼓励竞争。

分享与人工智能相关的中小微企业实践和初创企业政策

我们应利用二十国集团内部机制以及经济合作与发展组织"人工智能政策观察站"等国际平台，分享相关知识，督促相互学习，进而为与人工智能相关的中小微企业政策提供实证，帮助他们更好地理解大型企业、商业协会、学术界、国家和地方政府、国际组织等不同行为者所发挥的作用。

附件2

二十国集团数字环境中的儿童保护和赋权高级原则[1]

第1节 为儿童创造安全有益的数字环境原则

1.1 基本价值观

在涉及儿童参与或接触的所有数字环境活动中，行为者[2]应：

（1）将儿童的最大利益置于首位；以及

（2）明确如何在数字环境中保护和尊重儿童权利，并采取相应适当措施。

1.2 赋权和韧性

行为者应采取措施，通过以下方式支持儿童从数字环境中获益：

（1）协助父母、监护人和看护人履行其基本责任，评估儿童在线上线下所面临的危害风险，尽量减少此类风险，使获益最大化；

（2）确保儿童及其父母、监护人和看护人了解儿童在数字环境中的权利，建立可行机制确保此类权利得以保护，如设立投诉机制或采取法律手段；

（3）确保儿童及其父母、监护人和看护人理解：

  ① 儿童的数据主体权利；以及

  ② 儿童个人数据的收集、处理、共享和使用方式；

（4）维护和尊重儿童自由表达观点的权利，在考虑到其年龄和成熟水平的前提下，维护儿童参与数字环境中相关事务的能力，并予以尊重；

（5）协助儿童及其父母、监护人和看护人了解相关法律、社会心理或医疗服务，使其能为受数字环境中的活动或行为影响的儿童提供帮助，并向儿童提供此类服务；以及

1　原则不具有约束力。本附件借鉴了经济合作与发展组织《关于数字环境中儿童的建议》中的原则和建议。基于该建议，"儿童"指18岁以下个体，但提供法律保护的年龄门槛可能存在差异。

2　"行为者"指所有为参与数字环境的儿童制定政策、规范实践或提供服务的公私营组织。

（6）建立机制，协助儿童、父母、监护人和看护人了解可能对儿童造成伤害的网络商业行为。

1.3 比例原则和尊重人权

行为者为保护数字环境中的儿童所采取的措施应：

（1）与风险成比例，以实证为基础，确保有效、平衡，旨在将儿童从数字环境中收获的机遇和收益最大化；

（2）保障儿童的表达自由，不损害其他人权和基本自由；

（3）不得惩罚过度；以及

（4）不得过度限制数字服务供应，不得限制相关创新，着力为儿童创造安全有益的数字环境。

1.4 适当性和包容性

在数字环境活动中，行为者应：

（1）对不同儿童的不同需求负责，考虑到其年龄和成熟水平；以及

（2）努力保证儿童不会因其社会或经济条件而面临更大风险，保证儿童不会因以下原因而遭到排斥、歧视或区别对待：

①数字获取有限或数字素养缺乏；

②数字获取不当或数字素养欠缺；或

③服务设计不当。

1.5 共同责任、合作和积极参与

出于共同责任，在为儿童提供安全有益的数字环境时，行为者应：

（1）参与并推动多利益攸关方对话，涵盖父母、监护人、看护人、教师和儿童自身；

（2）在制定数字环境中的儿童相关政策、推动相关实践时，促进多方合作和积极参与，如利用多利益攸关方机构，或支持儿童的参与；

（3）鼓励企业和数字服务供应商[1]积极参与政策制定；

---

1 "数字服务供应商"指以电子方式远程提供产品和服务的自然人或法人。

（4）帮助父母、监护人、看护人和教师了解数字环境带来的机遇和收益，评估和减轻相应风险，在数字技术日益复杂的背景下，此类帮助会更具必要性；以及

（5）保证父母、监护人、看护人和教师履行其职责，将儿童培养为数字环境中的负责任参与者。

第2节　为儿童创造安全有益数字环境的总体政策框架

2.1 各国政府应通过以下方式，在指导工作、提出承诺时考虑到儿童在数字环境中的最大利益：

（1）设定清晰的最高级政府政策目标；

（2）在国家战略所涉及之处阐明整体政府方案，保证方案灵活，确保技术中立，使与其他可持续、包容性数字经济战略相一致；

（3）考虑设立或指定监督机构，以实现：

①在政策制定过程中，协调利益攸关方的观点、努力和活动；

②达成政策目标；

③审查相关政策行动和措施是否有效，确保儿童在数字环境中的最大利益；

④根据法律和体制框架，协调相关政府机构行动以满足儿童的需求；

⑤确保政府机构前后行动相一致，并相互支撑，不得采取一系列可能相互矛盾的独立举措；以及

⑥促进国家间合作。

（4）投入充足、合理的财政和人力资源，推进政策的落实。

2.2 各国政府应审查、制定并适当修订相关法律，为数字环境中的儿童提供直接或间接保护，以确保：

（1）法律措施和框架恰当合理，具有强制性，且不对儿童权利造成限制；

（2）儿童在数字环境中受到伤害时，法律框架能够提供有效补救；如现有法律框架无法保护儿童，或无法提供有效补救，则需采取新的措施；

（3）采取法律措施，鼓励负责任的商业行为；

（4）法律框架应明确规定，如第三方使用数字服务供应商的数字产品和服务时损害了儿童利益，数字服务供应商需对此类非法活动或信息负责；以及

（5）避免在非必要情况下对儿童进行定罪，应首先考虑使用其他适当方法处理有害行为，例如教育或医疗手段。

2.3 各国政府应将提高数字素养作为重要手段，着力满足儿童在数字环境中的需求，可重点采用以下方式：

（1）根据儿童年龄、成熟水平和具体情况，明确数字风险类别，并对公开发布的术语进行统一；

（2）在以下方面为儿童提供支持：

① 了解儿童个人数据的收集、披露、提供和使用方式；

② 对信息进行批判性思考并加以评估，以更好应对错误信息和虚假信息；以及

③ 了解服务条款、用户赔偿方案及审核流程，知悉如何据此标记和上报有害内容。

（3）定期对儿童的数字素养和技能进行评估。

2.4 各国政府应根据实证制定政策，为数字环境中的儿童提供支持，可重点采用以下方式：

（1）定期对法律和政策进行影响评估，确保其合理性；

（2）关注儿童和数字环境相关的发展、表态、收益和风险，鼓励并支持相关研究；

（3）与各利益攸关方开展合作，包括企业、学术界、民间团体等，推动实证分享和经验完善；以及

（4）着力保证研究的严谨负责，确保其符合数据保护原则，包括儿童隐私保护原则、数据最小化原则和目的限制原则。

2.5 各国政府应采取各种措施，实现适龄儿童安全设计，可重点采用以下方式：

（1）在考虑到儿童年龄、成熟水平和具体情况的前提下，推动保护隐私、可互操作的用户友好技术的研究、开发和采用，限制儿童接触和访问不宜内容；以及

（2）通过此类技术设计，向各利益攸关方提供关于可信度、质量、用户友好程度和隐私方面的明确信息。

第3节　国际合作

3.1 各国政府应扩大服务热线、求助热线、辅导中心等国内组织的国际网络，着力维护儿童在数字环境中的最大利益，适当扩大其职能范围；

3.2 各国政府应积极合作，分享关于数字环境中儿童的国内政策信息，并通过以下方式为量化、质性国际比较政策分析奠定实证基础：

（1）提议设立共同统计框架，评估国际比较指标，包括儿童数字环境接触程度，风险普遍程度，儿童、父母、看护人、监护人的风险意识和风险应对方式，以及政策影响和效率等；

（2）提议统一术语及统计定义，包括风险、收益、相关政策反馈，以及出于统计目的进行的儿童年龄组划分等；以及

（3）共同承诺定期更新官方量化数据，更新时间的间隔应考虑到数字环境及儿童使用的动态发展。

3.3 各国政府应鼓励地区和国际在能力建设方面作出努力，以改进政策和工作方式，保护儿童在数字环境中的最大利益，如分享有效学习和认知提升方法；以及

3.4 各国政府应积极合作，保证各国际、地区组织和机构协调开展工作，为该领域的政府努力提供支持。

第4节　数字服务供应商

4.1 数字服务供应商在为儿童提供安全有益的数字环境方面发挥了重要作用。因此，各国政府和其他行为者应着力规范最佳实践，制定行为准则，如经济合作与发展组织制定了《数字服务供应商准则》。在此过程中，应考虑到数字服务供应商所在国的法律和监管环境，顾及供应商的作用、提供的服务和产品的差异性，在数字服务供应商的行动可能直接或间接影响数字环境中的儿童时，帮助其确定如何最大限度保护和尊重儿童的权利、安全和利益。

二十国集团数字经济工作组工作职责

目标

2016年，中国在担任主席国期间主持发布了《数字经济发展与合作倡议》。2017年，德国在担任主席国期间主持设立了二十国集团数字经济任务组。自此之后，二十国集团成员致力于信息分享，推动达成共识，充分利用数字经济带来的益处，应对其带来的挑战。多年来，二十国集团数字经济部长和领导人认识到，数字化可以从经济、社会和环境三个维度推动实现联合国可持续发展目标，是二十国集团2021年重点工作方向"人、地球与繁荣"的应有之义。

数字经济任务组进行了多场二十国集团参与小组和相关利益攸关方的讨论和磋商。借此机遇，我们可以深入开展各项重点工作，交流观点，分享知识和实践。

如今，数字经济任务组已升级为数字经济工作组。由此可见，数字工具可以促进包容性社会经济增长，实现全行业发展。

范围

数字经济工作组旨在通过分享信息、讨论观点、增进政策了解，来确保数字技术得以充分利用，利用数字经济促进具备韧性、可持续性和包容性的增长与发展，营造安全、可靠、互联互通的数字环境，同时着力化解数字化带来的挑战和风险。

为此，数字经济工作组的工作方向应包括但不限于：

· 履行历届领导人峰会、数字经济任务组和部长会议、协调人会议的承诺和授权任务。

· 认识到数字化问题具有整合性。其他二十国集团机构已在各自授权范围内对数字化进行了多方面讨论。因此，数字经济工作组将重点关注数字经济议题，包括公共部门的数字经济问题。

· 会同参与小组、国际组织和其他二十国集团工作流程开展合作，同时避免与其他二十国集团机构重复工作，以此推进数字经济议程发展，着力完成二十国集团主席国确定的重点工作。

议程

二十国集团现任主席国有权制定当年议程。制定过程需与"三驾马车"成员进行协商，与数字经济工作组成员达成一致，同时也可与国际组织和参与小组进行协商。二十国集团主席国可在数字经济工作组成员达成一致的前提下，决定数字经济领域内的重点问题，包括数字政府相关问题。

成员

数字经济工作组成员由二十国集团成员和嘉宾国代表组成。

治理和运作

二十国集团现任主席国负责领导数字经济工作组，并与前后两年主席国共同构成"三驾马车"成员，各方进行密切合作，共同主持工作。

二十国集团是以成员为导向的组织。因此，讨论需在成员内部以基于共识的前提下进行，确保与其他二十国集团工作安排相协调。可邀请嘉宾国为数字经济工作组的成果文件提供支持。

可邀请二十国集团参与小组代表表达观点，特别是B20数字化任务组代表。

数字经济工作组将采用多利益攸关方工作机制，组织二十国集团参与小组和相关利益攸关方进行讨论和磋商。

数字经济工作组每年至少举办两次会议，会议时间由主席国与"三驾马车"成员协商决定。

数字经济工作组应根据具体情况，每年向二十国集团领导人、部长和协调人汇报工作。

主席国可决定每年对本《工作职责》的内容及形式进行审查和更新，相关工作需与成员协商一致。

每三年对《工作职责》和数字经济工作组的状态[1]进行审查，并在必要时加以调整。

1　"状态"指数字经济工作组在广泛讨论全球数字经济和时事动态时的情况或条件。

本文件为经济合作与发展组织/二十国集团税基侵蚀和利润转移行动计划包容性框架议定的声明。截至2021年11月4日，137个成员管辖区已同意该声明。截至目前，仍有部分包容性框架成员未同意本声明。

经济合作与发展组织/二十国集团税基侵蚀与利润转移行动计划关于应对经济数字化税收挑战的双支柱方案的声明

2021年10月8日

引言

经济合作与发展组织（OECD）/二十国集团（G20）税基侵蚀与利润转移行动计划（BEPS）包容性框架（IF）已达成用于解决经济数字化带来的税收挑战的双支柱方案。各支柱的共识要素如下所述。

具体实施计划详见附录。

支柱一

适用范围

本方案适用于全球营业额超过200亿欧元且利润率（税前利润/收入）超过10%的跨国企业，采用平均机制计算。OECD将在协议生效七年后对执行情况进行评估（一年内完成）。如方案成功实施（包括金额A税收确定程序），营业额门槛标准将下调至100亿欧元。

采掘业与受监管的金融服务业免于适用本方案。

联结度

根据最新特殊税收联结度规则，适用范围内的跨国企业从相关市场管辖区取得的收入不低于100万欧元的，允许该市场管辖区参与金额A的分配。对于国内生产总值（GDP）低于400亿欧元的小型管辖区，该税收联结度门槛标准为25万欧元。

特殊税收联结度规则仅用于确定相关管辖区是否有资格参与金额A的分配。

合规成本（包括追踪小额销售的收入来源地）将限于最低水平。

金额

对于适用范围内的跨国企业，超过收入10%的利润划定为剩余利润。以收入为分配因子，将25%的剩余利润分配给构成联结度的市场管辖区。

收入来源地

收入来源于使用或消费产品或服务的终端市场管辖区。为实现该原则，OECD将针对不同交易类型制定具体的收入来源地规则。适用范围内的跨国企业应基于自身具体事实与情况，采用稳妥的收入来源地规则执行方法。

确定税基

针对适用范围内的跨国企业的损益金额的计量，应参照财务会计所得，并进行微调。

亏损可结转。

分项核算

分项核算仅适用于特殊情况，即根据跨国企业公开披露的财务报表中的各个项目，适用项目方可予以核算。

营销及分销利润安全港

适用范围内的跨国企业的剩余利润已在相关市场管辖区征税的，营销及分销利润安全港将会限制通过金额A向该市场管辖区分配的剩余利润额。OECD将推进安全港设计研究，包括考量综合适用范围。

取消双重征税

OECD将采用免税或抵免等方法，取消针对分配至市场管辖区的利润的双重征税。

承担纳税义务的（一或多个）实体将从赚取剩余利润的实体中选取。

税收确定性

适用范围内的跨国企业将受益于争议预防与解决机制。该机制将以强制且有约束力的方式避免对金额A的双重征税，包括与金额A相关的所有问题（如转让定价和营业利润争议）。关于是否涉及金额A问题的争议将以强制且有约束力的方式解决，不会拖延使用实质性的争议预防和解决机制。

具有推迟BEPS第十四项行动计划同行审议资格[1]且相互协商程序（MAP）争议案件数量为零或较少的发展中国家，可选择适用有约束力争议解决机制，但仅限于金额A有关事项的争议。相关管辖区选择适用机制的资格将定期审议；经审查认定不符合资格的管辖区在随后所有年度均不符合相关资格。

金额B

OECD将精简在国家内从事基准营销和分销活动所适用的独立交易原则，并对低征管能力国家的需求予以特别关注。该项工作将于2022年底前完成。

征管

将精简税务合规相关内容（包括申报义务），并允许适用范围内跨国企业通过单个实体管理整体程序。

单边措施

多边公约（MLC）将要求所有缔约方撤销对所有公司的一切数字服务税及其他相关类似措施，并承诺将来不再采取类似措施。自2021年10月8日起至

1　关于推迟BEPS第十四项行动计划同行审议的条件，请参见目前已发布的第十四项行动计划同行审议文件中《第十四项行动计划评估方法》第7段的介绍。

2023年12月31日和多边公约生效日中较早的一日，各管辖区不得对任何企业征收新增数字服务税或采取其他相关类似措施。OECD将妥善协调撤销现行数字服务税及其他相关类似措施的方式。在包容性框架下已注意到，某些管辖区在报告中表示正抓紧探讨过渡性安排。

实施

关于实施金额A的多边公约将于2022制定完成并开始签订，同时金额A将于2023年开始生效执行。具体实施计划参见附件。

支柱二

整体设计

支柱二包括：

两项密切相关的国内规则（共同构成全球反税基侵蚀规则［GloBE］）：其一为收入纳入规则（IIR），指由母公司就跨国企业成员实体低税所得补缴税款至全球最低税水平；其二为征税不足支付规则（UTPR），指对于相关跨国企业成员实体不适用收入纳入规则的低税所得，其他成员实体通过限制扣除或做等额调整补征税款至全球最低税水平。

一项基于税收协定的规则（应予征税规则［STTR］）：根据该规则，允许来源管辖区对适用税率低于最低税率的某些特定关联支付在一定限度内征税。适用应予征税规则缴纳的税款可以计为在全球反税基侵蚀规则下的有效税额。

规则效力

全球反税基侵蚀规则属于通用方法。

据此，包容性框架成员：

不一定要采用全球反税基侵蚀规则。但是，采用该规则的成员国需要采取与支柱二成果相一致的方式实施和管理相关规则，包括合规包容性框架通过的示范规则与指引。

成员应接受其他包容性框架成员实施的全球反税基侵蚀规则，包括认可规则适用顺序以及所有一致认可的安全港规则。

适用范围

全球反税基侵蚀规则适用于达到BEPS第十三项行动计划（国别报告）规定的7.5亿欧元门槛标准的跨国企业。各管辖区对总部位于本管辖区的跨国企业适用收入纳入规则时，不受该门槛标准限制。

作为跨国企业集团最终控股实体（UPE）的政府实体、国际组织、非营利组织、养老基金或投资基金以及这些实体所使用的持有工具，不适用全球反税基侵蚀规则。

规则设计

收入纳入规则按照自上而下的次序分配补足税；但控股比例低于80%的，适用分散控股规则。

征税不足支付规则对包括最终控股实体所在管辖区实体在内的低税实体的补足税进行分配。处于国际化活动初始阶段的跨国企业（海外有形资产不超过5000万欧元，且在不超过五个海外管辖区运营[1]的跨国企业）豁免适用于征税不足支付规则。该豁免规定只在跨国企业首次成为全球反税基侵蚀规则适用范围内企业后的前五年内适用。对于全球反税基侵蚀规则生效时在适用范围内的跨国企业，五年时限从征税不足支付规则生效时起算。

有效税率计算

全球反税基侵蚀规则将采用有效的税率测试征收补足税。补足税税额以管辖区为单位计算，采用可通用的有效税额和按照财务会计利润确定的税基（辅以成员一致认可的与支柱二政策目标一致的调整和机制，用于应对时间性差异）。

对于现行分配税制度，利润在四年内分配且以不低于最低税率标准的税率纳税的，不必对相关利润补充征税。

1　跨国企业在相关管辖区运营是指该跨国企业在该管辖区设有全球反税基侵蚀规则规定的成员实体。

最低有效税率

收入纳入规则和征税不足支付规则的最低有效税率应当为15%。

公式化经济实质性排除

全球反税基侵蚀规则设置公式化经济实质性排除，排除等同于有形资产账面价值和人员工资的5%的所得。在十年过渡期内，有形资产账面和人员工资的排除比例分别为8%和10%，排除比例在前五年每年下降0.2个百分点；后五年有形资产排除比例每年下降0.4个百分点，人员工资排除比例每年下降0.8个百分点。

全球反税基侵蚀规则还针对跨国企业收入低于1000万欧元且利润低于100万欧元的管辖区提供微利排除。

其他豁免

全球反税基侵蚀规则还将符合OECD税收协定范本相关定义的国际海运所得予以豁免。

精简措施

为确保根据全球反税基侵蚀规则进行的征管更具针对性，避免产生与政策目标不匹配的合规及征管成本，实施框架将包括安全港和/或其他机制。

与全球无形资产低税所得制度（GILTI）并存

支柱二在不同管辖区适用最低有效税率。基于此，OECD将考虑美国全球无形资产低税所得税制与全球反税基侵蚀规则并存的条件，以确保公平竞争环境。

应税规则（STTR）

包容性框架成员认识到，应税规则是发展中国家[1]就支柱二达成共识不可

1　此处所称发展中国家，为按照世界银行Atlas方法计算，2019年人均国民总收入不高于12535美元的国家。相关数据将定期更新。

或缺的组成部分。包容性框架成员对利息、特许权使用费和其他一系列特定费用适用的企业所得税名义税率低于应税规则最低税率的，当发展中国家成员要求该管辖区在双边税收协定中纳入应税规则时，该管辖区应予满足。

征税权仅限于最低税率与相关费用适用税率之间的差额。

应税规则最低税率为9%。

实施

支柱二应于2022年予以立法，2023年开始实施。其中，征税不足支付规则将于2024年开始实施。具体实施计划参见附件。

附件

具体实施计划

本附件详述为实施声明正文所述双支柱解决方案所需完成的工作。附件还拟定实施时间表，包括包容性框架需要完成的重要事项。另外，发展中国家将获得专门的全方位技术支持以协助其实施。包容性框架成员认识到实施计划的紧迫性，将竭尽全力在本国立法框架下实现该目标。

支柱一

如下所述，支柱一解决方案将实施金额A、取消一切针对所有企业的数字服务税及其他相关类似措施、金额B等内容。

金额A

金额A将经由多边公约落实，国内法也将在必要时进行修订，从而确保其在2023年生效执行。

多边公约

为快速、统一落实金额A，OECD会制定多边公约，以建立涵盖所有管辖区的多边框架，不受相关管辖区之间是否已签订税收协定影响。该多边公约将提出有关确定分配金额A、取消双重征税的必要规则，以及精简征管程序、信息交换程序、适用于各个管辖区的具有强制性与约束力的争议预防及解决程序。同时，该多边公约也会提出包含适当允许相关管辖区对金额A有关事项争议选择适用有约束力的争议解决机制的规定，以确保金额A相关事宜中金额A执行的一致性与确定性。OECE会随附解释性补充声明，用于解释相关规则与程序的目的及运作方式。多边公约缔约方之间已签订税收协定的，相关税收协定仍将继续保持效力并继续适用于金额A以外的跨境税收。但为确保解决方案中金额A的有效执行，多边公约将对其与现行税收协定不一致之处进行必要的处理。多边公约也会明确其与未来签订的税收协定间的关系。缔约方之间未订立现行有效的税收协定的，多边公约将确立缔约方之间的法律关系，以确保金额A的全方位有效实施。

为确保所有承诺加入本声明的管辖区均能参与其中，包容性框架委托数字经济工作组（TFDE）阐明金额A各要素（如取消双重征税、营销及分销利润安全港等），制定多边公约并就其内容进行协商。数字经济工作组计划于2022年初拟定多边公约及其解释性声明文本，以便尽快开放多边公约签署，并在2022年中举行高级别缔约仪式。签署多边公约后，各管辖区应尽快核准该公约，以便该公约在多边公约规定的关键多数管辖区完成核准程序后于2023年生效执行。

取消及中止所有数字服务税及其他相关类似措施

多边公约将要求所有缔约方撤销对所有企业的全部数字服务税及其他相关类似措施，并承诺未来不再采用类似措施。最终通过的多边公约及其解释性声明将阐明何种措施应被认定为相关类似措施。

国内法律变更

包容性框架成员可能需要修订国内法律，以便于实施金额A新征税权。为便于各管辖区采取统一的实施方法，同时确保各管辖区按照一致认可的时间表在国内执行和辅助其国内立法程序，包容性框架委托数字经济工作组在2022年初前拟定国内立法示范规则。示范规则将辅以注释，介绍规则目的与运作机制。

金额B

包容性框架委托第六工作组和税收征管论坛下设的相互协商程序论坛（FTA MAP Forum）在2022年底前共同完成金额B的相关工作。技术工作的第一步为明确适用金额B的境内基准营销及分销活动。其后，第六工作组和税收征管论坛下设的相互协商程序论坛将共同研究金额B的其他要素，以在2022年底前发布金额B的最终成果。

支柱二

全球反税基侵蚀规则的示范规则将于2021年11月底前拟定，明确全球反税基侵蚀规则的适用范围与实施机制，其中包括以管辖区为单位确定的实际有效税率和相关豁免措施，如公式化经济实质性排除等。同时，示范规则涵盖征管条款，明确跨国企业的申报义务和征管安全港的使用问题。此外，示范规则还会包括更多过渡期规则。同时辅以注释，解释规则的目的与运作机制，并满足相关税收协定规定缔约方使用免税法导致的在相关协定中引入转换规则的需求。

应税规则的协定范本条款将于2021年11月底前拟定。协定范本条款将辅以注释，解释应税规则的目的与运作机制。同时，成员将商定辅助应税规则实施的程序。

包容性框架将在2022年中前完成多边工具（MLI）的开发，以便在相关双边税收协定中尽快统一引入应税规则。

最迟在2022年底前，OECD会设立促进全球反税基侵蚀规则协调一致实施的实施框架。实施框架将包括一致同意的征管程序（如具体的申报义务、多边审议程序等）和安全港，推动跨国企业的合规工作和税务机关的征管工作。同时，包容性框架成员会在该实施框架下思考多边公约的优势和可纳入公约的内容，以进一步确保全球反税基侵蚀规则的协调一致实施。

咨询

OECD会按照本实施计划制定的时间表继续与利益相关方协商后续进展。

中国与阿拉伯联盟:《中阿数据安全合作倡议》

2021年3月29日,中华人民共和国外交部与阿拉伯国家联盟秘书处共同主持召开中阿数据安全视频会议。双方及阿盟成员国负责网络和数字事务官员出席对话。阿方欢迎中方提出《全球数据安全倡议》,支持秉持多边主义、兼顾安全发展、坚守公平正义的原则,共同应对数据安全风险挑战。双方一致认为:

信息技术革命日新月异,数字经济蓬勃发展,深刻改变着人类生产生活方式,对各国经济社会发展、全球治理体系、人类文明进程影响深远。

作为数字技术的关键要素,全球数据爆发增长,海量集聚,成为实现创新发展、重塑人们生活的重要力量,事关各国安全与经济社会发展。

在全球分工合作日益密切的背景下,确保信息技术产品和服务的供应安全对于提升用户信心、保护数据安全、促进数字经济发展至关重要。

呼吁各国秉持发展和安全并重的原则,平衡处理技术进步、经济发展与保护国家安全和社会公共利益的关系。

重申各国应致力于维护开放、公正、非歧视性的营商环境,推动实现互利共赢、共同发展。与此同时,各国有责任和权利保护涉及本国国家安全、公共安全、经济安全和社会稳定的重要数据及个人信息安全。

欢迎政府、国际组织、信息技术企业、技术社群、民间机构和公民个人等各主体秉持共商共建共享理念,齐心协力促进数据安全。

强调各方应在相互尊重基础上,加强沟通交流,深化对话与合作,共同构建和平、安全、开放、合作、有序的网络空间命运共同体。

为此,双方倡议:

各国应以事实为依据全面客观看待数据安全问题,积极维护全球信息技术产品和服务的供应开放、安全、稳定。

各国反对利用信息技术破坏他国关键基础设施或窃取重要数据,以及利用其从事危害他国国家安全和社会公共利益的行为。

各国承诺采取措施防范、制止利用网络侵害个人信息的行为，反对滥用信息技术非法采集他国公民个人信息。

各国应要求企业严格遵守所在国法律。各国应尊重他国主权、司法管辖权和对数据的安全管理权，未经他国法律允许不得直接向企业或个人调取位于他国的数据。

各国如因打击犯罪等执法需要跨境调取数据，应通过司法协助渠道或其他相关多双边协议解决。国家间缔结跨境调取数据双边协议，不得侵犯第三国司法主权和数据安全。

信息技术产品和服务供应企业不得利用其产品和服务非法获取用户数据、控制或操纵用户系统和设备。

信息技术企业不得利用用户对产品依赖性谋取不正当利益，强迫用户升级系统或更新换代。产品供应方承诺及时向合作伙伴及用户告知产品的安全缺陷或漏洞，并提出补救措施。

双方呼吁各国支持并通过双边或地区协议等形式确认上述承诺，呼吁国际社会在普遍参与的基础上就此达成国际协议。欢迎全球信息技术企业支持本倡议。

名词附录

[说明：1.按中文拼音排序；2.本附录顺序为战略文件及法案等、机构及国际组织、人物、其他名词。]

战略文件及法案等：

机构及国际组织：

人物：

其他名词：

后　记

　　北宋司马光编订《资治通鉴》，先成"长编"，然后删定成书。南宋李焘编订北宋九朝编年史，谦言不敢续《通鉴》，名为《续资治通鉴长编》。"长编"作为"博而得其要，简而周于事"的编年体史学著作的"前期成果"，在近代以来通常指带有研究性、较为丰富的史料汇编，是对重要历史事件的甄别、筛选，对于后续开展研究工作具有重要意义。

　　当今世界正处于百年未有之大变局，新一轮科技革命和产业变革给国际社会带来前所未有的机遇和挑战。在这样的背景下，为做好新形势下全球互联网发展治理有关研究，中国网络空间研究院近年来坚持做好相关材料搜集工作，2021年起，国际治理研究所每周编纂《网络空间全球治理专刊》（内部），全面梳理全球互联网领域重点事件，至今已累计百万字。考虑到当前网络研究领域观点性文章较多、史料不足的现状，本着开放共享精神，中国网络空间研究院在此前的基础上，编写出版《网络空间全球治理大事长编（2021）》（下称《长编》），旨在客观反映2021年度网络空间全球治理的新情况、新动态，为业内开展研究工作提供尽可能翔实的历史数据及资料。

　　《长编》的编写得到了中共中央网络安全和信息化委员会办公室的指导和支持。《长编》由中国网络空间研究院牵头，组织来自中国社会科学院、中国传媒大学、中国人民公安大学、北京邮电大学、外交学院、中国国际问题研究院、新华社研究院、国家计算机网络应急处理协调中心黑龙江分中心等专家学者共同编撰。参与本书编写的有：夏学平、宣兴章、李颖新、钱贤良、江洋、蔡杨、叶蓓、沈瑜、李阳春、邓珏霜、龙青哲、宋首友、杨笑寒、安国辉、郎平、徐培喜、李宏兵、韩娜、南隽、张建、陈文沁、王同媛、韩旭、杨关生、袁莎、何慧媛、潘宏远、刘越、杨涵喻，中国传媒大学、中国社会科学院大学、外交学院学生彭菲、赵静静、魏建勋、耿倩茹、姚天天、陈琪琪、张梦惜亦参与本书资料收集及编译。全书编写完成后，张力、周学峰、王立梅、王四新、曹建华、李艳、李苍舒等专家对本书进行审改，提供了很多宝贵建议。在此，对大家的辛勤付出，表示由衷的感谢。

　　《长编》的顺利出版亦离不开社会各界和商务印书馆等的大力支持和帮助。鉴于编写者的研究水平和编写时间有限，该书难免存在疏漏和不足之处。为此，我们殷切希望各界人士提出宝贵的意见和建议，以待后续改进，为全球互联网发展治理研究工作提供更多支持。